JN029640

【学研ニューコース】

中1理科

Gakken

はじめに

『学研ニューコース』シリーズが初めて刊行されたのは，1972（昭和 47）年のことです。当時はまだ，参考書の種類も少ない時代でしたから，多くの方の目に触れ，手にとってもらったことでしょう。みなさんのおうちの人が，『学研ニューコース』を使って勉強をしていたかもしれません。

それから，平成，令和と時代は移り，世の中は大きく変わりました。モノや情報はあふれ，ニーズは多様化し，科学技術は加速度的に進歩しています。また，世界や日本の枠組みを揺るがすような大きな出来事がいくつもありました。当然ながら，中学生を取り巻く環境も大きく変化しています。学校の勉強についていえば，教科書は『学研ニューコース』が創刊した約 10 年後の 1980 年代からやさしくなり始めましたが，その 30 年後の 2010 年代には学ぶ内容が増えました。そして 2020 年の学習指導要領改訂では，内容や量はほぼ変わらずに，思考力を問うような問題を多く扱うようになりました。知識を覚えるだけの時代は終わり，覚えた知識をどう活かすかということが重要視されているのです。

そのような中，『学研ニューコース』シリーズも，その時々の中学生の声に耳を傾けながら，少しずつ進化していきました。新しい手法を大胆に取り入れたり，ときにはかつて評判のよかった手法を復活させたりするなど，試行錯誤を繰り返して現在に至ります。ただ「どこよりもわかりやすい，中学生にとっていちばんためになる参考書をつくる」という，編集部の思いと方針は，創刊時より変わっていません。

今回の改訂では中学生のみなさんが勉強に前向きに取り組めるよう，等身大の中学生たちのマンガを巻頭に，「中学生のための勉強・学校生活アドバイス」というコラムを章末に配しました。勉強のやる気の出し方，定期テストの対策の仕方，高校入試の情報など，中学生のみなさんに知っておいてほしいことをまとめてあります。本編では新しい学習指導要領に合わせて，思考力を養えるような内容も多く掲載し，時代に合った構成となっています。

進化し続け，愛され続けてきた『学研ニューコース』が，中学生のみなさんにとって，やる気を与えてくれる，また，一生懸命なときにそばにいて応援してくれる，そんな良き勉強のパートナーになってくれることを，編集部一同，心から願っています。

学研プラス

正直 変わり映えしない
毎日だと思っていた
あの日までは……

荻原 桂太　中1
いま
入る部活について
悩んでいる
なんか……
どこもピンと
こないんだよな……
部活動紹介
5歳のころから
空手をやっているが
この学校に空手部はない
球技は苦手
走るのはあまり
好きじゃない
マンガ研究会？
でもオレ絵ヘタだしな
とはいえ
文科系の部活も特に
やりたいことはないし…
帰宅部って選択もアリかな
にしても……

中学に上がったら
もっとなんか楽しいかと
思ってたんだけど
そんなに小学校と
変わんないな
クラスのやつらも
みんな知った顔だし
ドラマみたいな
学校生活なんてなさそうだな
あ 桂太(けいた)
ここにいたんだ
その紙……
もしかして
部活どこにするか
悩(なや)んでるの？
今野葵(こんのあおい) 中1
だったらいっしょに
科学部の見学に行かない？
わたし 入部したいんだ！

科学部？
興味ないけど……
まあ
どうせ暇だしな
いいよ
つき合っても

ガララッ
理科室
いらっしゃい
君たち、科学部の
体験入部希望者かな？
秋山 新次郎　科学部顧問
……！
そういや……葵
人見知りだっけ
あ
えっと
わたしは……
こいつは入部希望です
オレはつき添いで見学です

それはうれしいな！
じゃあ中に入って
いろいろ見て回って
構わないよ
・・・
！
荻原くん
なーんか
つまんなそうだね
ぽんっ
あ いえ……
そういうわけじゃ……

ズバリ
荻原くんの
思っていること
当ててみようか？
なんか中学生活
あんまり
楽しくないな
もっと楽しいこと
ないかなぁ
って感じでしょ？
・・・
な なんで
わかったんですか？
観察力があるのさ
理科教師だから
中学に入ったら
もっとなんか
変わると思ってたんですけど
あんまり変わらないなぁって
むしろ
前よりつまらないかも…
変化がほしいんだね

よしじゃあ1つ
変化を引き起こす
手助けをしよう
?
今野さんの名前の「葵」は
もとは『フユアオイ』
という植物を指す名前でね
……ほら
こういう花だよ
フユアオイ
葉が太陽の方に
向く習性があるから
「仰ぐ日」の意味から
アオイと
名づけられたんだよ
へー!
荻原 桂太くんは
『オギ』と『カツラ』
という植物の名前が
入っているね
オギ
カツラ

カツラは
高さ30ｍにもなる
高木だけど
葉はハート形をしていて
可愛らしいのが特徴(とくちょう)だ
カツラ
クスッ
なんだよ
それまで
気にもしなかった
道端(みちばた)の草でも
どんなものなのか知ると
少しだけ特別に
見えたりする
植物だけじゃなくて
身のまわりのものや
しくみも同じだ
知ることによって
日常の景色も
ちがって見えたり
するものだよ

楽しかったー！
いろんな話を聞けた だけじゃなくて 標本づくりまで 体験できるなんて
……思ってたより おもしろかったかも
でしょ！
さっき標本をつくったとき オギの葉で手を切りそうに なっちゃって…
でも植物って ああやって工夫を凝らして 自分を守ってるんだよね
ドキッ
わたし 植物のそういう 強いところとか 好きなんだ
ドキッ……？ いやいや…… なんだよいまのは？

今日の体験入部
どうだったかな
2人とも
はい
すっごく楽しかったです！
なんか……
新しい自分になれた
気がします！
ちょっとでも
楽しめたなら
うれしいんだけど
それは単純
すぎるだろ葵……
でも葵のこういう
無邪気にいろいろ
楽しめるところ
オレも見習うべきかもな
おや
荻原くんもとは
うれしいな
ちょっとは気持ちに
変化があった？
まあでも……
オレも楽しかったです
そんな大げさなもんじゃ
ないですけど……
本当！？　じゃあ
桂太もいっしょに
入ろうよ科学部！
えー……

「変化」だなんて
先生は本当に大げさだ
けど……
ここに来たことで
オレの気持ちは
確かに揺(ゆ)れた
……そんな気がしたんだ

本書の特長と使い方

各章の流れと使い方

解説ページ

本文

本書のメインページです。基礎内容から発展内容まで，わかりやすくくわしく解説しています。

重要実験・観察

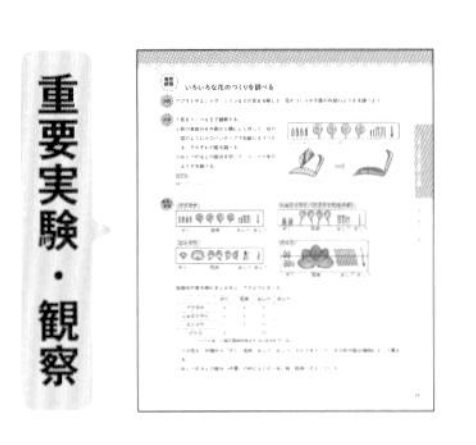

重要実験・観察をまとめたページです。実験の流れや注意点を確認できます。

問題

定期テスト予想問題

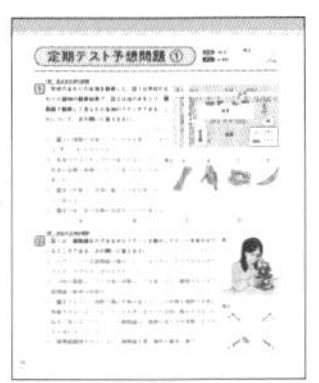

学校の定期テストでよく出題される問題を集めたテストで，力試しができます。

本文ページの構成

教科書の要点

この項目で学習する，テストによく出る要点をまとめてあります。

解説

ていねいでくわしい解説で，内容がしっかり理解できます。

豊富な写真・図解

豊富な写真や図表，動画が見られる二次元コードを掲載しています。重要な図には「ここに注目」「比較」のアイコンがあり，見るべきポイントがわかります。

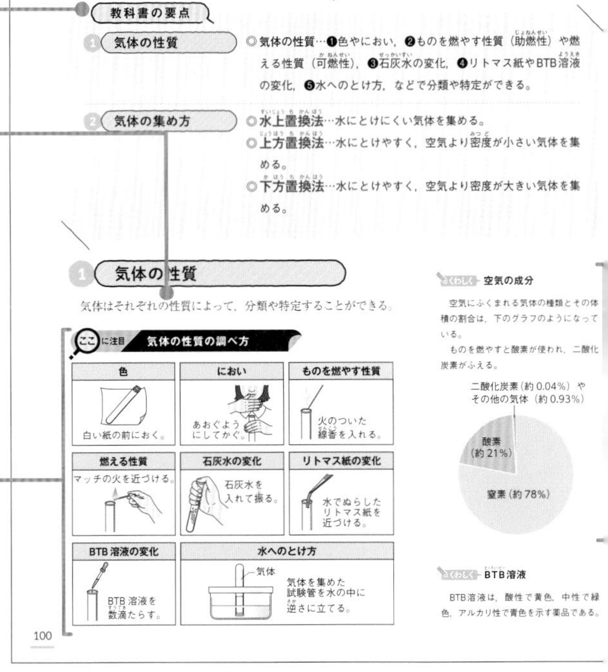

本書の特長

教科書の要点がひと目でわかる ／ **授業の理解から定期テスト・入試対策まで** ／ **勉強のやり方や，学校生活もサポート**

特集

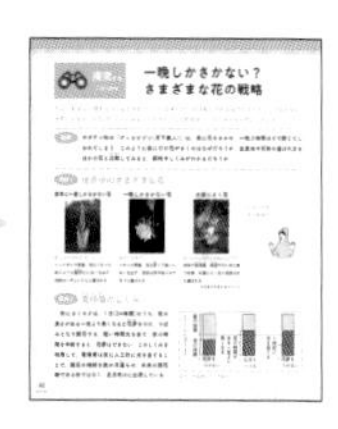

章末コラム：日常生活に関連する課題や発展的な課題にとり組むことで，知識を深め，活用する練習ができます。

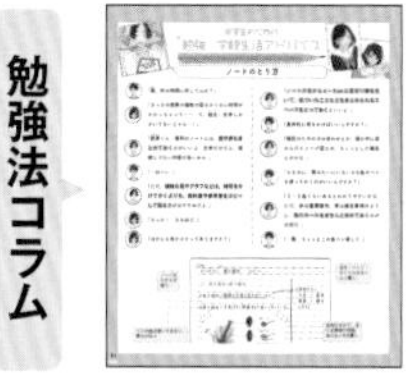

勉強法コラム：やる気の出し方，テスト対策のしかた，高校入試についてなど，知っておくとよい情報をあつかっています。

＋

入試レベル問題

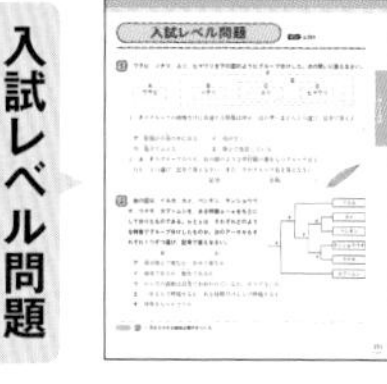

高校入試で出題されるレベルの問題にとり組んで，さらに実力アップすることができます。

＋

重要用語・実験・観察ミニブック

この本の最初に，切りとって持ち運べるミニブックがついています。テスト前の最終チェックに最適です。

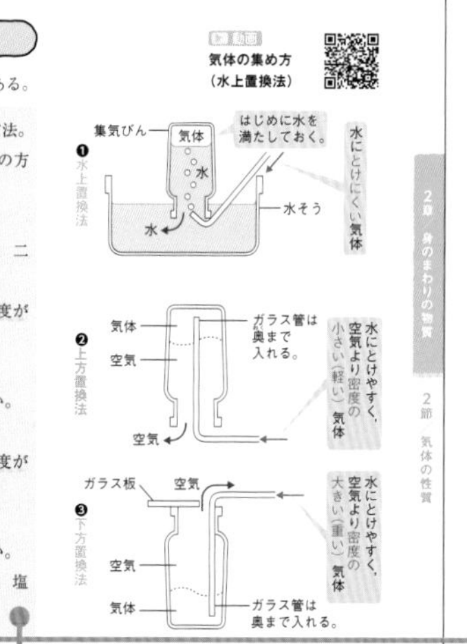

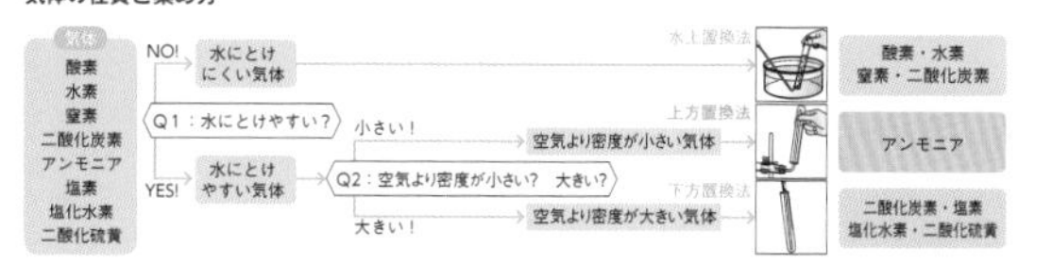

サイド解説

本文をより理解するためのくわしい解説や関連事項，テストで役立つ内容などをあつかっています。

- くわしく：本文の内容をよりくわしくした解説。
-  発展：発展的な学習内容の解説。
- テストで注意：テストでまちがえやすい内容の解説。
-  復習：小学校や前の学年の学習内容の復習。
- 中2では：上の学年で学習する内容の解説。
-  生活：日常生活に関連する内容の解説。
-  思考：なぜそうなるのか，こうするとどうなるのかなど，理科的な考え方の解説。

重要ポイント

公式や，それぞれの項目の特に重要なポイントがわかります。

 コラム 

理科の知識を深めたり広げたりできる内容を扱っています。思考を深めるものには「思考」，日常生活に関連するものには「生活」アイコンをつけて示しています。

学研ニューコース
Gakken New Course for Junior High School Students

中1理科
もくじ

Contents

2章　身のまわりの物質

3章　身のまわりの現象

4章　大地の変化

1節　火をふく大地

2節　ゆれ動く大地

3節　変動する大地

4節　自然の恵みと災害

理科動画

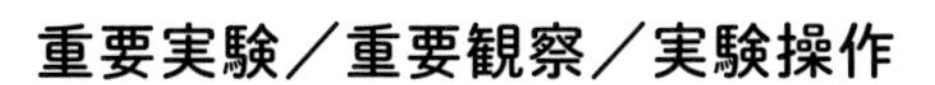

重要実験／重要観察／実験操作

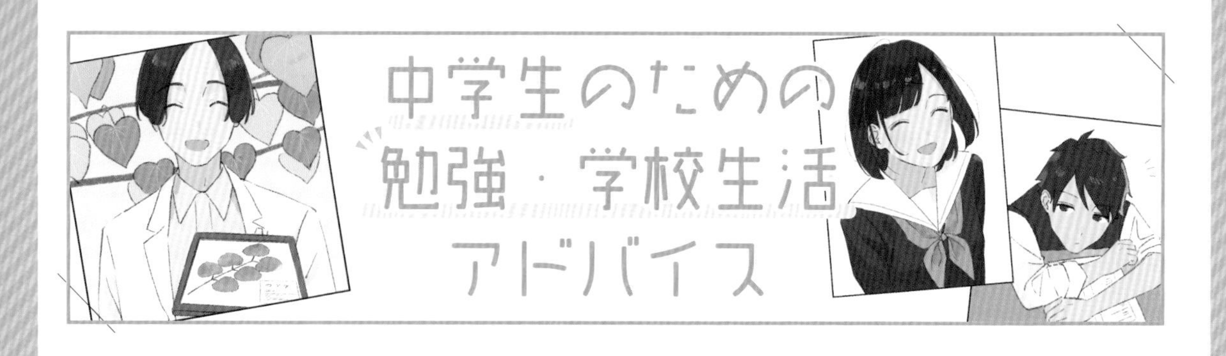

中学校は小学校と大きく変わる

「中学校から勉強が苦手になった」という人はたくさんいます。勉強につまずいてしまうのは，中学に上がると変わることが多いためです。

まず，勉強する内容が高度になり量も多くなります。小学校の１回の授業時間は 40 ～ 45 分で，前回の授業を復習しながら進みましたが，中学校の１回の授業は50～60分で，前回の授業は理解している前提で進みます。

生活面では部活動が始まります。入る部活によっては朝や休日にも練習があるかもしれません。勉強と部活を両立させられるかどうかで，成績に大きく差がつきます。

中１の理科の特徴

中１の理科では，小学校で学んだ植物や動物，身のまわりのものの性質，土地のつくり，光や音などの現象を，改めてくわしく学ぶことになります。中１ではおもに，目に見える身近なものをあつかうため，これまでに学んだ知識や，日常の自分自身の経験が，内容を理解するうえでとても役に立ちます。すでに忘れてしまっていることも，１つ１つ思い出しながら，自分自身の言葉で理解できるように整理していきましょう。

また理科では，単元が変わると学ぶ内容がガラッと変わるので，いま自分が学んでいる単元が何を理解するためのものなのかを，常に意識しておくとよいでしょう。

ふだんの勉強は「予習→授業→復習」が基本

中学校の勉強では，**「予習→授業→復習」の正しい勉強のサイクルを回すことが大切**です。

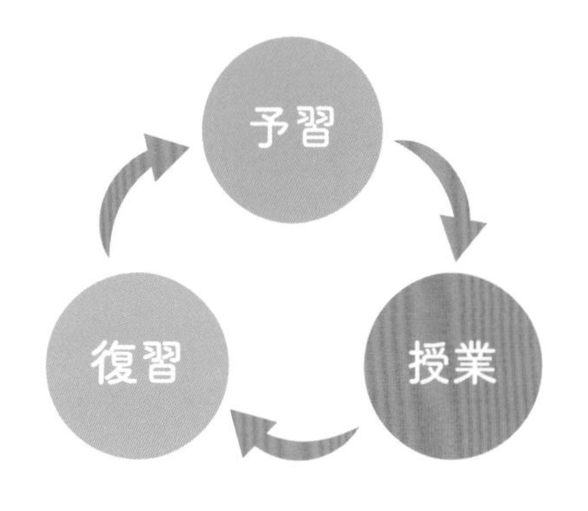

✓予習は軽く。要点をつかめばOK！

予習は1回の授業に対して5～10分程度にしましょう。完璧（かんぺき）に内容を理解する必要はありません。「どんなことを学ぶのか」という大まかな内容をつかみ，授業にのぞみましょう。

✓授業に集中！ わからないことはすぐに先生に聞く!!

授業中は先生の説明を聞きながらノートをとり，気になることやわからないことがあったら，授業後にすぐ質問をしに行きましょう。

授業中にボーっとしてしまうと，テスト前に自分で理解しなければならなくなるので，効率がよくありません。**「授業中に理解しよう」としっかり聞く人は，時間の使い方がうまく，効率よく学力をのばすことができます。**

✓復習は遅（おそ）くとも週末に。ためすぎ注意！

授業で習ったことを忘れないために，**復習はできればその日のうちに。それが難しければ，週末には復習をするようにしましょう。**時間をあけすぎて習ったことをほとんど忘れてしまうと，勉強がはかどりません。復習をためすぎないように注意してください。

復習をするときは，教科書やノートを読むだけではなく，問題も解くようにしましょう。問題を解いてみることで理解も深まり記憶（きおく）が定着します。

定期テスト対策は早めに

定期テストは1年に約5回※。一般的に，一学期と二学期に中間テストと期末テスト，三学期に学年末テストがあります。しかし，「小学校よりもテストの回数が少ない！」と喜んではいられません。1回のテストの範囲が広く，しかも同じ日に何教科も実施されるため，テストの日に合わせてしっかり勉強する必要があります。（※三学期制か二学期制かで回数は異なります）

定期テストの勉強は，できれば2週間ほど前からとり組むのがオススメです。部活動はテスト1週間前から休みに入る学校が多いようですが，その前からテストモードに入るのがよいでしょう。「試験範囲を一度勉強して終わり」ではなく，二度・三度とくり返しやることが，よい点をとるためには大事です。

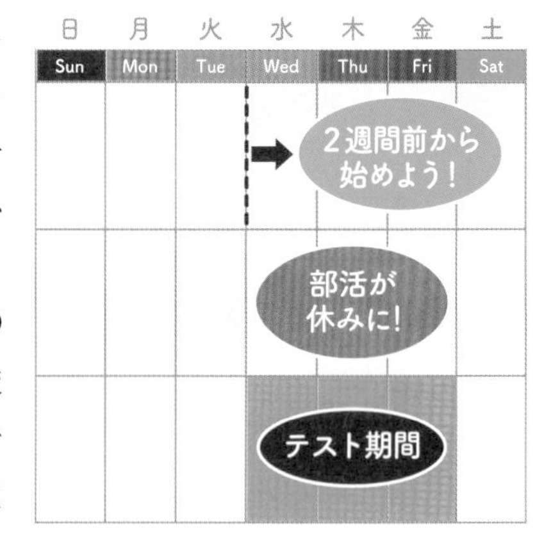

中1のときの成績が高校受験に影響することも！

内申点という言葉を聞いたことがある人もいるでしょう。内申点は各教科の5段階の評定（成績）をもとに計算した評価で，高校入試で使用される調査書に記載されます。1年ごとに，実技教科をふくむ9教科で計算され，例えば，「9教科すべての成績が4の場合，内申点は4×9＝36」などといった具合です。

公立高校の入試では，「内申点＋試験の点数」で合否が決まります。当日の試験の点数がよくても，内申点が悪くて不合格になってしまうということもあるのです。住む地域や受ける高校によって，「内申点をどのように計算するか」「何年生からの内申点が合否に関わるか」「内申点が入試の得点にどれくらい加算されるか」は異なりますので，早めに調べておくといいでしょう。

「高校受験なんて先のこと」と思うかもしれませんが，実は**中1のときのテストの成績や授業態度が，入試に影響する場合もあるのです。**

1章

生物の観察と分類

1 身のまわりの生物

教科書の要点

1 **身近な生物の観察**
◎生物は，いろいろな場所で生活している。

2 **校庭の生物の観察**
◎**タンポポ**…日当たりがよく，かわいたところに生育。
◎**ドクダミ**…日当たりが悪く，しめりけが多いところに生育。

3 **タンポポの観察**
◎生える場所…道ばた，草むらのはし，背の低い草の間など。
◎タンポポの花…小さな花が集まり，全体で１つの花に見える。

1 身近な生物の観察

いろいろな場所で，さまざまな生物が生活している。

❶**校庭や人家付近**…スズメ，ツバメ，ムクドリなど。
❷**雑木林や森**…クヌギ，カタクリ，シジュウカラなど。
❸**田畑や道ばた**…ナズナ，シロツメクサ，ベニシジミなど。
❹**水辺や小川**…トノサマガエル，メダカ，ウキクサなど。
❺**石や落ち葉の下**…ミミズ，ダンゴムシ，ヤスデなど。
❻**日かげでしめったところ**…ドクダミ，ゼニゴケなど。

くわしく **生物の活動時間にも注目**

小動物や草花などを観察する場合，同じ場所でも昼と夜のように時間を変えて観察してみることも大切。種類によって活動や開花のようすがちがっていたりするためである。

また，生物の観察では，季節によるちがいを継続(けいぞく)的に調べることも大切である。

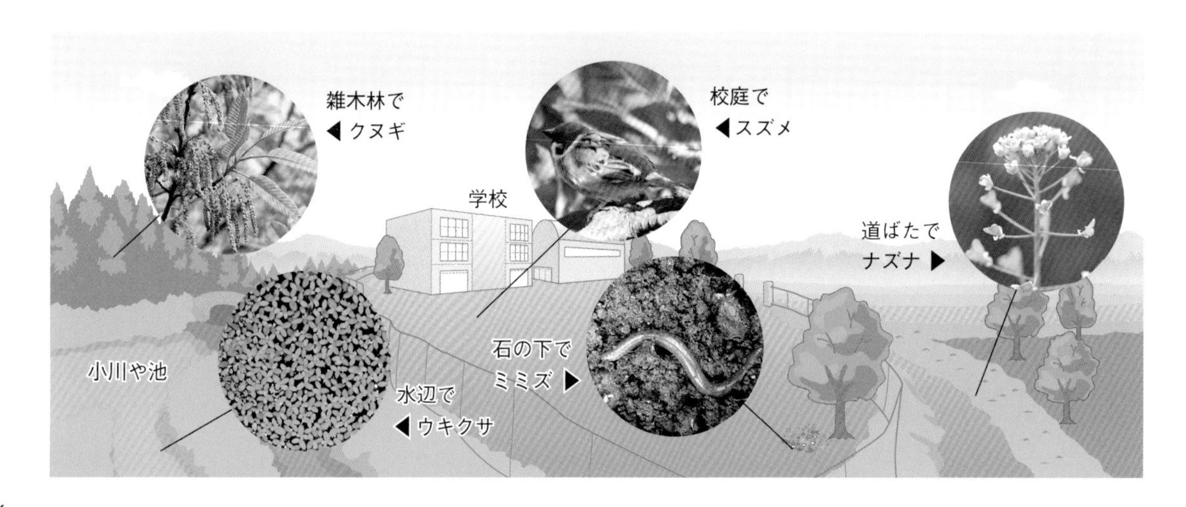

2 校庭の生物の観察

生物はいろいろな場所で生活しているが，その場所の環境(かんきょう)によって見られる生物の種類がちがっている。

(1) 校舎の南側や校庭

❶日当たり…よい。

❷しめりけ…かわいている。土がかたいところもある。

❸観察された生物…タンポポ，ナズナ，アリなど。

(2) 校舎や体育館の北側

❶日当たり…建物のかげになっていて悪い。

❷しめりけ…しめっているところが多い。

❸観察された生物…ドクダミ，ゼニゴケ，ダンゴムシなど。

(3) 環境と生物の種類…日当たりやしめりけなどの環境のちがいによって見られる生物の種類は異なる。

くわしく 観察や実験の心構え

人に頼(たよ)るばかりではなく，必ず自分の手を動かすように心がける。ほかにも次のようなことが大切である。

①疑問をもって，注意深く観察する。
②細かい特徴(とくちょう)や変化を見逃さない。
③できるだけ多くの例を調べる。
④ほかのものと比べてみる。
⑤スケッチなど，記録は確実にとる。
⑥すでに学習したことと，関連づけて考える。

重要観察 校庭のまわりの生物の観察

方法 ①生物をくわしく観察してスケッチする。
②生物の特徴や種類，生活場所の特徴などを記録する。
③見つけた生物がどこにいたかを地図にまとめて，校庭のまわりの環境と生物の種類の関係を整理する。

結果と考察

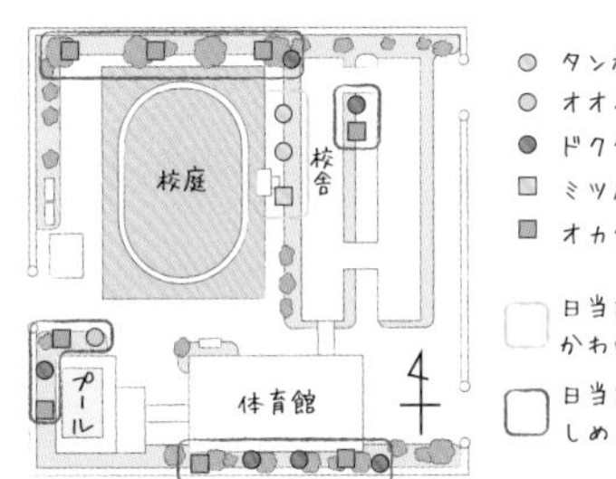

生物の種類は，日当たりやしめりけのようすに関係している。

実験操作 スケッチのしかた

●よくけずった鉛筆(えんぴつ)を使い，細い１本の線ではっきりとかく。
●線を重ねたり，影(かげ)をつけたり，ぬりつぶしたりしない。
●目的とするものだけを対象にしてかく。
●気づいたことを言葉でも記録する。

実験操作

レポートの書き方

実験や観察を行ったらレポートにまとめよう。簡潔にわかりやすく，ほかの人に伝わるように書こう。

レポートの書き方

タイトルを書く。

実験・観察を行った年月日や天候を書く。

目的を具体的に書く。

準備したものを書く。

●使った材料や器具を全部書く。

●準備物の注意点も書いておくとよい。

実験や観察の方法を書く。

●手順がわかりやすいように箇条書きにする方がよい。

●ほかの人が同じ実験・観察ができるように具体的に書く。

結果を書く。

●得られた結果だけを正確に書く。

●文章・図・スケッチ・表などにまとめる。

●写真を使うのも有効である。

考察を書く。

●目的に照らし合わせて，結果からわかったことや考えたことを書く。

感想を書く。

●行った実験・観察について感じたことなどを簡潔に書く。

●疑問に思ったこと，さらに調べたいことなども書く。

身のまわりの生物の観察

〔観察日〕2021年4月27日　晴れ
1年2組15番　佐藤　武志

〔目　的〕どんな生物がどんな所にいるのかを調べる。

〔準　備〕ルーペ，生物図鑑，教科書，色えんぴつ，校内地図，記録用紙
※生物図鑑は持ち歩くのに便利な小型のものを使った。

〔方　法〕学校内やその周辺にくらしている生物の名前を調べた。

〔結　果〕

くらしている所	よく見られた生物
日当たりがよく，かわいている所	タンポポ，ミツバチ
日当たりがよく，しめっている所	オオイヌノフグリ，トノサマガエル
日当たりが悪く，しめっている所	ドクダミ，オカダンゴムシ

〔考　察〕結果から，生物の種類は，それらがくらしている所の日当りやしめりけのようすなどと関係していると考えられる。

〔感　想〕山や海辺では，どんな生物がどのようにくらしているのかを調べてみたい。

整理してまとめることで
あとで自分が見るときも
わかりやすくなるよ。

③ タンポポの観察

タンポポの花やからだのつくり，育つ環境には特徴がある。

(1) タンポポの観察のしかたの例

・生育している環境（日当たり，しめりけなど）を調べる。
・花をルーペや双眼実体顕微鏡などで拡大して観察する。
・葉の形や広がり方などを調べる。
・時間を追って，育っていくようすを見る。

(2) タンポポの花…小さな花がたくさん集まって，１つの花のように見える。⇨ヒマワリやヒメジョオンの花のつくりも同じ。

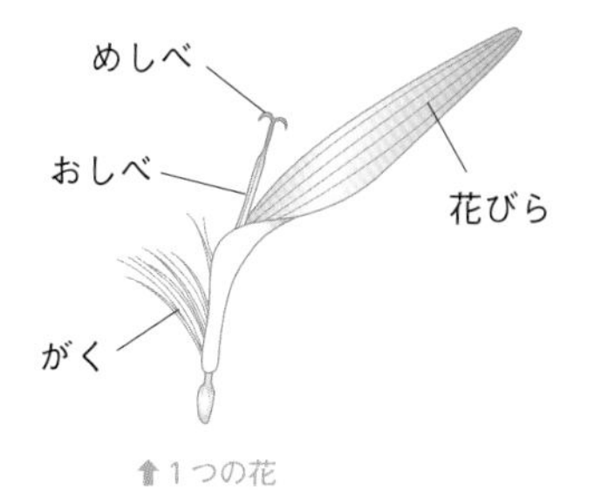

⬆１つの花

⬆果実

(3) タンポポの葉

❶**葉の形**…へりがぎざぎざした形をしている。

❷**葉の広がり方**…葉どうしが重ならないように（→日光がよく当たるようにするため。），四方に広がっている。

(4) 生育環境と育ち方…環境によって，育ち方が異なる。

❶**道ばたのタンポポ**（→日光がよく当たる。）…葉を地面にはりつけるように広げているものが多い。

❷**草むらのタンポポ**（→日光があまり当たらない。）…葉がななめ上方にのびているものが多い。

(5) 花のつく柄ののび方…果実（➡p.40）が飛び散る直前ごろに，急にのびる。

⇨風で果実が飛び散るのに都合がよい。（➡p.44）

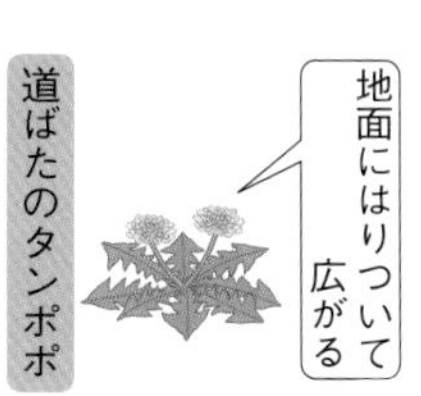

⬆生育環境と育ち方

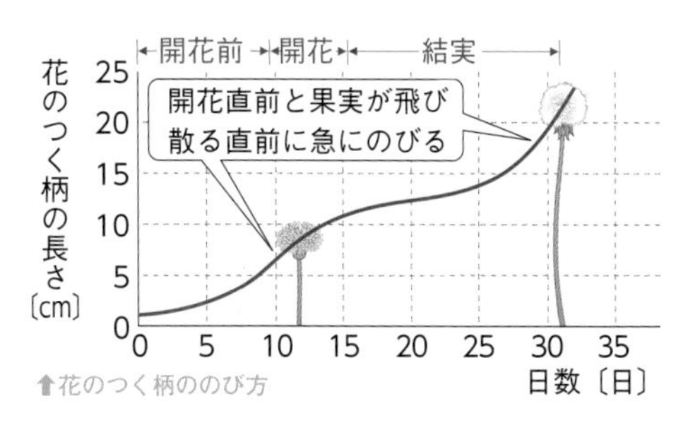

⬆花のつく柄ののび方

発展　タンポポの花の開き方

一般に，タンポポの花は晴れた日には朝方に開き，夕方に閉じる。また，くもりの日に開花している時間は，晴れた日より短くなる。このことから，タンポポの花は光が強いと開き，光が弱いと閉じることがわかる。

一度開花したあとは，朝夕の開閉はあっても，３日間くらいはさいている。

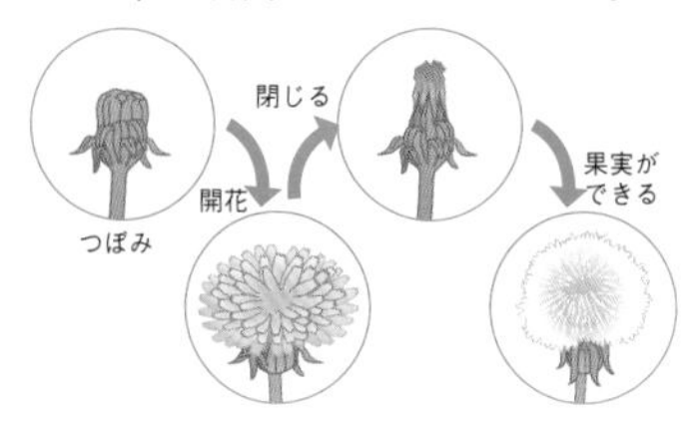

くわしく　根の長さ

タンポポの根は，地中深くのび，地上部分に比べて非常に長い。1.5 m くらいになることもある。

Column タンポポの雑種化

タンポポには，古くから日本で生育している在来のタンポポと，外国から日本に入ってきた外来のタンポポがある。最近は，繁殖力の強い外来のタンポポがふえ，在来のタンポポは数が減っているといわれている。一方で，在来と外来のタンポポの雑種ができているとみられ，外見は外来のタンポポだが，在来と外来の両方の遺伝子（→3年で学習）をもっているタンポポがふえている。

実験操作 ルーペ・双眼実体顕微鏡の使い方

ルーペの使い方

↑ルーペ

注意 ルーペで太陽を見てはいけない。

ルーペは目に近づけて持ち，観察するものを前後させてピントを合わせる。

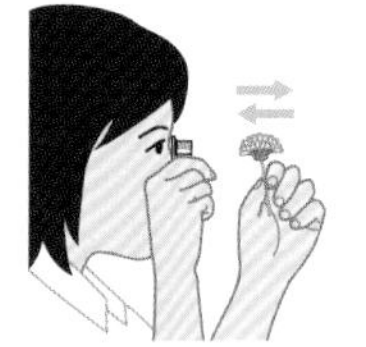

観察するものが動かせないときは，ルーペを目に近づけたまま，顔を前後させてピントを合わせる。

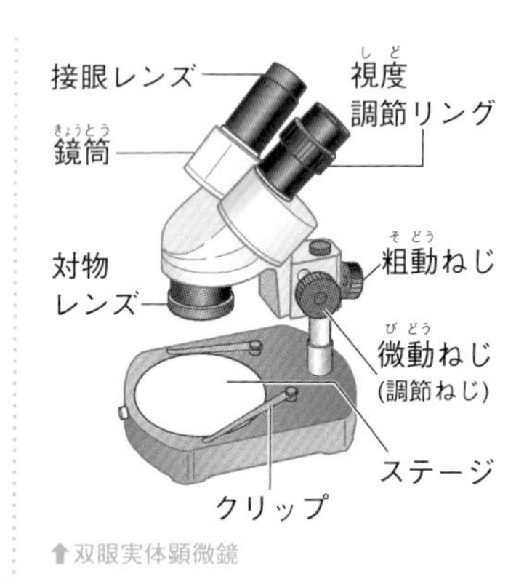

↑双眼実体顕微鏡

双眼実体顕微鏡の使い方

ポイント
- 立体的に観察することができる。
- 倍率は20～40倍程度。
- 観察物を，そのまま観察する。
- ステージには白と黒の面があり，観察するものが見えやすい色を使う。

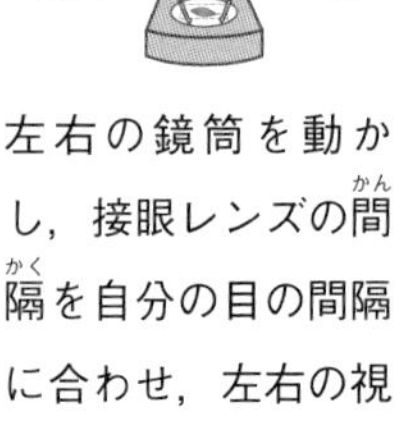

左右の鏡筒を動かし，接眼レンズの間隔を自分の目の間隔に合わせ，左右の視野が重なって1つに見えるようにする。

→ 粗動ねじをゆるめて鏡筒を上下させ，両目でおよそのピントを合わせる。

→ 右目でのぞきながら微動ねじを回し，ピントを合わせる。

→ 左目でのぞきながら視度調節リングを回し，ピントを合わせる。

2 水中の小さな生物

教科書の要点

1 水中の小さな生物の採集

◎池や川，海などの水の中にも小さな生物がいる。

2 水中の小さな生物の観察

◎さかんに動き回る…例 ミジンコ，アメーバ，ヤコウチュウ

◎緑色をしている…例 アオミドロ，ミカヅキモ，クンショウモ

1 水中の小さな生物の採集

水中の小さな生物は，次のような方法で採集できる。

❶**緑色の水をとる**…池や水そうの中の緑色に見える水や，壁などについた緑色や茶色のものを容器にとる。

❷**ブラシで落とす**…水中の小石などの，表面のぬるぬるしたものを歯ブラシなどでこすりとり，容器の水の中で洗う。

❸**葉をとる**…水草の葉や底に沈(しず)んでいる落ち葉などをとり，容器の水の中で洗う。

❹**プランクトンネットを引く**…池や川の水中でプランクトンネットを何回か引き，網(あみ)を容器の水の中で洗う。

発展 プランクトン

水中をただよって生活する生物の総称(そうしょう)。川や池などの淡水(たんすい)にすむものと，海水にすむものとに分けられる。また，植物プランクトンと動物プランクトンという分け方もされる。

くわしく プランクトンネット

円すいの形の網の先には，小さな容器もついている。採集しようとする目的の生物の大きさに合わせて，網の目の大きさを選ぶことができる。

水中の小さな生物がいるところ

水中の小さな生物の集め方

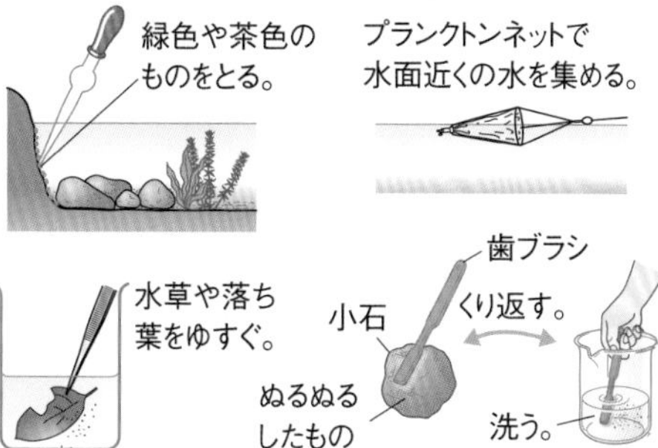

実験操作

顕微鏡の使い方

観察の手順

①顕微鏡は，明るく平らなところに置く。

注意 直射日光の当たらないところに置く。

②対物レンズはいちばん低倍率のものにする。

ポイント 接眼レンズ→対物レンズの順にレンズをつける。

⇨鏡筒の中にほこりなどが入るのを防ぐため。

③反射鏡(はんしゃきょう)としぼりを調節して，視野全体を明るくする。

④プレパラートをステージにのせる。

⑤横から見ながら，対物レンズとプレパラートをできるだけ近づける。

注意 接眼レンズをのぞきながら対物レンズとプレパラートを近づけると，プレパラートと対物レンズがぶつかるおそれがある。

⑥接眼レンズをのぞき，調節ねじを⑤と逆向きに少しずつ回して，対物レンズとプレパラートを遠ざけながらピントを合わせる。

⑦よく見えるように調整する。

- ●見たいものを視野の中央にする。
- ●しぼりで光の量を調節する。
- ●高倍率の対物レンズにする。

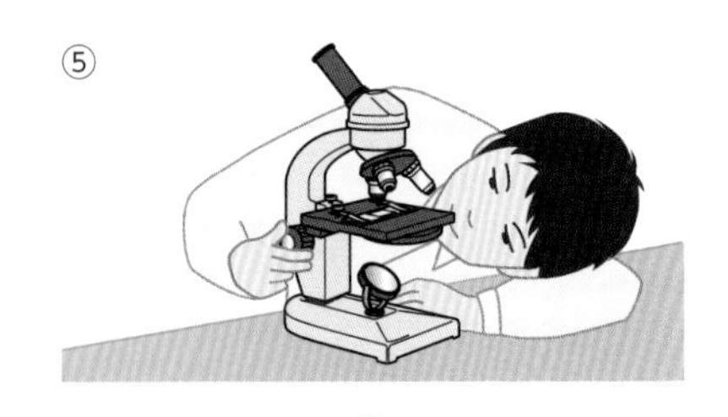

プレパラートのつくり方

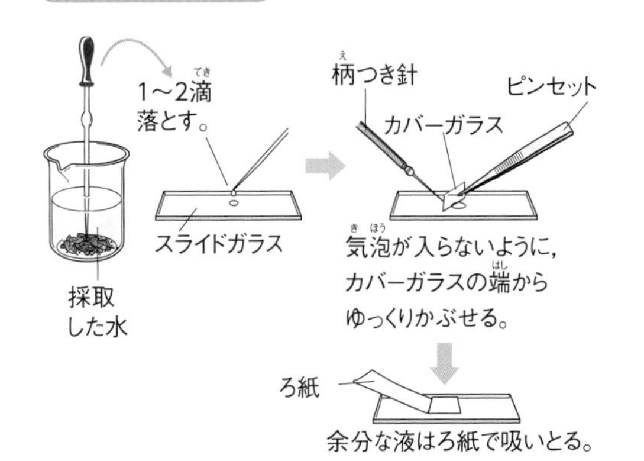

顕微鏡の倍率

顕微鏡の拡大倍率 ＝ 接眼レンズの倍率 × 対物レンズの倍率

例 接眼レンズの表示が『15×』

対物レンズが『40』の場合

⇨拡大倍率＝15×40＝600倍

レンズと倍率

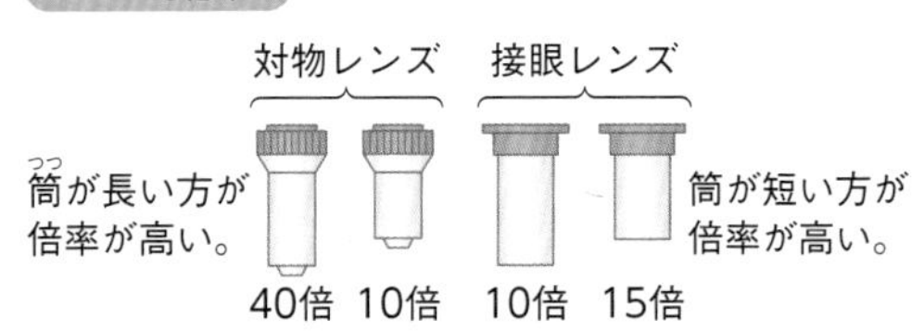

動画
プレパラートの動かし方

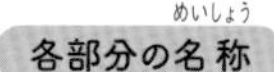

各部分の名称

注意 反射鏡が光源の顕微鏡もある。

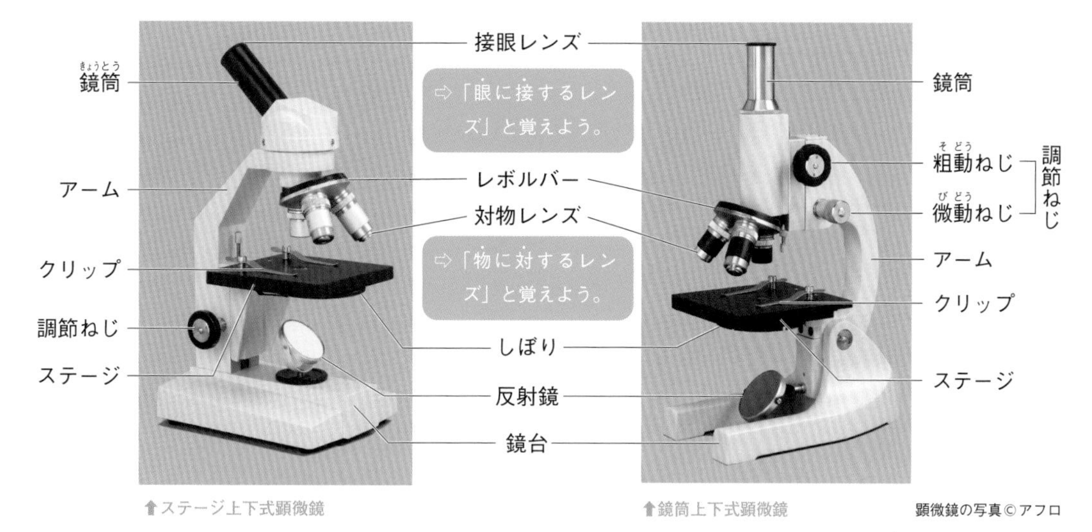

⬆ステージ上下式顕微鏡　⬆鏡筒上下式顕微鏡　顕微鏡の写真©アフロ

像の動かし方

※像の上下左右が実物と逆になっている場合。

例 ① 右に寄せるには？（左にある像を中央に移動）

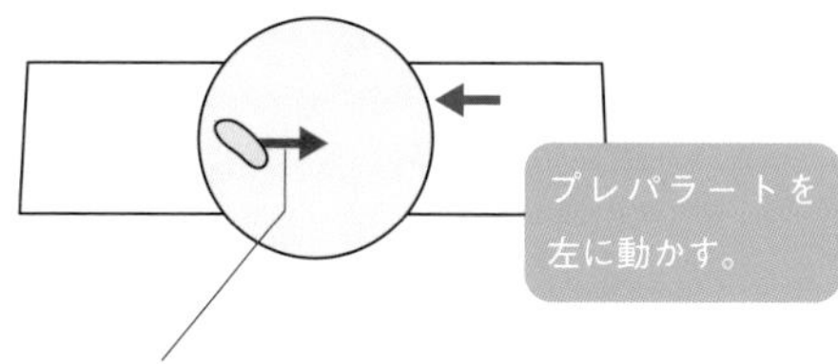

例 ② 上に動かすには？（下にある像を中央に移動）

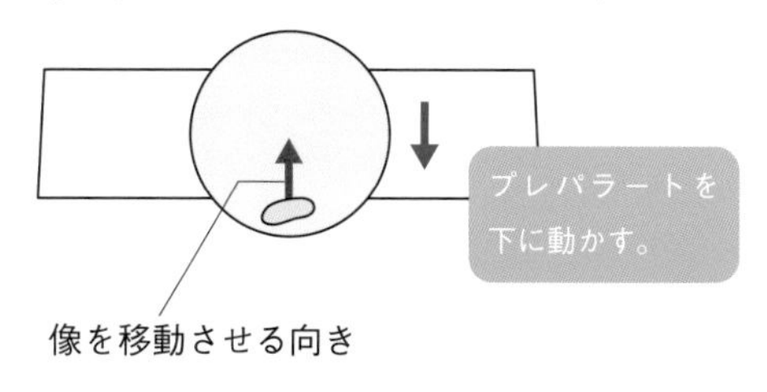

注意 上下左右が逆にならない顕微鏡もあるので確認しよう。

倍率と像の見え方

顕微鏡の倍率を高くすると，見える像は大きくなるが，次のようになる。

① 見える範囲（視野）がせまくなる。

② 視野が暗くなる。

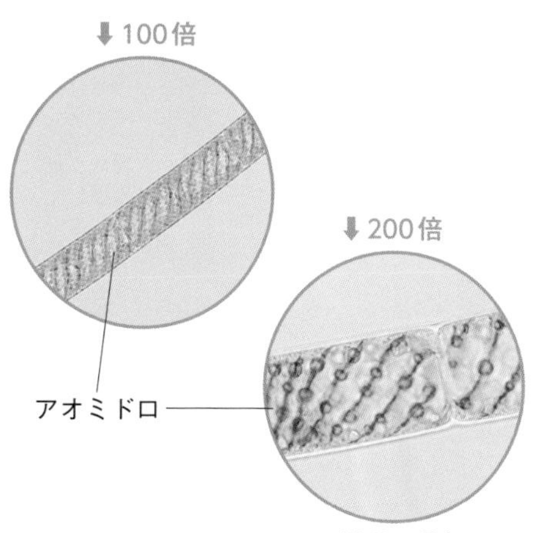

アオミドロの写真©コーベット

2 水中の小さな生物の観察

池や川，海，水そうなどの水中にも，さまざまな生物が生活している。

(1) **顕微鏡を使った観察**…採集した水などで**プレパラート**（➡p.32）をつくる。顕微鏡で倍率を100～150倍にして観察し，スケッチする。

観察する生物に合わせて40～600倍くらいまで変える。

(2) **水中の小さな生物**

❶淡水中の小さな生物

・**動く**…ミジンコ，アメーバ，ゾウリムシ，ツリガネムシなど。

・**緑色**…アオミドロ，ミカヅキモ，イカダモなど。

❷海水中の小さな生物

・**動く**…ヤコウチュウ，ホウサンチュウ，エビの幼生など。

幼生：子どものこと。

・**緑色**…クモノスケイソウなど。

テストで注意 ミドリムシ

ふつう緑色のなかまはほとんど動かないが，緑色をしていて動き回る生物がいる。

ミドリムシは緑色をしているが，べん毛という１本の毛のようなものをもち，からだをくねらせながら活発に泳ぎ回る。

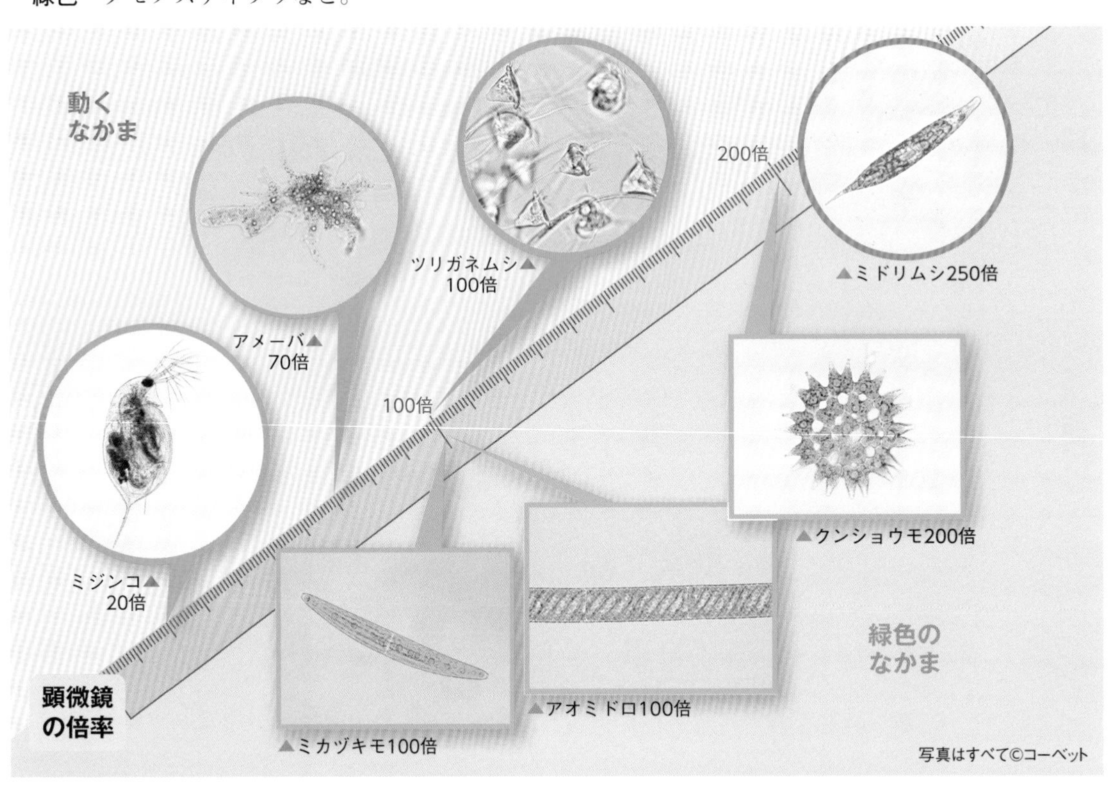

ミジンコ▲ 20倍

アメーバ▲ 70倍

ツリガネムシ▲ 100倍

▲ミドリムシ250倍

▲ミカヅキモ100倍

▲アオミドロ100倍

▲クンショウモ200倍

写真はすべて©コーベット

3 生物の特徴と分類のしかた

教科書の要点

1 生物の特徴と分類のしかた

◎生物の特徴の共通点・相違点をもとにして，生物をグループに分けることを**分類**という。

1 生物の特徴と分類のしかた

生物にはさまざまな特徴がある。その特徴の共通点や相違点からグループ分けをしていく。

(1) **生物の特徴**…生物には，からだのつくりや生活場所などに特徴がある。いろいろな生物の特徴を比べると，共通点や相違点がある。

(2) **生物の分類**

❶**分類**…共通するものをまとめ，いくつかのグループに分けて整理すること。

❷**生物の分類**…生物の特徴の共通点や相違点に注目し，観点と基準を決めて，共通の特徴をもつものをグループ化する。

⇨観点や基準が変わると，分け方が変わることがある。

分類の例

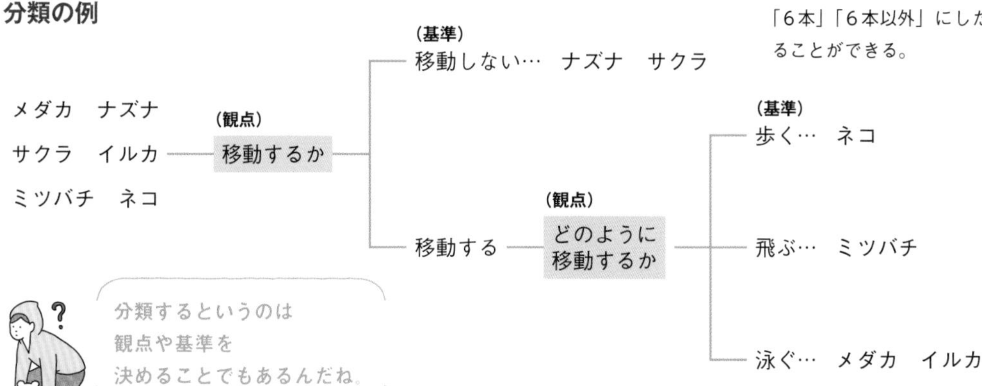

分類するというのは観点や基準を決めることでもあるんだね。

生活 身近な分類

図書館や書店では，本の内容で「自然科学」「文学」「芸術」などと分けられていたり，本の形式で「図鑑」「絵本」「漫画」などと分けられたりしている。

くわしく 観点と基準

観点は，分類するときに注目する特徴のことである。生物は，生活場所，からだの形や大きさ，動き方などの観点で分類することができる。

左の分類の例で，移動する生物を「あしの数」という観点で分類する場合，基準を「0本」「4本」「6本」にしたり，「6本」「6本以外」にしたりして分類することができる。

チェック 基礎用語 次の〔　　〕にあてはまるものを選ぶか，あてはまる言葉を答えましょう。

1 身のまわりの生物

□(1) タンポポの生育場所は，一般に日当たりが〔 よい　悪い 〕。

□(2) 手に持った花をルーペで観察するとき，ルーペを目に近づけたまま〔 顔　花 〕を前後に動かす。

□(3) 双眼実体顕微鏡は，観察物を拡大して〔　　〕に観察するのに適している。

□(4) スケッチするときは，〔 細い　太い 〕1本の線でかき，影を〔 つける　つけない 〕。

2 水中の小さな生物

□(5) ミカヅキモ，アメーバ，アオミドロのうち，動くのは〔　　〕である。

□(6) ミドリムシやゾウリムシなどの水中の小さな生物を観察するのに用いる器具は〔 ルーペ　双眼実体顕微鏡　顕微鏡 〕が適している。

□(7) 顕微鏡で，10倍の接眼レンズと40倍の対物レンズを用いると，観察するときの顕微鏡の倍率は〔　　〕倍である。

□(8) 顕微鏡で観察するとき，倍率を高くするにしたがって，視野は〔 明るく　暗く 〕なる。

3 生物の特徴と分類のしかた

□(9) 〔 共通する　異なる 〕特徴をもつものを1つのグループにまとめて，いくつかのグループに分けて整理することを〔　　〕という。

□(10) 4つの生物をA（ミツバチ，スズメ），B（ミジンコ，ウキクサ）の2つのグループに分けたとき，Aのグループで共通する特徴は〔 移動する　陸上で生活する 〕ことである。

解答

(1) よい
(2) 花
(3) 立体的
(4) 細い　つけない
(5) アメーバ
(6) 顕微鏡
(7) 400
(8) 暗く
(9) 共通する　分類
(10) 陸上で生活する

1 花のつくりとはたらき

教科書の要点

1 花のつくり

◎花にはふつう，**がく・花弁**(かべん)**・おしべ・めしべ**がある。

◎**子房**(しぼう)…めしべのもとのふくらんだ部分。

◎**胚珠**(はいしゅ)…子房の中にある小さな粒(つぶ)。

2 種子(しゅし)**のでき方**

◎**受粉**(じゅふん)後，子房は**果実**(かじつ)に，胚珠は**種子**になる。

◎**種子植物**…花がさいて種子をつくる植物。

3 マツの花

◎**雌花**(めばな)…**胚珠**がむき出しでついている。

◎**雄花**(おばな)…**花粉のう**(かふん)がある。

4 被子植物(ひししょくぶつ)**と裸子植物**(らししょくぶつ)

◎**被子植物**…胚珠が子房の中にある植物。

◎**裸子植物**…胚珠がむき出しになっている植物。

1 花のつくり

植物の種類によって，花の大きさや形，色などはさまざまだが，多くの花では共通のつくりがある。

(1) **花のつくり**…ふつう，1つの花には，外側から順に**がく・花弁**(かべん)**・おしべ・めしべ**がある。
花弁→花びら

アブラナの花のつくり

⬆たくさんさいているアブラナの花

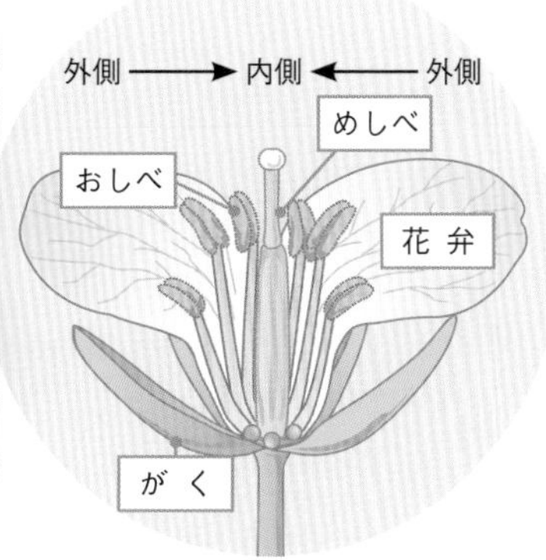

くわしく 完全花(かんぜんか)**と不完全花**(ふかんぜんか)

がく・花弁・おしべ・めしべがすべてそろっている花を完全花，どれか1つでも欠けている花を不完全花という。

不完全花には，1つの花におしべかめしべの一方しかないものがあり，これを単性花(たんせいか)という。ヘチマやカボチャがこの例で，おしべのある雄花(おばな)とめしべのある雌花(めばな)が別々にさく。

イネはがくや花弁がなく，「えい」というものがおしべとめしべを包んでいる。

なお，1つの花におしべとめしべがある花を両性花(りょうせいか)という。

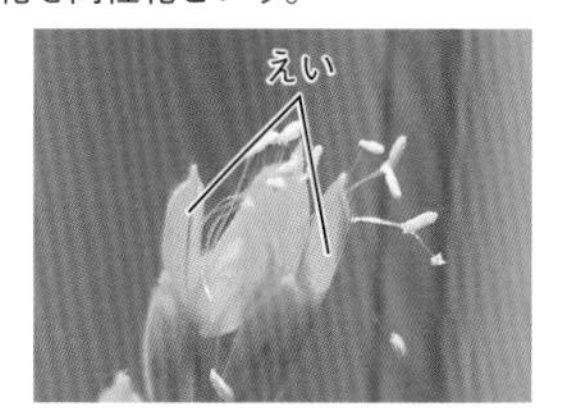

⬆イネの花

(2) **花弁**…ふつう，花では最も目立つ部分で，めしべとおしべを守るように囲んでいる。植物の種類によって花弁の数は異なる。花は，花弁のようすで次の２つに分けられる。

❶**離弁花**…サクラのように，花弁が１枚ずつ離れている花。

❷**合弁花**…アサガオのように，花弁がくっついている花。

⬆離弁花の例（サクラ）　⬆合弁花の例（アサガオ）

(3) **がく**…花の根もとを包む。つぼみのときは内部を保護する。

(4) **おしべ**…めしべを囲むようにつく。植物の種類によって，おしべの本数は異なる。

❶**やく**…おしべの先の袋のようにふくらんだ部分。中には**花粉**が入っている。

❷**花糸**…やくの下の細い柄のような部分。

(5) **めしべ**…花の中心にある。植物の種類にかかわらず，基本的にめしべの本数は１つの花に１本である。

重要

❶**柱頭**…めしべの先端の部分。

❷**子房**…めしべのもとのふくらんだ部分。

❸**胚珠**…子房の中にある小さな粒。将来，種子になる部分。

❹**花柱**…めしべの柱頭と子房をつなぐ部分。

テストで注意 **もとがくっついていれば合弁花**

ツツジのように端の方は分かれて，花弁のもとだけがくっついていても合弁花である。

くわしく **花弁のようながくをもつ花**

ユリやアヤメなどの花は，６枚の花弁があるように見えるが，そのうち３枚はがくである。ガクアジサイは，がくが大きく発達して花弁のように見える。（実際の花弁はがくよりも小さい。）

⬆ガクアジサイ

ここに注目 **花のつくり**

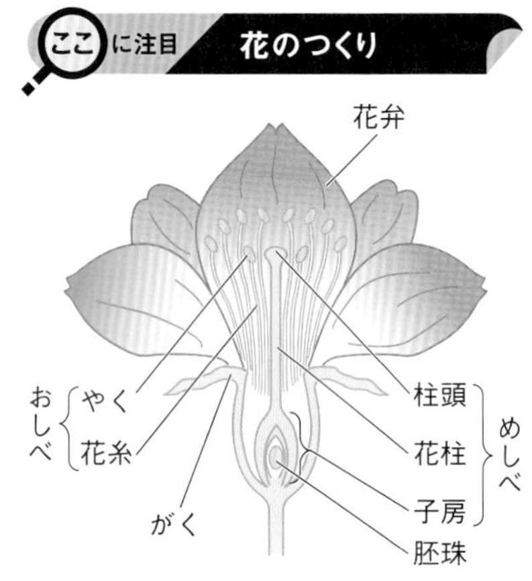

⬆サクラの花の断面

Column 胚珠の数はさまざま

サクラは１つの花に１個の種子しかできないが，アブラナは１つの花に十数個の種子ができる。サクラはめしべの子房の中に胚珠が１つしかなく，アブラナにはたくさんの胚珠があるからである。胚珠の数は，種類によって異なるのである。

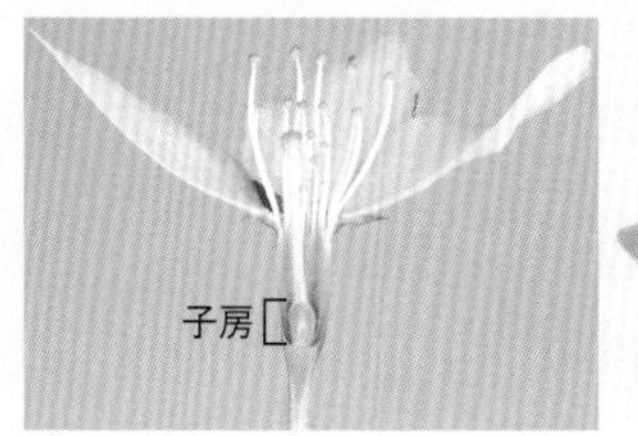

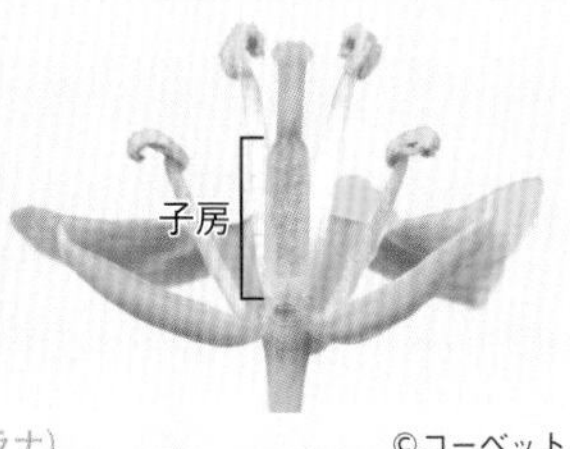

⬆子房の断面（左：サクラ，右：アブラナ）　©コーベット

重要観察 いろいろな花のつくりを調べる

目的 アブラナやエンドウ，ツツジなどの花を分解して，花のつくりや子房の内部のようすを調べよう。

方法 ①花をルーペなどで観察する。

②花の各部分を外側から順にとり外して，右の図のようにセロハンテープで台紙にはりつける。それぞれの数を調べる。

③めしべのもとの部分を切って，ルーペで中のようすを調べる。

注意

●手を切らないようにする。

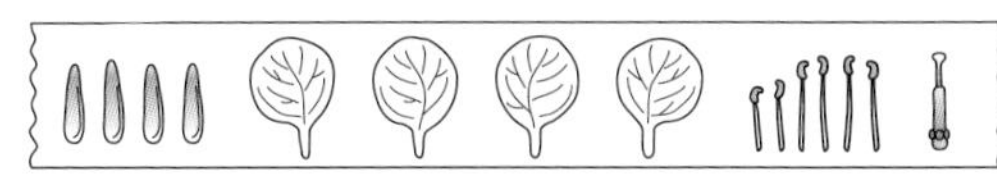

⬆花を分解する。（アブラナの例）

⬆めしべのもとの部分を切る。（エンドウの例）

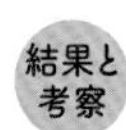

結果と考察

アブラナ

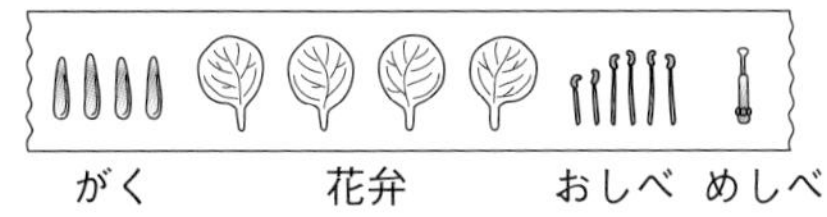

ショカツサイ（アブラナのなかま）

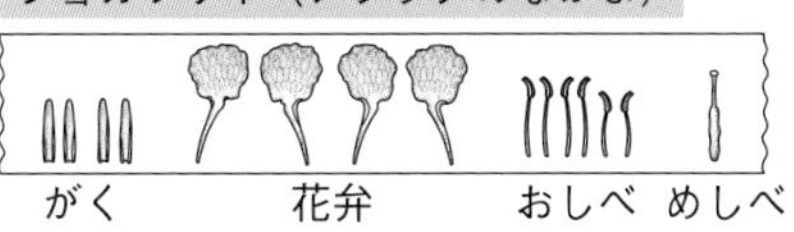

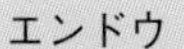

エンドウ

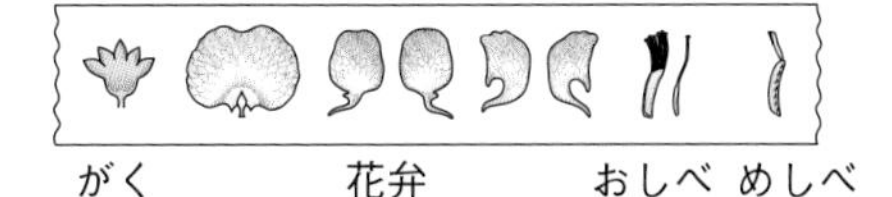

ツツジ

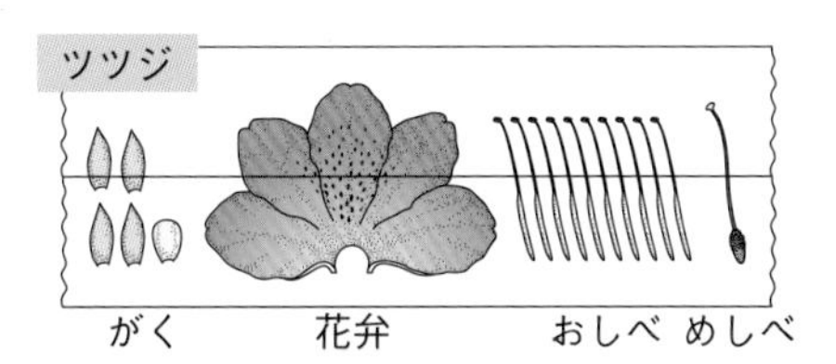

各部分の数を表にまとめると，下のようになった。

	がく	花弁	おしべ	めしべ
アブラナ	4	4	6	1
ショカツサイ	4	4	6	1
エンドウ	1	5	10	1
ツツジ	5	5	10	1

（ツツジは，5枚の花弁のもとがくっついている。）

⇨どの花も，外側から「がく，花弁，おしべ，めしべ」からできていて，その形や数は植物によって異なる。

⇨めしべのもとの部分（子房）の中には小さい丸い粒（胚珠）が入っていた。

2 種子のでき方

受粉すると，子房は果実になり，胚珠は種子になる。花は，種子をつくって子孫を残すはたらきをしている。

(1) **花粉**…おしべのやくでつくられる。やくは開花の適当な時期になるとさけて，中から花粉が飛び出す。

(2) **種子のでき方**

重要

❶**受粉**…花粉がめしべの先端の柱頭につくこと。

❷**受粉後のめしべの変化**…受粉が行われると，やがてめしべでは，子房は**果実**に，胚珠は**種子**になる。

ここに注目 花から果実への変化

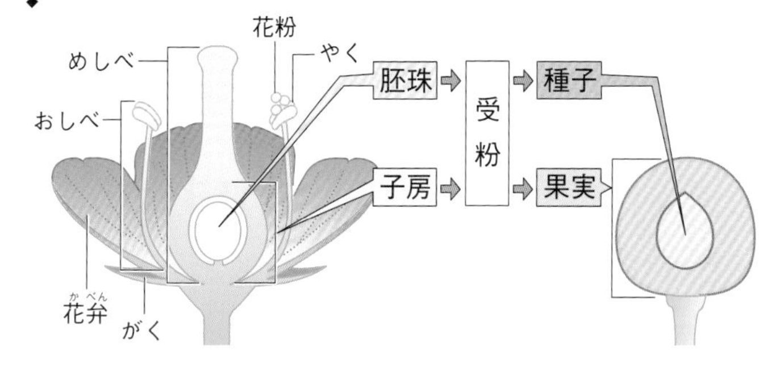

(3) **花の役割**…種子をつくってなかまをふやし，子孫を残すこと。

(4) **種子植物**…花がさいて種子をつくる植物。種子植物は被子植物と裸子植物に分けられる（➡p.43）。

中3では 種子のでき方

被子植物（➡p.43）の場合，おしべの花粉がめしべの柱頭につくと（受粉），花粉から細い管（花粉管）が出て，めしべの花柱の中をのびていく。花粉管は胚珠に向かってのび，管の中を花粉の核が移動していく。花粉管が胚珠に到達すると，移動してきた花粉の核と，胚珠の中の核が合体する（受精）。その後，胚珠全体が成熟して，種子になる。

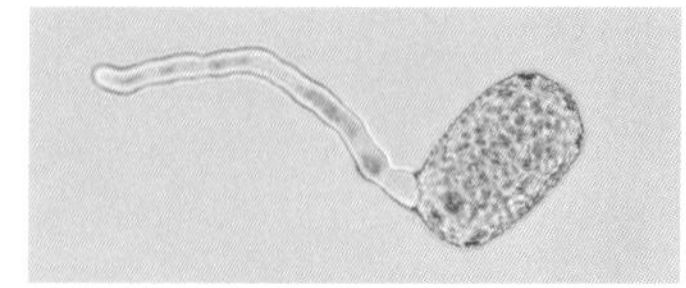

⬆花粉からのびる花粉管 ©アフロ

花の変化

くわしく 柱頭のつくり

めしべの柱頭は，ねばねばしていたり，ざらざらしていたり，毛がついていたりして，花粉がついたら離れにくいようになっている。

Column 花粉の運ばれ方

ユリやコスモスのように，昆虫によって花粉が運ばれる花を虫媒花という。虫媒花は目立つ花弁やにおい，蜜などによって昆虫をひきつけ，花粉は昆虫のからだにつきやすいつくりになっている。

また，マツやイネ，スギのように花粉が風で運ばれる花を風媒花という。風媒花は目立たない形や色をしていて，花粉は小さくて軽く，量が多い。そのため，花粉症の原因になっていることが多い。

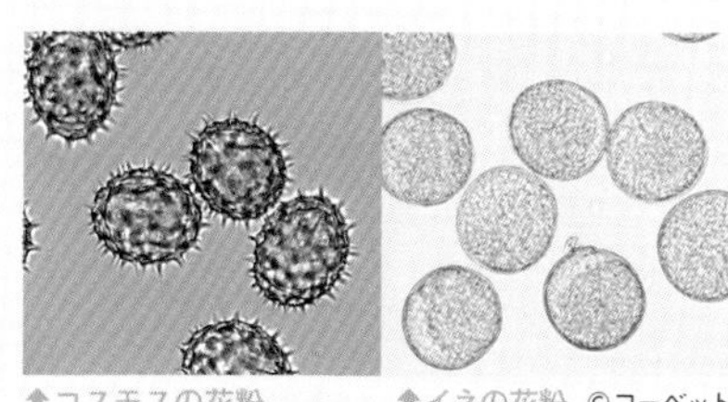

⬆コスモスの花粉　⬆イネの花粉 ©コーベット

3 マツの花

マツは花をさかせて種子をつくるが，果実はつくらない。

(1) マツの花のつくり…花弁やがくがなく，りん片といううろこのようなものが重なったつくりをしている。花は目立たない。雌花と雄花がある。

「りん」は「鱗（うろこ）」の意。

❶**雌花**…りん片に**胚珠**がむき出しでついている。子房はない。
⇨新しくのびた枝の先につく。

❷**雄花**…花粉が入った**花粉のう**がりん片についている。
⇨雌花よりも少し下の位置につく。

(2) マツの種子のでき方

❶**受粉**…花粉のうから出た花粉が，直接胚珠につく。

❷**胚珠が種子になる**…雌花は成熟してまつかさになる。
⇨受粉した胚珠が種子になるのに，１年以上かかる。

(3) マツの花粉

❶**花粉の運ばれ方**…風によって飛び散り，一部が雌花の胚珠につく。

❷**花粉のつくり**…空気が入った袋状のつくり（空気袋）がある。⇨風で運ばれやすい。

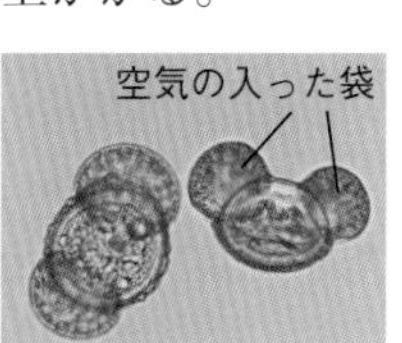

⬆マツの花粉　©コーベット

復習　雌花と雄花

ヘチマやカボチャなどの花は，雌花と雄花が別々で，雌花にはめしべ，雄花にはおしべがあり，おしべの花粉をめしべの先につけると雌花にはやがて実（果実）ができる。

テストで注意　まつかさは果実ではない

マツには子房がないので果実はできない。したがって，まつかさは果実ではない。くわしくは球果とよばれるものである。

種子が成熟すると，気象状況によってまつかさのりん片が開き始めて種子が落ち，やがてまつかさも枝から落ちる。

動画　マツの花の変化

マツの花のつくり

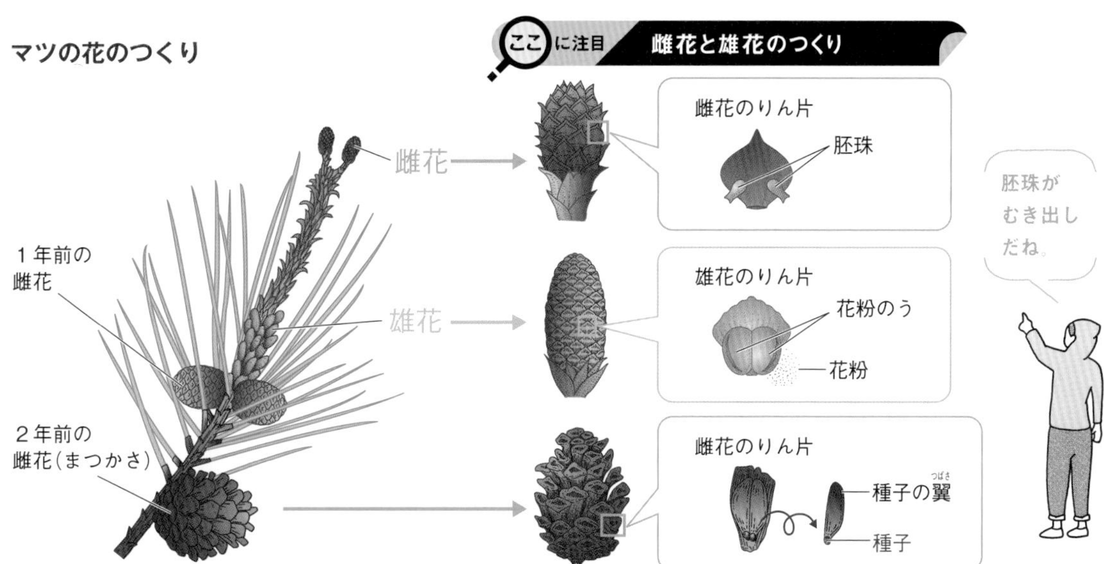

マツの花のつくりを調べる

目的 マツの雌花と雄花のそれぞれについて，りん片をはがして観察する。まつかさのつくりも調べてみる。

方法 ①雌花と雄花，まつかさが，枝にどのようについているか観察する。

②雌花，雄花からそれぞれりん片をピンセットではがしとり，ルーペまたは双眼実体顕微鏡で観察する。

③雄花を軽くたたいて花粉をとり，顕微鏡で観察する。

④まつかさを調べ，種子の位置などを観察する。

●開いて乾いているまつかさには，ほとんど種子は残っていない。

⇨種子が飛び散ってしまったため。

①雌花は枝の先につき，雄花は雌花より下の方についている。

まつかさは，それらよりも下についている。

②雌花のりん片には，２つの胚珠がむき出しでついている。

雄花のりん片には花粉のうがついていて，中に花粉が入っている。

⇨胚珠に花粉が直接つく。

③花粉には，空気の入った袋がついている。

⇨風で運ばれやすいつくりになっている。

④種子は，雌花が育ってできたまつかさのりん片についている。

⇨胚珠が種子になる。

種子には翼のようなものがついている。

⇨風で運ばれやすいつくりになっている。

⬆マツの花

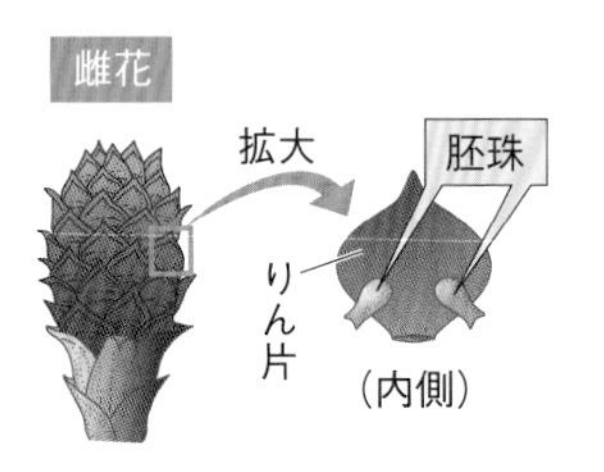

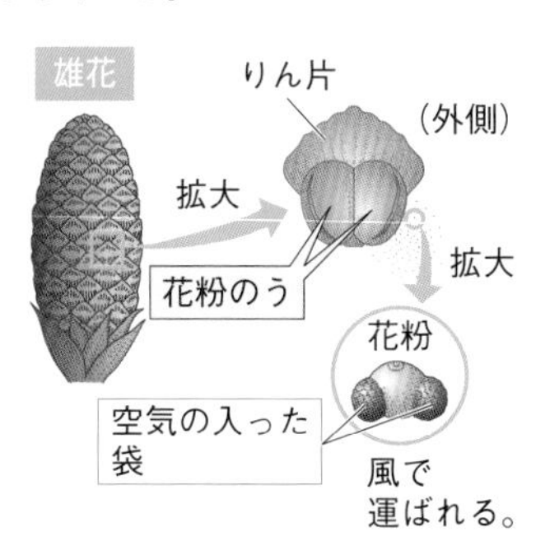

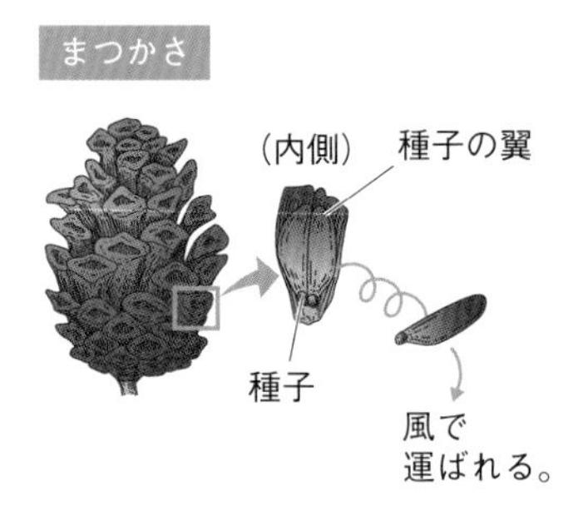

4 被子植物と裸子植物

種子植物は，被子植物と裸子植物に大きく分けることができる。

比較 被子植物と裸子植物の胚珠

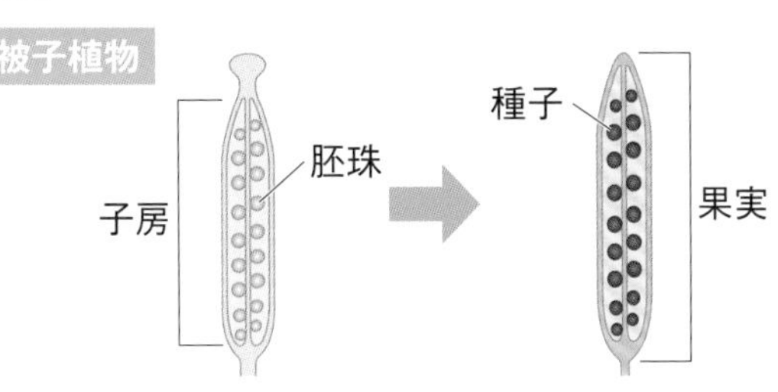

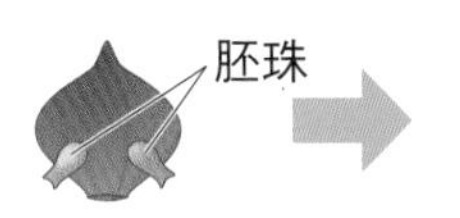

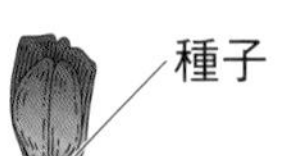

(1) 種子植物の分類

❶被子植物

・子房があり，胚珠は子房の中にある。

・種子は果実の中にできる。

例 タンポポ，アブラナ，サクラ，エンドウ　など

❷裸子植物

・子房はない。胚珠はむき出しになっている。

・果実はできない。種子だけができる。

例 マツ，スギ，イチョウ，ソテツ　など

スギ　イチョウ　ソテツ

くわしく ソテツの雌花・雄花

マツ・スギ・イチョウは，１本の木に多数の花がつくが，ソテツは木（茎）の先端部分に，大きなかたまり状の雌花または雄花がつく。なお，胚珠は雌花にたくさんあるので，種子もたくさんできる。

スギの雌花©コーベット
イチョウの雌花と雄花©アフロ

Column 雌株と雄株がある植物

草や木の１つの個体を「株」とよび，雌花と雄花を同一の株につけるものは雌雄同株，雌花と雄花を別々の株につけるものは雌雄異株という。雌雄異株のものは，雌花がつく株を雌株，雄花がつく株を雄株とよぶ。

同じ裸子植物のなかまでも，マツやスギは雌雄同株で，イチョウやソテツは雌雄異株である。イチョウの種子である銀杏は，雌株にしかできない。

⬆イチョウの種子（銀杏）

(2) 種子の散布と発芽

❶種子の散布…種子を広い範囲(はんい)に散布するための工夫がある。

a 自然にはじける…果実のさやが熟するとはじけるように開いて，種子を飛び散らせる。

例 ホウセンカ，カタバミ，スミレ，アズキ，フジ　など

b 風や水に運ばれる…風で飛ばされやすいように，種子（果実）に翼(つばさ)や毛をもつ。海流にのって運ばれるよう水に浮(う)く。

例 カエデ・マツ（翼），タンポポ（毛），ヤシ（水に浮く）　など

c 動物に付着して散布…種子の表面にかぎのようなとげなどがあり，動物のからだや人の衣服にくっついて運ばれる。

例 オナモミ，ヌスビトハギ　など

d 動物に食べられて散布…果実とともに動物に食べられ，消化(しょうか)されずにふんといっしょに体外に出される。

例 ヤドリギ，ナンテン，キイチゴ　など

❷種子の発芽…地面に落ちた種子は，温度やしめりけなどの条件が整うと発芽して，新しい個体として成長を始める。

マツの発芽➡

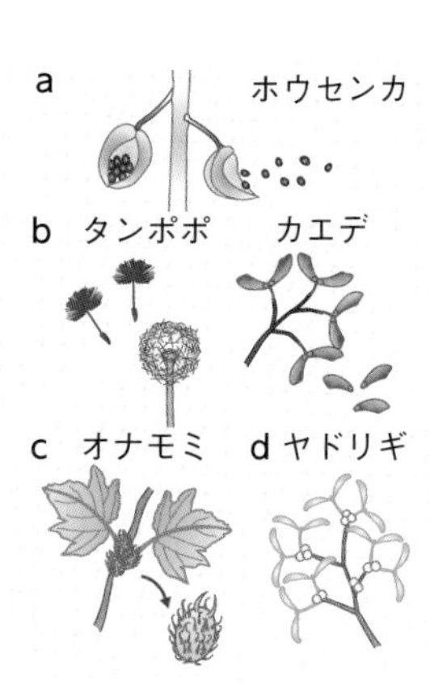

思考 種子を散布するのはなぜ?

親となる植物のすぐそばに種子が落ちた場合，発芽しても親のかげになるなどしてうまく育たないこともある。また，その場所の環境(かんきょう)が急激に変わったりすると，子孫ともども死んでしまう可能性もある。種子を広く散布するのは，移動できない植物が子孫を残すための戦略といえる。

Column ブドウとイチゴ，果実を食べているのはどっち?

思考 生活

被子植物は子房がふくらんで果実ができる。「くだもの」の中には，この果実の部分を食べているものと，そうでないものがある。ブドウとイチゴ，おもに果実の部分を食べているのはどちらだろうか？

正解はブドウ。ブドウの実は，子房がふくらんでできた果実の部分で，中には種子がある。果実を食べるくだものはほかにも，モモやカキなどがある。

イチゴでは，果実は表面にある小さな粒(つぶ)である。この小さな粒の先の短い毛のようなものがめしべの名残であり，小さな粒の中に種子が入っている。イチゴの赤い実は，花(か)たく（花をのせる台）という花のつけ根の部分がふくらんだものである。リンゴやナシも，果実はふつう食べ残す芯(しん)の部分で，食べているのは花たくである。

⬆ブドウの花と果実

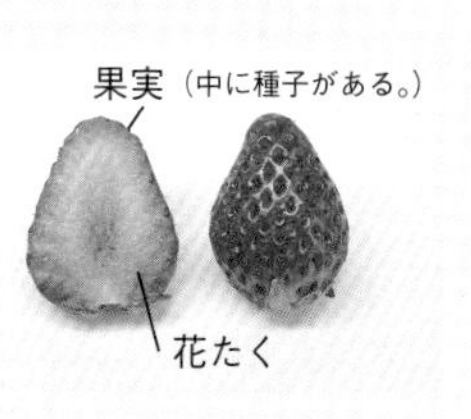

⬆イチゴの花と果実

2 葉や根のつくり

教科書の要点

1 単子葉類と双子葉類	◎**単子葉類**…子葉が１枚の被子植物。 ◎**双子葉類**…子葉が２枚の被子植物。
2 葉のつくり	◎**葉脈**…**平行脈**と**網状脈**の２つのタイプがある。
3 根のつくり	◎根のようす…**主根**と**側根**からなるものと，**ひげ根**のものがある。 ◎**根毛**…根の先端付近にある細い毛のようなもの。

1 単子葉類と双子葉類

被子植物は，発芽のときの子葉の数によって，次の２つに分けられる。

重要

❶**単子葉類**…子葉が１枚の被子植物。

例 トウモロコシ，イネ，ツユクサ，スズメノカタビラ　など

❷**双子葉類**…子葉が２枚の被子植物。

例 アサガオ，アブラナ，ヒマワリ，ホウセンカ　など

単子葉類　子葉が１枚

⬆トウモロコシの子葉

双子葉類　子葉が２枚

⬆アサガオの子葉

2 葉のつくり

葉には，葉脈というすじがある。単子葉類と双子葉類では，葉脈のようすが異なる。

(1) **葉脈**…葉にあるすじ。水や栄養分の通り道がある。

くわしく **葉脈を通るもの**

植物には，根から吸収した水や養分（肥料分）の通り道と，葉に日光が当たってつくられた栄養分の通り道がある。これらの通り道はいくつか集まって束（維管束という）となり，根・茎・葉とつながっている。この通り道の束が葉を通って，すじのように見えるのが葉脈なのである。

(2) **葉脈のようす**…平行のものと網目状のものがある。

重要

❶**単子葉類**…葉脈は平行に並んでいる。このような葉脈を**平行脈**という。

❷**双子葉類**…葉脈は網目状に広がっている。このような葉脈を**網状脈**という。

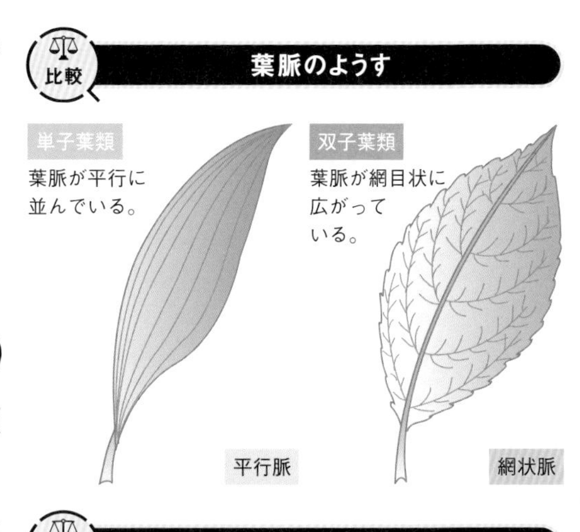

3 根のつくり

根は細かく枝分かれし，土の粒の間に入りこむ。単子葉類と双子葉類では，根のようすが異なる。

(1) **根のようす**…ひげ根のものと，主根と側根からなるものがある。

重要

❶**単子葉類**…ひげ根をもつ。

・**ひげ根**…茎の下の端から出る，たくさんの細い根。

❷**双子葉類**…主根と側根からなる。

・**主根**…まっすぐのびた太い根。

・**側根**…主根から枝分かれしてのびている細い根。

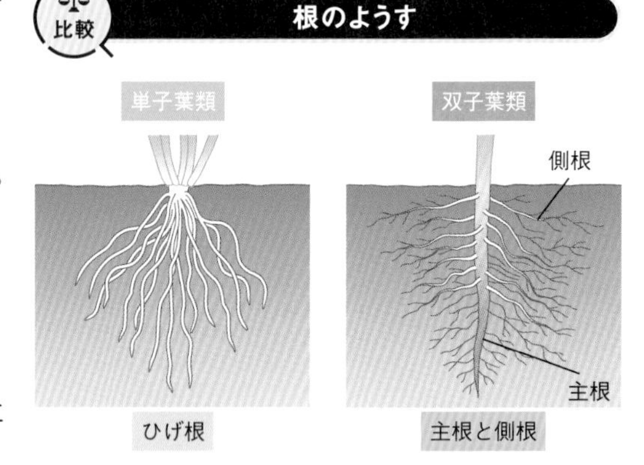

(2) **根のはたらき**…からだを支え，地中から水や水にとけた養分を吸収する。

(3) **根毛**…根の先端近くに生えている細い毛のようなもの。⇨根の表面積が大きくなり，水や養分を吸収するのに都合がよい。

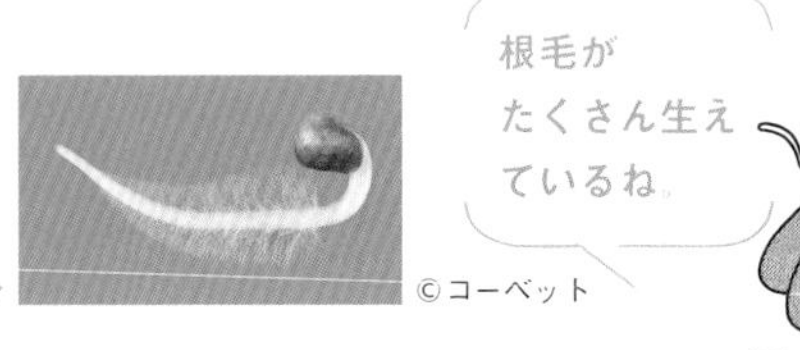

根毛のようす（ダイコン）➡ ©コーベット

ダイコンの根はどの部分？

思考 生活

ダイコンには，細いひげのようなものが生えていることがある。これは「側根」である。表面にあるくぼみは，側根が出ていた痕で，側根が生じている部分がダイコンの「主根」，つまり根である。上部の側根がない部分は胚軸という。ほかにも根を食べるニンジンやサツマイモにも側根が生えている。

一方，地下の茎がふくらんだジャガイモのいもには，側根はない。

⬆ダイコン

3 種子植物の分類

教科書の要点

1 植物の分類
◎植物は，ふえ方や子房の有無，子葉の数などで分類する。
◎種子植物と種子をつくらない植物に大きく分類できる。

2 種子植物の分類
◎種子植物は，胚珠が子房の中にある**被子植物**と子房がなく胚珠がむき出しの**裸子植物**に分類できる。
◎被子植物は，**単子葉類**と**双子葉類**に分類できる。
◎**単子葉類**…子葉が**1枚**の植物。葉脈は**平行脈**，根は**ひげ根**。
◎**双子葉類**…子葉が**2枚**の植物。葉脈は**網状脈**，根は**主根と側根**。

1 植物の分類

植物の特徴に注目することで，大きく分類してからさらに細かく分類していくことができる。

(1) **植物の分類のしかた**…ふえ方やからだのつくりなどの特徴を手がかりにして，共通の特徴をもつものをグループ化して分類する。（体系化という。）
⇨多くの植物に共通する特徴から分類する。
⇨ふえ方，子房の有無，子葉の数などに注目する。

(2) **植物の分類**…植物はふえ方によって，種子植物と，種子をつくらない植物に大きく分類することができる。

❶**種子植物**…花がさいて，**種子**をつくってなかまをふやす植物。根・茎・葉の区別がはっきりしている。

❷**種子をつくらない植物**…花をさかせず，胞子でふえる。(➡p.51)

例 イヌワラビ，ゼンマイ，ゼニゴケ，スギゴケ　など

発展 植物の分類方法

昔からの植物の分類は，からだのつくりなどの形態的な特徴にもとづくものであったが，近年では，DNA（中3で学習）の情報をもとにした新しい分類が広まっている。この分類方法では，合弁花類・離弁花類（➡p.49）という分け方はなくなっている。

発展 種とは

生物を分類するときの最も小さなグループの単位。ソメイヨシノ（サクラの一種の名称）やオオイヌノフグリなどは種名である。

2 種子植物の分類

種子植物は子房の有無で，被子植物と裸子植物に分類できる。被子植物はさらに単子葉類と双子葉類に分類できる。

(1) **種子植物の分類**…子房があるかないか（胚珠のようす）によって，被子植物と裸子植物に分類できる。

❶**被子植物**…子房があり，胚珠が子房の中にある植物。
⇨果実の中に種子ができる。

❷**裸子植物**…子房がなく，胚珠がむき出しの植物。
⇨果実はできず，むき出しの種子ができる。

例 マツ，イチョウ，スギ，ソテツ

くわしく 「被子」の意味

植物にとって，その植物の子のもととなる胚珠が被われている植物という意味で，被子植物とよぶ。裸子植物は，胚珠が被われず裸である植物という意味になる。

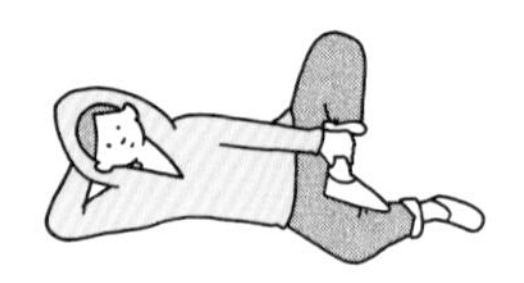

被子植物と裸子植物

被子植物

サクラの果実
種子は果実の中

やがて果実になる

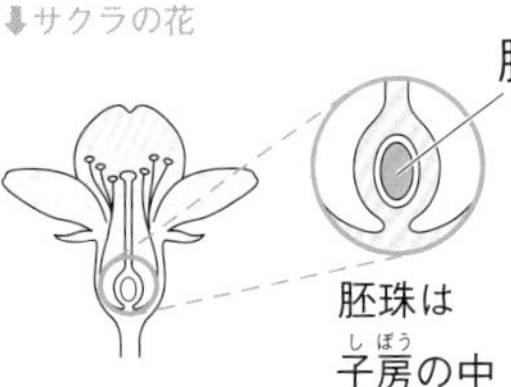
サクラの花
胚珠は外からは見えない。

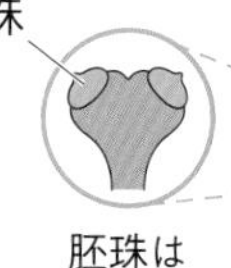

胚珠は子房の中

胚珠はむき出し

裸子植物

イチョウの雌花
胚珠は外から見える。©アフロ

やがて種子になる

イチョウの種子

被子植物と裸子植物の歴史

種子植物が出現したのは，今から約3億年ほど前と考えられている。最初の種子植物は裸子植物のなかまで，約2億3千万年前には裸子植物の大森林が形成されていた。そのころは恐竜も繁栄していた時代である。

その後，約1億5千万年前になって被子植物が出現し，裸子植物にかわって急速に発展してきた。これは，子房が胚珠を保護している被子植物の方が，より確実に子孫を残しやすかったからと考えられている。

現在知られている被子植物の種類は26万種をこえているのに対して，裸子植物は1千種あまりである。そして裸子植物はすべて木本（いわゆる木）である。

⬆新生代（➡p.230）のイチョウの化石。イチョウは太古の姿を今も残しているので「生きている化石」といわれる。 ©コーベット

(2) **被子植物の分類**…被子植物は，子葉の数，葉脈や根のようすで単子葉類と双子葉類に分類できる。

重要

❶単子葉類

- **子葉の数**…**1枚**。
- **葉脈**…平行に並んだ**平行脈**。
- **根**…**ひげ根**をもつ。

例 トウモロコシ，ツユクサ，ユリ　など

❷双子葉類

- **子葉の数**…**2枚**。
- **葉脈**…網目状に広がった**網状脈**。
- **根**…**主根**と**側根**からなる。

例 アブラナ，エンドウ，アサガオ　など

比較　単子葉類と双子葉類

	子葉	葉脈	根
単子葉類	1枚	平行脈	ひげ根
双子葉類	2枚	網状脈	主根と側根

(3) **双子葉類の分類**…双子葉類は，花弁のようすで合弁花類と離弁花類に分類することがある。

❶合弁花類…花弁のもとがくっついている植物。

例 タンポポ，アサガオ，ツツジ，ナス　など

❷離弁花類…花弁が1枚ずつ離れている植物。

例 アブラナ，サクラ，エンドウ，スミレ，ホウセンカ　など

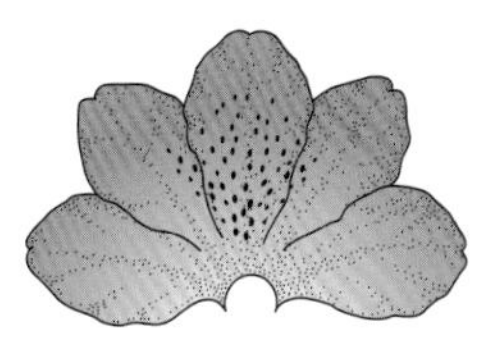

⬆ツツジの花弁（合弁花）

⬆アブラナの花弁（離弁花）

発展　花弁の枚数

単子葉類の花の場合，花弁の数は3枚のものが多い。

一方，双子葉類の花の場合，花弁の数は4枚や5枚のものが多い。

中2では　単子葉類と双子葉類の茎の断面のようす

茎の横断面を見ると，維管束（水や栄養分の通る管の束）があり，単子葉類では維管束が茎全体に散らばっていて，双子葉類では大きい束に集まり，輪状に並んでいる。

単子葉類

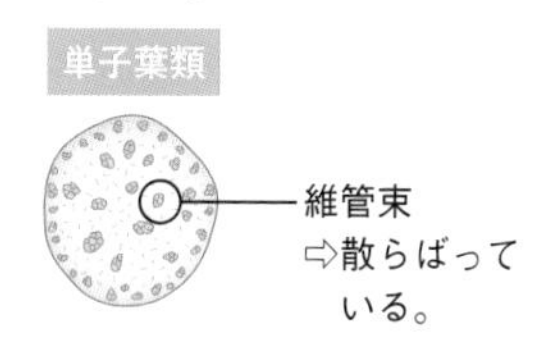

双子葉類

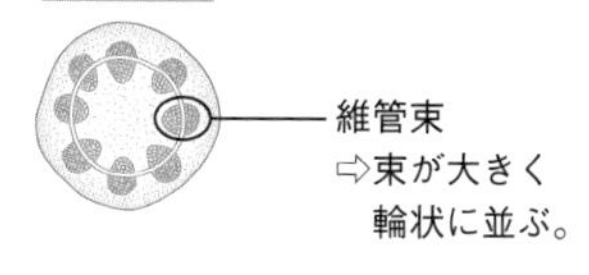

種子植物の分類

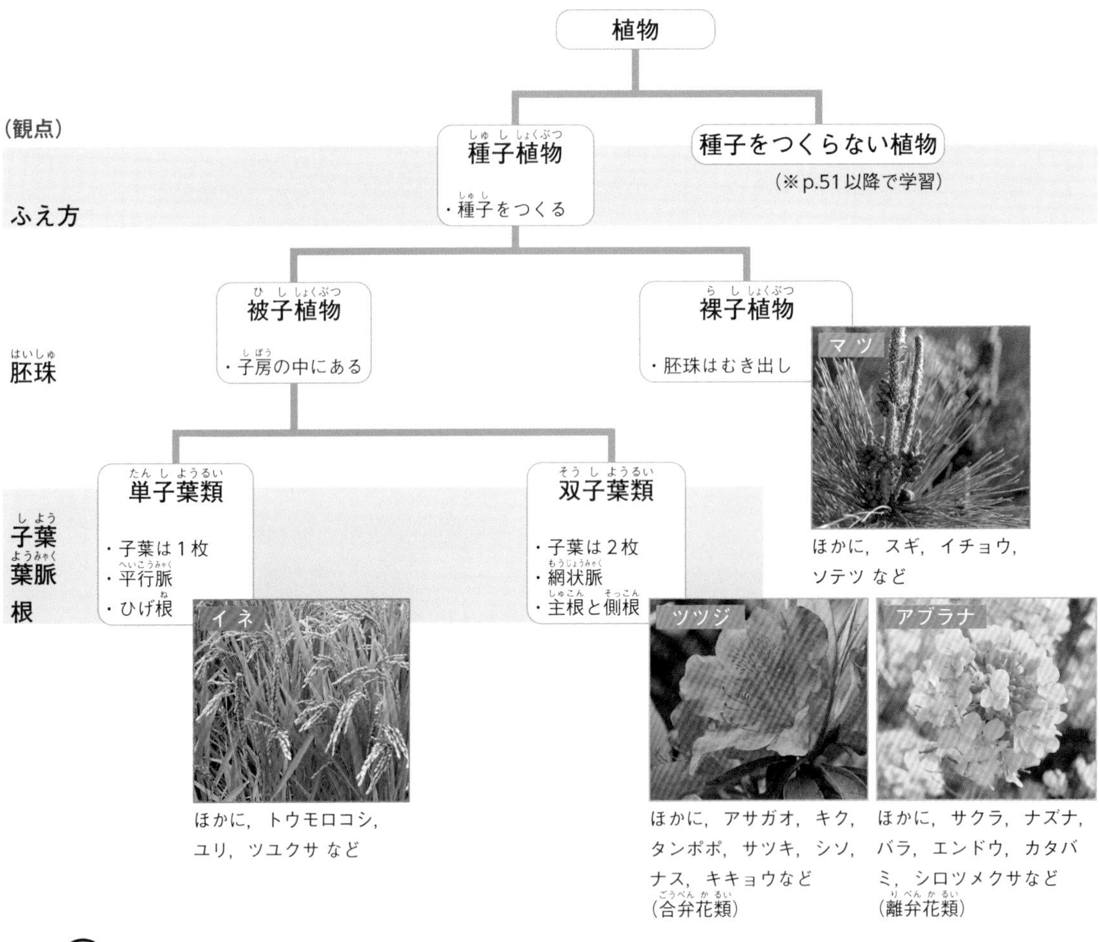

分類学の父　リンネ

リンネは，18世紀のスウェーデンの博物学者である。植物については，花のめしべとおしべに特に着目し，多くの植物を分類した。また，『植物の種』『自然の体系』という本も出版し，動植物などの自然物に世界共通の名前（学名）をつけるルールを整備して確立させるという業績を残した。この命名法を**二名法**という。例えば，ソメイヨシノという種の学名は，ラテン語で*Cerasus* × *yedoensis* と表記するが，前半には属名（属は種の1つ上の段階のグループ）を書き，全体で種名を表している。ソメイヨシノの場合，*Cerasus*（英語ではCherry）は「サクラ属の」，*yedoensis* は「江戸で発明された」という意味である。

4 種子をつくらない植物

教科書の要点

1 シダ植物
◎からだのつくり…根・茎（くき）・葉の区別がある。
◎ふえ方…**胞子**（ほうし）でふえる。

2 コケ植物
◎からだのつくり…根・茎・葉の区別がない。
◎ふえ方…**胞子**でふえる。

3 藻類（そうるい） 発展
◎水中で生活していて，分類上は植物ではない。
◎胞子などでふえて，根・茎・葉の区別がない。

1 シダ植物

シダ植物は，種子（しゅし）をつくらず，胞子（ほうし）でふえる。イヌワラビやゼンマイ，スギナなどがある。

(1) **からだのつくり**…根・茎（くき）・葉の区別がある。

❶**根**…細いひげ根状をしている。

❷**茎**…地中にあるもの（地下茎（ちかけい））が多い。

❸**葉**…イヌワラビやゼンマイ，ヘゴなどのように，葉の面がいくつかに分かれているものが多い。

・**葉の柄**（え）…葉柄（ようへい）ともいう。茎につながる棒状の部分で，かたく，葉を支える役目をしている。

(2) **水の吸収のしかた**…根から吸収する。

⇨根・茎・葉へとつながる水や栄養分の通り道がある。

(3) **生育場所**…比較的（ひかく）日かげのしめったところに生育するものが多い。ワラビやスギナなどのように，日当たりのよい場所で生育するものもある。水を吸収する根をもつため，コケ植物（➡p.54）よりもしめりけの少ない場所でも生育できる。

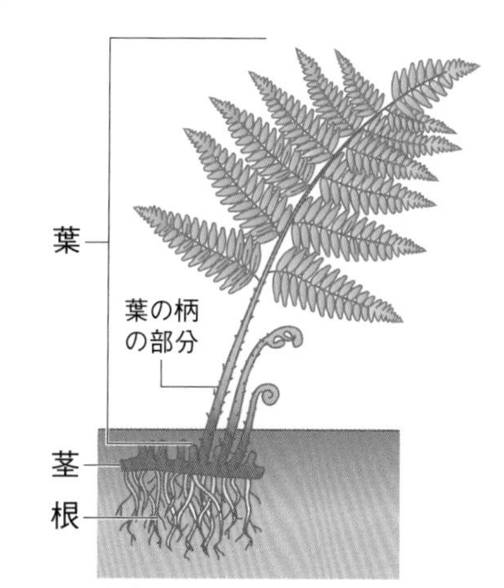

⬆イヌワラビ

テストで注意 茎と葉の柄

イヌワラビなどで，地上に出ている茎のように見える部分は葉の柄であり，茎ではない。

(4) **シダ植物のふえ方**…**胞子**をつくってふえる。

❶**胞子**…非常に小さく，種類によって形や大きさが異なる。

❷**胞子のう**…胞子ができるところ。胞子のうは葉の裏側にたくさんつく。

スギナは「つくし」とよばれる，胞子のうをつけた茎をのばす。

❸**胞子の散布**…胞子が熟すと，胞子のうがさけて，中から胞子が飛び散る。

❹**胞子の発芽**…しめった場所に落ちた胞子は発芽する。

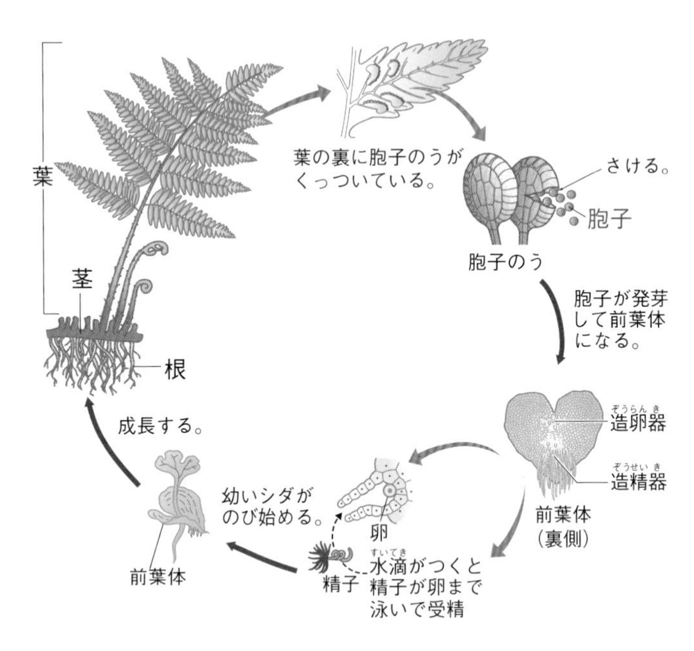

⬆シダ植物のふえ方

発展 **発芽後の胞子**

胞子が発芽すると，前葉体という小さなハート形のうろこのようなものになる。前葉体の造卵器で卵が，造精器で精子がつくられる。前葉体上で卵と精子が受精すると，前葉体から幼いシダが育ち始める。

受精を行うためには水が必要なので，シダ植物はしめりけの多い場所に生育するものが多い。

中3では **子をつくるための細胞**

生物のからだをつくる細胞のほかに，生物が自分の子孫をつくるための特別な細胞（**生殖細胞**）がある。

卵…卵細胞ともいう。雌のはたらきをする部分でつくられる生殖細胞。

精子…雄のはたらきをする部分でつくられる生殖細胞。種子植物の花粉には精細胞がふくまれる。

受精…卵と精子の核が合体すること。

多様なシダ植物

現在見られるシダ植物は，スギナのような小さなものから，高さが10 m近くにもなるヘゴのようなものまでさまざまである。また，数億年も昔には，高さが30 mにもなるような巨大なシダ植物の大森林が形成されていたと考えられている。この大量のシダ植物が地中にうもれ，長い時間をかけて変化したものが石炭である。

⬆スギナ

⬆ヒカゲヘゴ

シダ植物のからだのつくりや胞子(ほうし)を調べる

方法 ①イヌワラビを根ごとほり出し，根・茎(くき)・葉のようすを観察してスケッチする。

②葉の裏側にある胞子のうの集まりをルーペで観察する。さらに，胞子のうをピンセットでとり，双眼実体顕微鏡(そうがんじったいけんびきょう)で観察する。

③胞子のうを電球やドライヤーで軽く加熱して胞子のうがはじけるようすを観察し，飛び出した胞子を顕微鏡で観察する。

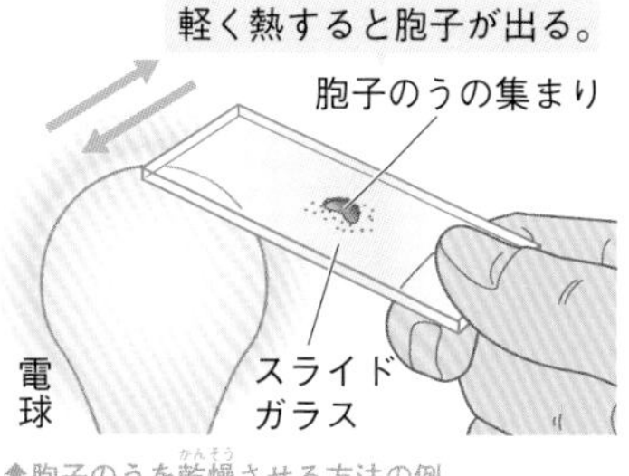

⬆胞子のうを乾燥(かんそう)させる方法の例

結果 ①根・茎・葉のようす

茎は地下茎(ちかけい)になっていて，茎から細い根が出ている。
茎から地上にのびた葉の柄(え)から，葉を広げている。

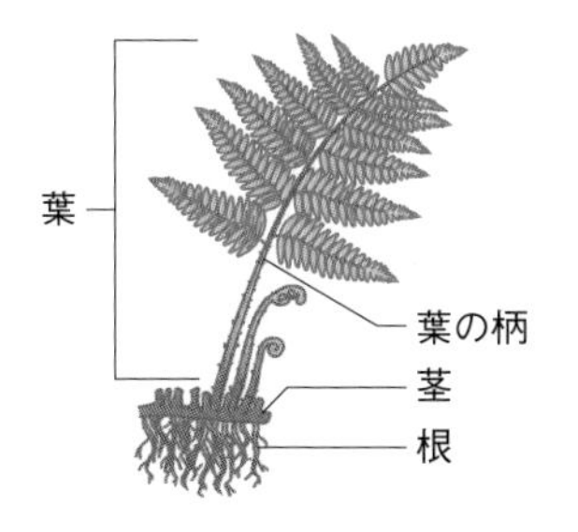

②胞子のうのつき方

胞子のうは葉の裏側につき，たくさん集まったかたまりとなって，並んでいる。

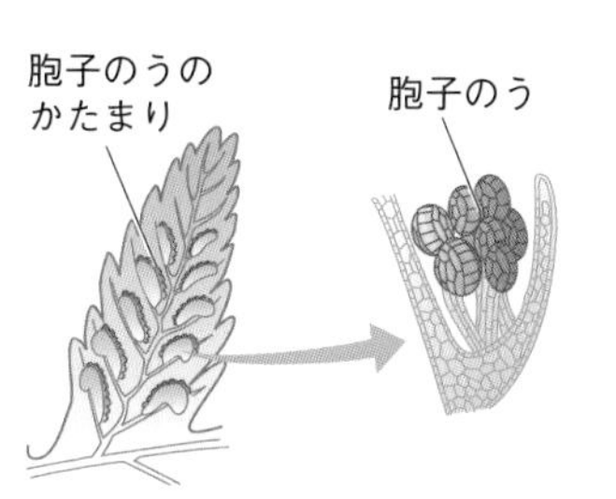

③胞子のうと胞子

胞子は，胞子のうの中につまっていて非常に小さい。
胞子のうが乾燥(かんそう)すると，胞子のうがさけて胞子が飛び出る。

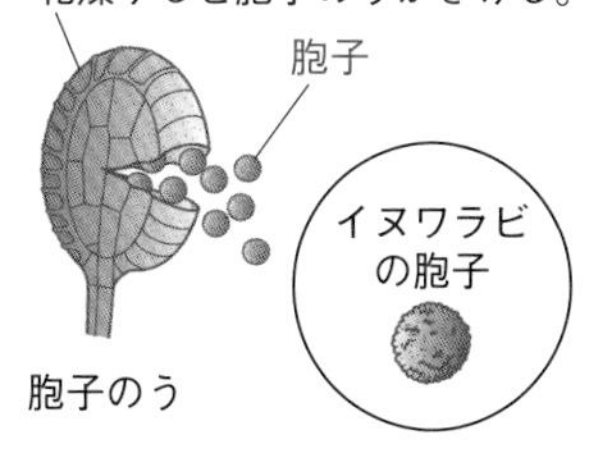

考察 ①⇨シダ植物には，根・茎・葉の区別がある。

②，③⇨胞子のうは，中にある胞子を飛ばすしくみをもっている。
胞子はとても小さく，胞子のうがはじけて広範囲(こうはんい)に飛び散るのに適していると考えられる。

種子と胞子のちがい

種子は肉眼で見えるが，胞子は顕微鏡を使わないと形がわからないほど小さく，大量につくられて風にのって遠くまで飛ばされる。

種子は，かたい殻(から)におおわれて乾燥や寒さ・暑さから内部が守られ，発芽のための養分がたくわえられている。一方，胞子にも厚い膜(まく)はあるが，養分はほとんどない。また種子には，将来植物のからだとなるつくりがふくまれている。種子はこのような複雑なしくみをもっているが，胞子ほど大量につくられることはない。

2 コケ植物

シダ植物と同じように種子をつくらず，胞子でふえる。ゼニゴケやスギゴケなどがある。

(1) **からだのつくり…根・茎・葉の区別はない。**

❶**仮根**…根のようなつくりの部分。からだを地面に固定するはたらきをもつ。水を吸収するはたらきは弱い。
→種子植物やシダ植物の根とは，つくりやはたらきが異なる。

❷**雌株と雄株**…雌株と雄株の区別があるものが多い。

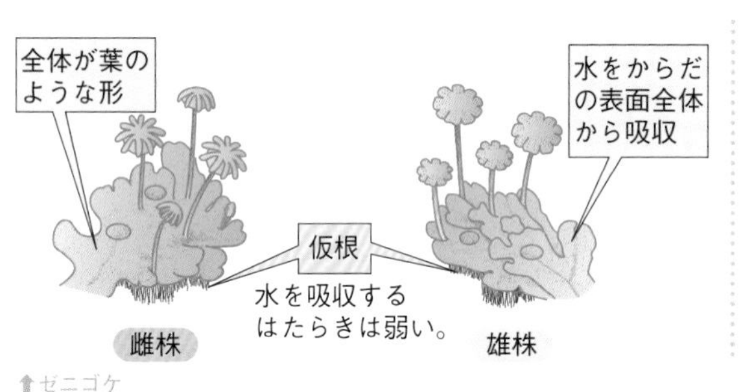

⬆ゼニゴケ

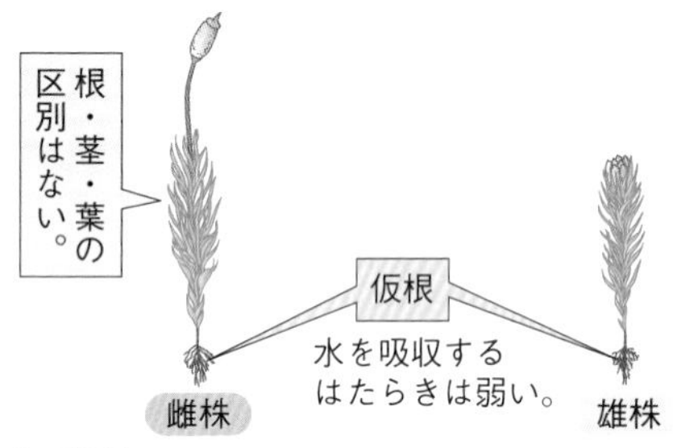

⬆スギゴケ

(2) **水の吸収のしかた**…からだの表面全体から吸収する。
⇨からだの中に水を運ぶしくみはない。

(3) **生育場所**…日かげのしめった場所で，群がって地面をおおうように生育するものが多い。
→スナゴケのように，乾燥に強く日当たりのよい場所でも生育できる種類もある。

(4) **コケ植物のふえ方…胞子**をつくってふえる。

❶**胞子ができるところ**…雌株の**胞子のう**の中にできる。

❷**胞子の散布**…胞子のうから胞子が落ちる。

❸**胞子の発芽**…地面に落ちた胞子は発芽する。⇨発芽後，成長して新しい雌株または雄株になる。

⬆ゼニゴケ

⬆スギゴケ

発展 葉状体

ゼニゴケのように，全体が葉のような形をしている部分を葉状体という。

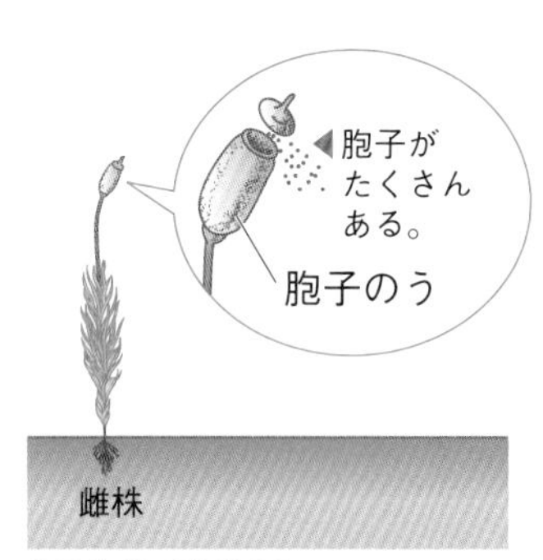

⬆スギゴケの胞子のう

発展 コケ植物の胞子のうのでき方

雨水などでからだの表面がぬれると，雄株から精子が出される。精子は水中を泳いで雌株の卵に達すると受精する。受精した卵（受精卵）は，やがて胞子のうをつくる。

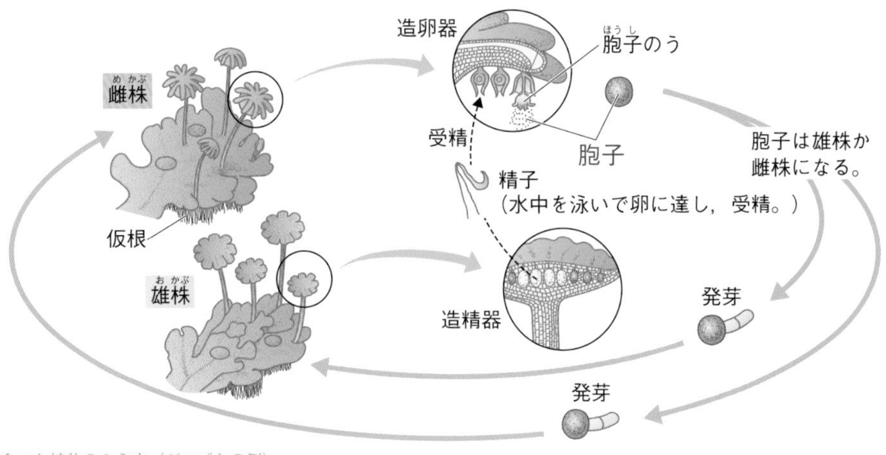

⬆コケ植物のふえ方（ゼニゴケの例）

3 藻類 発展

藻類は水中に生息し，植物とは区別されている。

(1) **藻類**…水の中に生育していて，光を受けて栄養分をつくる生物。次のようなものがある。

❶**海藻**…コンブやワカメ，ヒジキ，アサクサノリなど，海水中で生育する藻類。とても大きくなるものがある。

❷**小さな生物**…池などの淡水中で生育するミカヅキモやハネケイソウ，アオミドロなどの小さな生物。
（淡水中→海水中にもケイソウのなかまなどの小さな生物が生息している。）

(2) **海藻**…根・茎・葉の区別はない。
（→からだの中に水を運ぶしくみはない。）

❶**海藻のからだ**…葉状でやわらかいものが多い。

❷**仮根**…海藻にあるつくり。流されないように，岩にからだを固定するはたらきをもつ。

⬆コンブのからだ

❸**水の吸収のしかた**…からだの表面全体から吸収する。

❹**海藻のふえ方**…ワカメやコンブなどの多くの海藻は，からだの一部に**胞子のう**をつくる。その中でつくられた**胞子**が水中に出され，岩などに付着後，発芽して成長する。

(3) **小さな生物**…ミカヅキモやハネケイソウなどは，ふつう2つに分裂してふえる。
（分裂→1つの個体が2つに分かれるふえ方）

テストで注意　オオカナダモは藻類ではない

「藻」という字は「も」と読むが，メダカを飼うときに水槽に入れたりする水生植物のオオカナダモは，被子植物の双子葉類であって藻類ではない。同じような水生生物のフラスコモという生物は，藻類のなかまである。

⬆オオカナダモ　©アフロ

くわしく　胞子のうができる場所

コンブやアナアオサなどはからだのふちの部分に，ワカメは仮根の上あたりに胞子のうをつくる。ワカメの胞子のうがつくられる部分は「めかぶ」とよばれ食用にもされる。

いろいろな藻類　＊大きさの比率は正しくない。

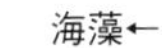

海藻←　→小さな生物（淡水）

緑色のもの

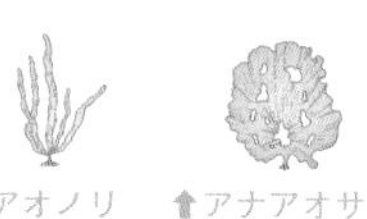

⬆アオノリ　⬆アナアオサ

褐色のもの

⬆コンブ　⬆ワカメ

赤っぽい色のもの

⬆テングサ（マクサ）

⬆ミカヅキモ

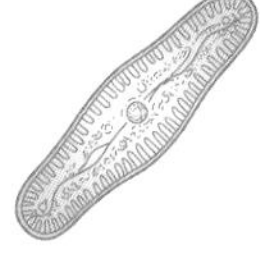

⬆ハネケイソウ

Column いろいろな色の藻類

藻類は，形態やもっている色素（色のもとになる物質）などにより，もっと細かく分類される。色素による分類で代表的なものとして，緑藻類とよばれる緑色のもの（アオノリ，アオサ，アオミドロなど），褐藻類とよばれる褐色のもの（コンブ，ワカメ，ヒジキなど），紅藻類とよばれる赤っぽい色のもの（テングサ，アサクサノリなど）がある。植物は葉緑素という緑色の色素をもつが，これらの藻類は，葉緑素のほかにもっている補助色素というものが異なる。

なお，ワカメは濃い緑色では？　と思うかもしれないが，ワカメはもとは褐色で，お湯に入れるなどして熱を加えると濃い緑色になる。

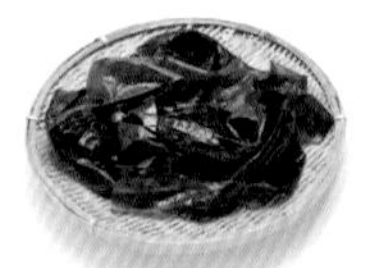

⬆もとのワカメ

⬆湯通ししたワカメ

植物の分類のまとめ

植物			植物の例	おもな特徴	ふえ方
種子植物	被子植物	単子葉類	トウモロコシ，イネ，ユリ，ツユクサ，アヤメ，チューリップ	●根・茎・葉の区別がある。 ●胚珠は子房の中にある。 ●子葉は１枚，葉脈は平行脈，根はひげ根。	種子でふえる
		双子葉類	アサガオ，ツツジ，タンポポ，アブラナ，エンドウ，サクラ，バラ	●根・茎・葉の区別がある。 ●胚珠は子房の中にある。 ●子葉は２枚，葉脈は網状脈，根は主根と側根。	種子でふえる
	裸子植物		マツ，スギ，イチョウ，ソテツ	●根・茎・葉の区別がある。 ●子房はなく，胚珠はむき出し。 ●雌花と雄花に分かれる。	種子でふえる
種子をつくらない植物	シダ植物		イヌワラビ，ワラビ，ゼンマイ，スギナ，ヘゴ	●根・茎・葉の区別がある。 ●地下茎が多い。	胞子でふえる
	コケ植物		ゼニゴケ，スギゴケ，スナゴケ，ミズゴケ	●根・茎・葉の区別がない。 ●雌株と雄株に分かれるものが多い。	胞子でふえる
藻類※			ワカメ，コンブ，ケイソウ，ミカヅキモ，アオミドロ	●根・茎・葉の区別がない。	胞子または分裂

※藻類は，分類上は植物ではない。

植物の分類の検索表

目的のものが何にあたるかを調べることを検索という。植物を検索するときの着目ポイントをまとめると，この表のようになる。

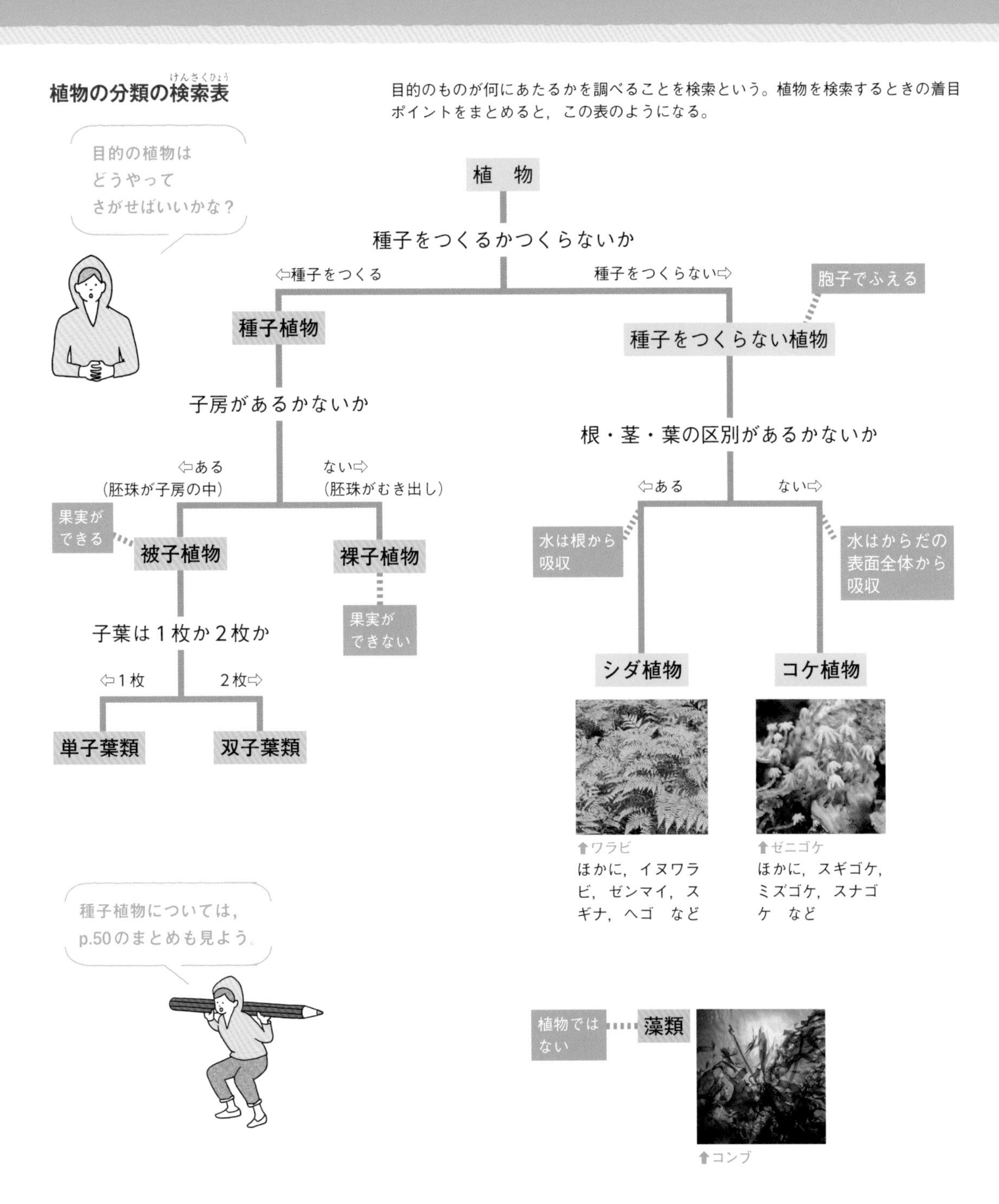

※それぞれのグループの植物は，さらに細かい観点によって分けられていて，特徴をたどっていくと「種」という個別の植物名をさがすことができる。

チェック 基礎用語 次の〔　　〕にあてはまるものを選ぶか，あてはまる言葉を答えましょう。

1 花のつくりとはたらき

□(1) アブラナやエンドウなどの花で，めしべのもとのふくらんだ部分を〔　　　〕という。

□(2) アブラナの花が受粉すると，やがて〔　　　〕が種子になり，子房は〔　　　〕になる。

□(3) マツの花で胚珠がつくのは〔 雌花　雄花 〕のりん片である。

□(4) 花がさいて種子をつくる植物を〔　　　〕という。

2 葉や根のつくり

□(5) 葉に見られるすじを〔　　　〕という。

□(6) 双子葉類の根は，〔 ひげ根　主根と側根 〕である。

□(7) 根の先端近くには，細い毛のような〔　　　〕が生えている。

3 種子植物の分類

□(8) 種子植物を大きく2つに分けると，被子植物と〔　　　〕に分けられる。

□(9) 種子植物で，胚珠が子房の中にある植物を〔　　　〕という。

□(10) 被子植物で，発芽のときの子葉の数が2枚の植物のなかまを〔 単子葉類　双子葉類 〕という。

□(11) 被子植物で，葉の葉脈が平行になっている特徴をもつのは〔 単子葉類　双子葉類 〕である。

4 種子をつくらない植物

□(12) シダ植物やコケ植物は，〔　　　〕をつくってなかまをふやす。

□(13) シダ植物は，根・茎・葉の区別が〔 ある　ない 〕。

□(14) コケ植物は，根・茎・葉の区別が〔 ある　ない 〕。

□(15) シダ植物とコケ植物の胞子は，〔　　　〕の中につくられる。

解答

(1) 子房
(2) 胚珠　果実
(3) 雌花
(4) 種子植物
(5) 葉脈
(6) 主根と側根
(7) 根毛
(8) 裸子植物
(9) 被子植物
(10) 双子葉類
(11) 単子葉類
(12) 胞子
(13) ある
(14) ない
(15) 胞子のう

1 動物のからだのつくり

教科書の要点

1 脊椎動物と無脊椎動物

◎動物は，背骨の有無で，脊椎動物と無脊椎動物に分けられる。

◎**脊椎動物**…背骨をもつ動物。**魚類**，**両生類**，**は虫類**，**鳥類**，**哺乳類**がある。

◎**無脊椎動物**…背骨をもたない動物。**節足動物**，**軟体動物**などがある。

1 脊椎動物と無脊椎動物

動物は，背骨をもつグループと背骨をもたないグループの2つに大きく分けられる。

(1) **脊椎動物**…背骨をもつ動物。

❶脊椎動物の特徴…背骨を中心とした骨格があり，そのまわりに筋肉がついている。発達した骨格と筋肉によって，大きくからだを動かすことができる。
（骨格→からだを支える構造のこと。）

❷脊椎動物の分類…**魚類**，**両生類**，**は虫類**，**鳥類**，**哺乳類**の5つのグループに分けられる（➡p.66）。

くわしく 背骨のつくり

背骨をつくる小さな1つ1つの骨を椎骨または脊椎骨という。この脊椎骨がつながって背骨ができている。

脊椎動物

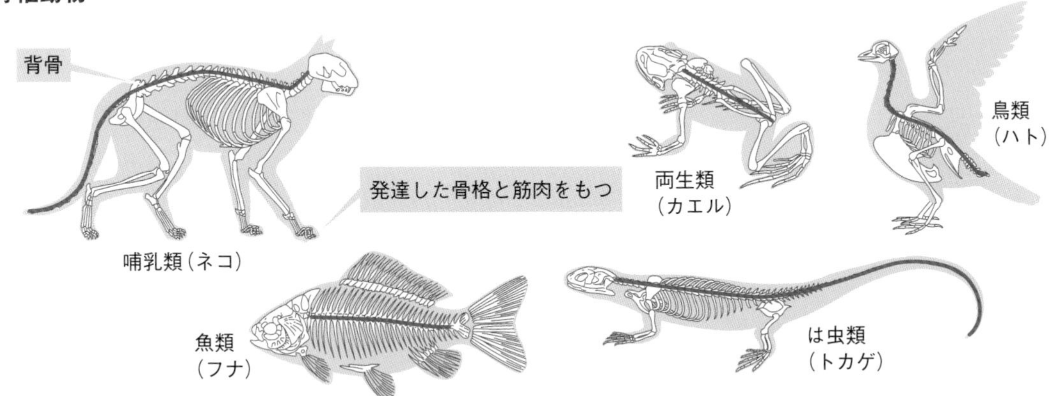

(2) **無脊椎動物**…背骨をもたない動物。

❶**無脊椎動物の特徴**…脊椎動物よりもはるかに多くの種類があり，からだのつくりもさまざまである。

❷**無脊椎動物の分類**…**節足動物**(せっそくどうぶつ)，**軟体動物**(なんたいどうぶつ)などに分けられる（➡p.72）。

くわしく 無脊椎動物の種類

地球上で確認されている動物の種類のうち，無脊椎動物は95％以上を占(し)めている。

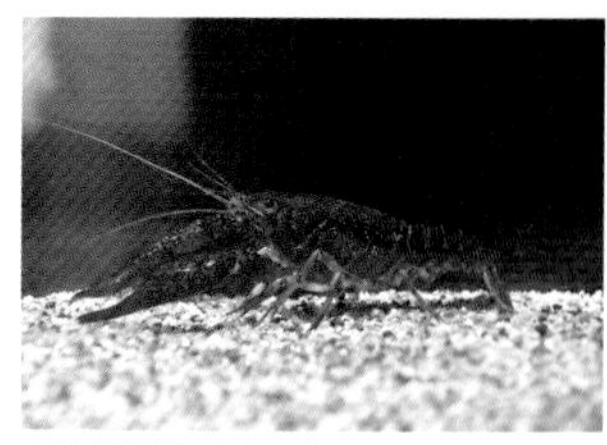

⬆節足動物（ザリガニ）

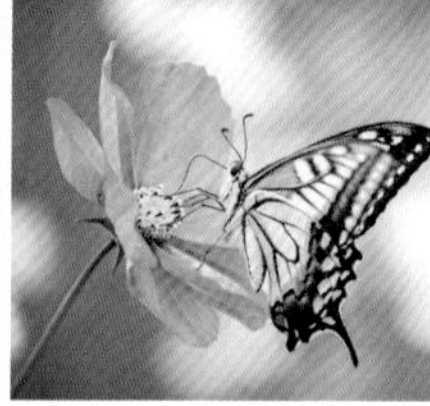

⬆節足動物（チョウ）

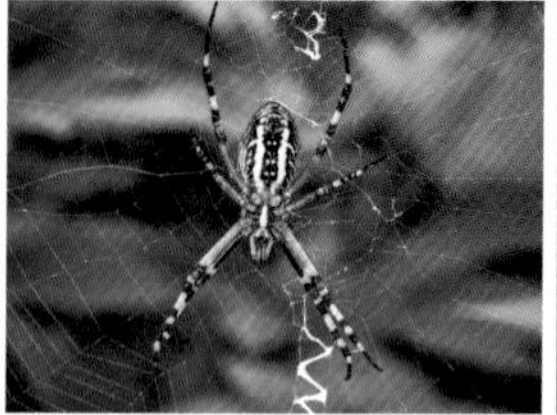

⬆節足動物（クモ）

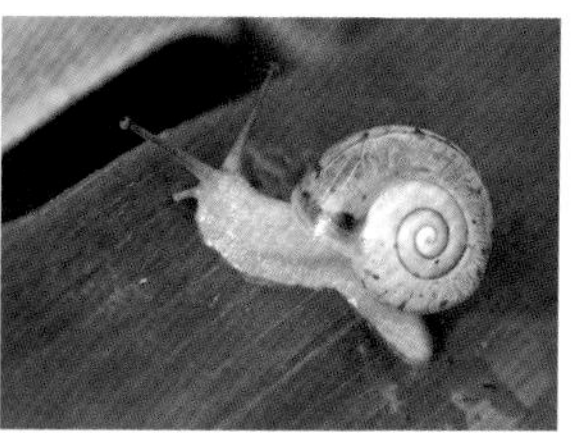

⬆軟体動物（マイマイ）

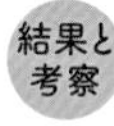

重要観察

脊椎動物と無脊椎動物のからだのつくり

方法 ①イワシとエビのからだを外部から観察する。

②イワシとエビのからだを解剖(かいぼう)ばさみで切り，骨や筋肉のようすなど，からだの内部のようすを調べる。

結果と考察 a　イワシ

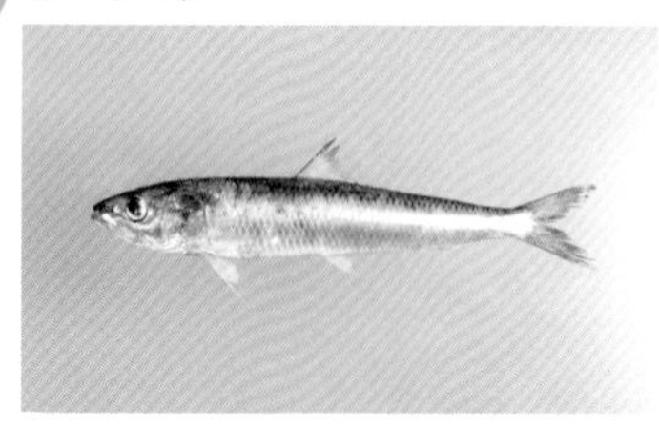

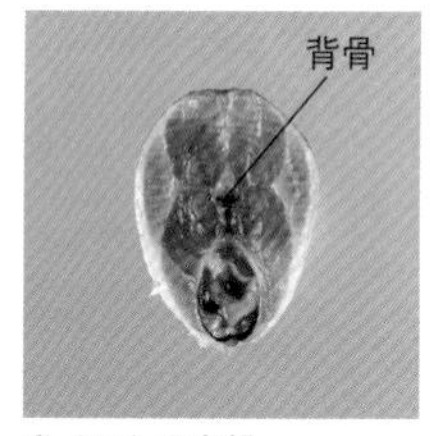

⬆イワシの内部

・表面にはうろこがある。からだの外側はやわらかい。

・からだの中心付近に背骨がある。

⇨からだの内部に背骨を中心とした骨格があり，そのまわりに筋肉がある。

b　エビ（シバエビ）

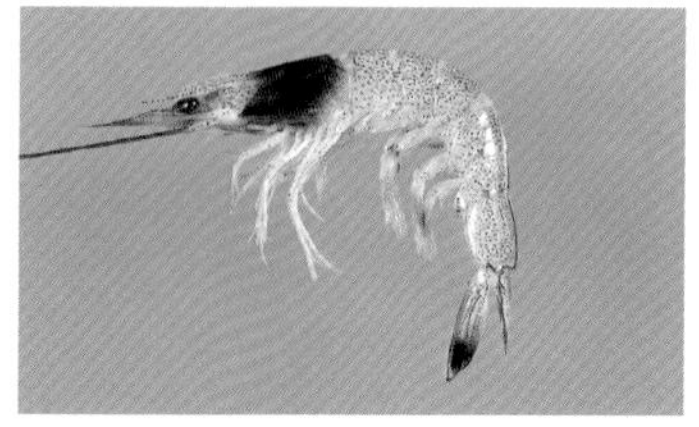

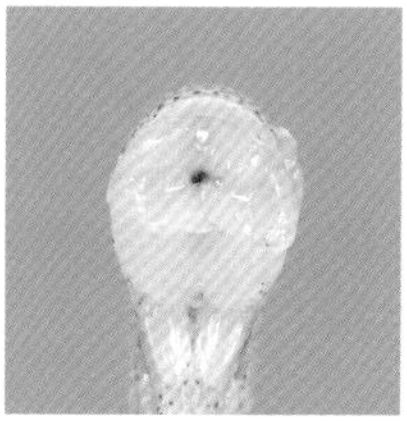

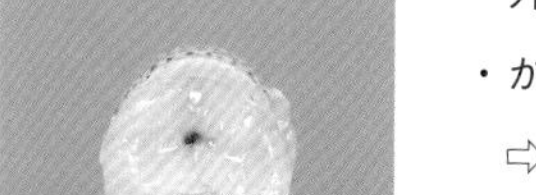

⬆エビの内部

・外側にはかたい殻(から)がある。

・からだの内部に骨はない。

⇨背骨はなく，筋肉の外側をかたい殻がおおっている。

写真４点は©アフロ

2 動物の分類のしかた

教科書の要点

1 脊椎動物の分類の観点

◎動物は，からだのつくり，呼吸のしかた，子の生まれ方などによって，分類することができる。

◎**卵生**…親が卵を産んで，卵から子がかえる生まれ方。

◎**胎生**…母親の体内である程度育ってから生まれる生まれ方。

2 食べ物によるからだのつくりのちがい

◎草食動物は，目が横向きにつき，**門歯**と**臼歯**が発達している。

◎肉食動物は，目が前向きにつき，**犬歯**が発達している。

1 脊椎動物の分類の観点

動物は，からだのつくり，呼吸のしかた，子の生まれ方などの特徴で分類できる。ここでは脊椎動物について見ていく。

(1) からだのつくり

❶**移動するためのつくり**…生活場所に適応したつくりをもつ。

・**水中で生活する動物**…ひれがあり，泳いで移動する。

・**陸上で生活する動物**…からだを支えるあしをもち，あしを使って移動する。また，翼をもち，飛んで移動するものもいる。

⬆フナ（魚類）

❷**からだの表面のようす**…生活する環境によって異なる。

生活場所	動物の種類	体表のつくり	特徴
水中	魚類	うろこ	乾燥に弱い。
陸上（水辺）	両生類	しめった皮膚	乾燥に弱い。
陸上	は虫類	かたいうろこ	乾燥に強い。
	鳥類	羽毛	保温性がある。
	哺乳類	毛	保温性がある。

⬆キツネ（哺乳類）

(2) 呼吸のしかた

重要

❶**えら**で呼吸…水中で生活する動物の呼吸のしかた。水中の酸素をえらからとり入れる。

⇨魚類

❷**肺**で呼吸…陸上で生活する動物の呼吸のしかた。空気中の酸素を肺からとり入れる。

⇨は虫類，鳥類，哺乳類

❸**呼吸のしかたが変わる動物**

両生類は，幼生(ようせい)のときは**えら**と**皮膚**で呼吸し，成体(せいたい)になると**肺**と**皮膚**で呼吸を行う。

（幼生：水中で生活。成体：陸上で生活。）

(3) 子の生まれ方

重要

❶**卵生**(らんせい)…親が卵(らん)を産んで，卵から子がかえる生まれ方。

⇨魚類，両生類，は虫類，鳥類

・**魚類，両生類**…水中に卵を産む。卵に殻(から)がない。

⇨乾燥に弱い。

・**は虫類，鳥類**…陸上に卵を産む。卵に殻がある。

⇨乾燥に強い。

❷**胎生**(たいせい)…母親の体内である程度育ってから生まれる生まれ方。

⇨哺乳類

❸**生まれる子や卵の数**…魚類や両生類では産卵数が多く，鳥類や哺乳類では産卵(子)数が少ない。

⇨魚類や両生類では，親が卵や子の世話をしないので，多くがほかの動物に食べられてしまい，親にまで育つのはごくわずかである。一方，鳥類や哺乳類は，産卵（子）数は少ないが，親が卵や子の世話をするので生き残り，親にまで育つ割合が大きい。

くわしく 幼生と成体

両生類では，子と親とでからだのつくりや生活のしかたが大きく異なる。子をつくれるようになった成体（親）になる前の，子の時期を幼生という。カエルでは，おたまじゃくしが幼生である。

このように一生の間にからだのつくりが大きく変化することを変態(へんたい)という。

復習 魚やヒトのたんじょう

メダカは，雌(めす)が産んだ卵に雄(おす)が出した精子(せいし)が結びついて受精(じゅせい)する。受精卵(じゅせいらん)は，中にある養分を使って育ち，子メダカがふ化する。

ヒトは，女性の卵と男性の精子が結びついて受精する。受精卵は母親の子宮(しきゅう)の中で養分をもらいながら育ち，子としてのからだができてから生まれる。

⬇脊椎動物の産卵（子）数
※産卵（子）数は，1回の産卵期での数。

種類	動物	産卵（子）数
哺乳類	ゴリラ	1
	キツネ	3～7
鳥類	イヌワシ	1～3
	ウグイス	4～6
は虫類	トカゲ	6～15
	アオウミガメ	200～500
両生類	トノサマガエル	1800～3000
	ヒキガエル	2500～8000
魚類	マイワシ	5万～8万
	ブリ	約150万

	魚　類	両生類	は虫類	鳥　類
卵のようす	殻がなく，乾燥に弱い。	殻がなく，寒天状のものに包まれている。	弾力のある殻でおおわれ，中に養分が多くふくまれている。	石灰質のかたい殻でおおわれ，中に養分が多くふくまれている。
卵の大きさと産み方・育て方				
	水中で産卵し産卵数は多い。		陸上で産卵し産卵数は少ない。	
	卵は自然にかえる。子は自分で食べ物をとる。			親が卵をあたためてかえす。親が食べ物を与える。

⬅脊椎動物の卵のつくりとかえし方

くわしく　受精のしかた

動物は，雌の卵と雄の精子が受精して子ができる。

水中で産卵する魚類や多くの両生類では，からだの外で受精する。これを体外受精という。

は虫類，鳥類，哺乳類は，雌の体内で受精する。これを体内受精という。

いろいろな脊椎動物

⬆魚類（フナ）

⬆両生類（カエル）

⬆は虫類（トカゲ）

⬆鳥類（アカゲラ）

⬆哺乳類（サル）

⬆哺乳類（イルカ）

体温の変化のちがい

動物は，まわりの温度の変化にともなう体温の変化のしかたで，2つに分けることができる。

鳥類や哺乳類は，まわりの温度が変化しても体温をほぼ一定に保つことができる。このような動物を恒温動物という。恒温動物では，羽毛や毛が保温に役立っている。

一方，魚類や両生類，は虫類，無脊椎動物は，まわりの温度の変化にともなって体温が変化する。このような動物を変温動物という。陸上で生活する変温動物には，冬眠するものが多い。

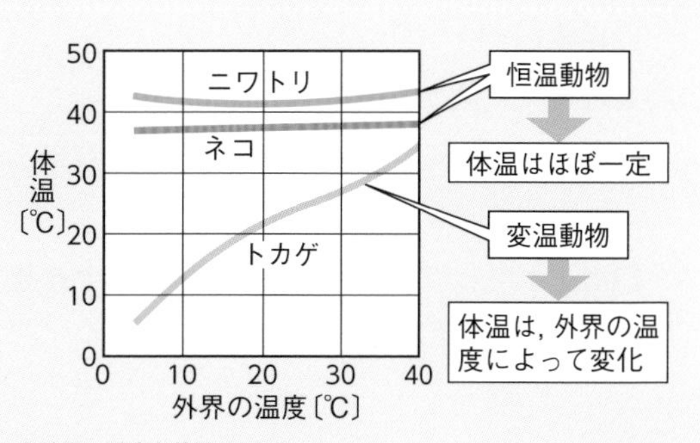

⬆外界の温度と体温

2 食べ物によるからだのつくりのちがい

食べ物が異なる草食動物と肉食動物では，からだのつくりにちがいが見られる。ここでは哺乳類のからだについて見ていく。

(1) **草食動物と肉食動物**…食べ物によって分けられる。

❶**草食動物**…植物を食べて生活する動物。

例 シマウマ，ウサギ，シカ，ウシ

❷**肉食動物**…ほかの動物を食べて生活する動物。

例 ライオン，チーター，トラ

(2) 目のつき方のちがい

重要

❶**草食動物**…目は横向きについている。

⇨広い範囲を見わたすことができ，捕食者である肉食動物をすばやく見つけることができる。

❷**肉食動物**…目は前向きについている。

⇨立体的に見える範囲（両目で見える範囲）が広いため，えものまでの距離を正確につかむことができる。

(3) 歯のつくりのちがい

重要

❶**草食動物**…**門歯**と**臼歯**が発達している。

・**門歯**…草などをかみ切るのに適した形をしている。

・**臼歯**…広く平らな形で，草などをすりつぶすのに適している。

❷**肉食動物**…**犬歯**が発達している。

・**犬歯**…大きくてするどく，えものをとらえるのに適している。

・**臼歯**…とがっていて，肉を引きちぎったり骨をかみ砕いたりするのに適している。

くわしく **雑食動物**

ヒトやクマなどのように，植物とほかの動物の両方を食べる動物を雑食動物という。

比較 草食動物と肉食動物の頭部のつくり

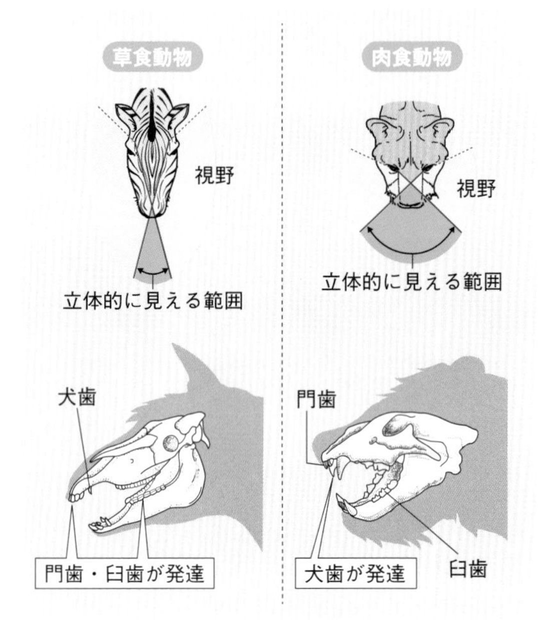

くわしく **両目で見ると立体的に見えるわけ**

2つの目で同じものを見ると，それぞれの目で見えたもののずれから，脳が奥行きを感じとって，ものとの距離がわかる。

(4) あしのつくりのちがい

❶草食動物…ひづめがある。
└→ウマやウシなどにある，指先を包むようなつめ。

⇨長い距離を走り，肉食動物から逃げるのに適している。

❷肉食動物…するどいつめがある。

⇨えものをとらえるのに適している。

肉食動物のあしにある肉球は，えものに近づくときに足音を消す役割もあるよ。

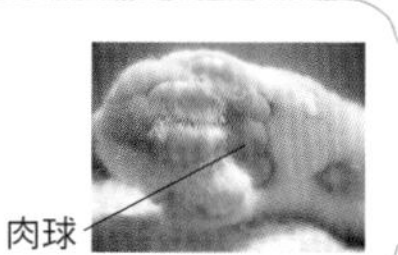

草食動物と肉食動物のあしのつくり

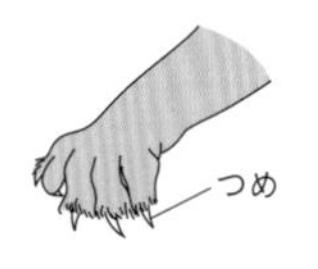

↑草食動物（シマウマ）

↑肉食動物（ライオン）

草食動物と肉食動物の消化管

草食動物と肉食動物では，消化管の長さがちがう。草食動物では，食べ物の植物が消化されにくいため，消化管が長く，時間をかけて消化する。

一方，肉食動物は，食べ物の肉が消化されやすいので，消化管が短い。

●ウシの消化管

草食動物のウシには４つの胃がある。食べた植物は，第１胃と第２胃に入り，微生物のはたらきによって植物の繊維成分が分解される。そして一度口にもどし，かみ直してから再び胃に送られる。これを反すうという。ウシがいつも口を動かしているのはこのためである。その後，第３胃を経て，ヒトの胃に相当する第４胃で消化される。

このように反すうを行う動物は，ほかにもヒツジ，ヤギ，キリン，ラクダなどがいる。

なお，ウシの第１胃はミノ，第２胃はハチノス，第３胃はセンマイ，第４胃はギアラという名称で，焼肉店のメニューに載っていることもある。

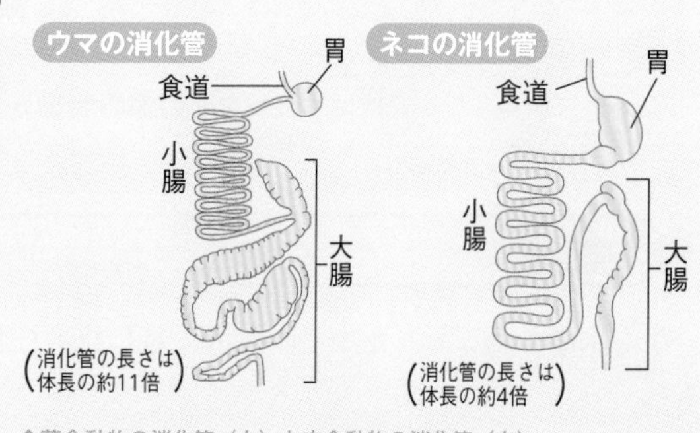

↑草食動物の消化管（左）と肉食動物の消化管（右）

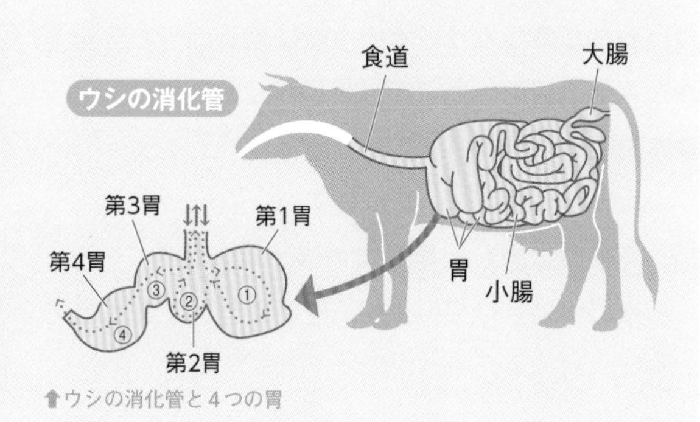

↑ウシの消化管と４つの胃

3 脊椎動物

教科書の要点

1 **魚類**
- ◎からだのつくり…体表はうろこでおおわれている。
- ◎その他の特徴…**えら**で呼吸。**卵生**。

2 **両生類**
- ◎からだのつくり…体表はしめった皮膚でおおわれている。
- ◎その他の特徴…幼生は**えら**と**皮膚**，成体は**肺**と**皮膚**で呼吸。**卵生**。

3 **は虫類**
- ◎からだのつくり…体表はかたいうろこでおおわれている。
- ◎その他の特徴…**肺**で呼吸。**卵生**。

4 **鳥類**
- ◎からだのつくり…体表は羽毛でおおわれている。翼をもつ。
- ◎その他の特徴…**肺**で呼吸。**卵生**。

5 **哺乳類**
- ◎からだのつくり…体表は毛でおおわれている。
- ◎その他の特徴…**肺**で呼吸。**胎生**。

1 魚類

一生を水中で過ごし，水中での生活に適したからだのつくりをもつ。

(1) **生活場所**…一生を水中で生活する。

(2) **からだのつくり**…水中生活に適したつくりをもつ。

❶**からだの表面**…**うろこ**でおおわれている。

❷**移動のしかた**…ひれを使って泳ぐ。

⇨水に浮く力でからだを支える。

(3) **呼吸のしかた**…**えら**で呼吸する。

⇨水の中にとけている酸素をえらからとり入れる。

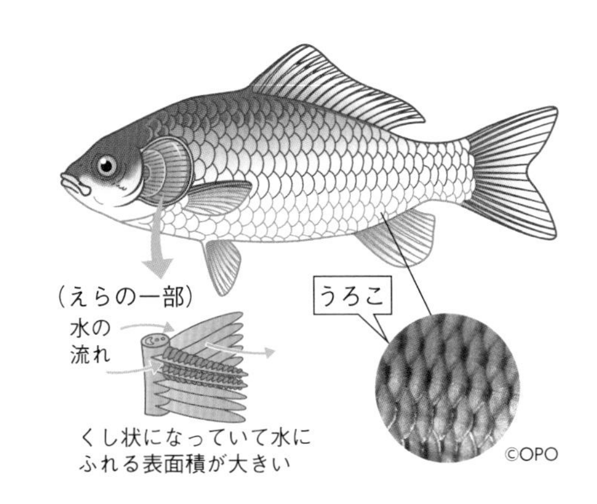

(4) 子の生まれ方…**卵生**。

❶卵を産む場所…水中に産む。

❷卵のつくり…殻がない。

⇨乾燥に弱い。

❸卵のかえし方…ふつう，親は卵を産みっぱなしで世話をせず，子は自然にかえる。卵からかえった子は水中を泳ぎ出し，自分で食べ物をとる。

⬆魚類の卵

発展 浮き袋

魚類が体内にもつ袋状のつくりで，中の気体の量を調節することで，浮き沈みする。

両生類は，呼吸のしかたが変わるのがポイントだね。

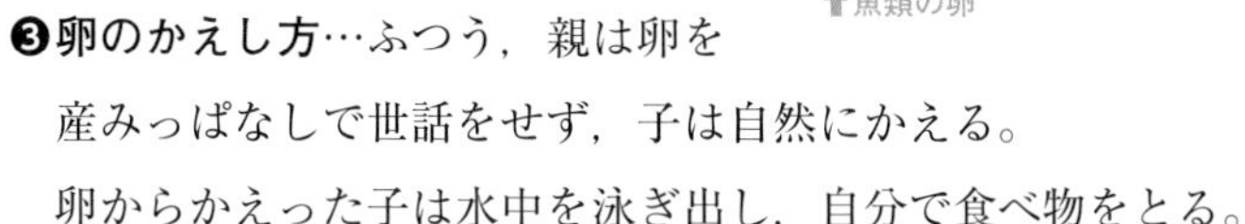

2 両生類

幼生は水中，成体は陸上で生活し，幼生と成体でからだのつくりが大きく異なる。

(1) **生活場所**…幼生は水中で生活する。成体は陸上で生活する。（陸上：水辺が多い。）

(2) **からだのつくり**…幼生と成体で異なる。

❶からだの表面…**しめった皮膚**でおおわれている。うろこはない。（粘液などでしめっている。）

❷移動のしかた…幼生は，ひれを使って水中を泳ぐ。成体は，4本のあしを使って陸上を移動したり，水中を泳いだりする。

(3) **呼吸のしかた**…幼生は**えら**と**皮膚**，成体は**肺**と**皮膚**で呼吸する。

(4) **子の生まれ方**…**卵生**。

❶卵を産む場所…水中に産む。

❷卵のつくり…殻がなく，寒天状のものに包まれている。

⇨乾燥に弱い。

❸卵のかえし方…ふつう，成体の親は産卵後，卵の世話をせず，子は自然にかえる。卵からかえった幼生のおたまじゃくしなどは，水中を泳ぎ出して自分で食べ物をとる。

くわしく 両生類の皮膚呼吸

両生類は，全呼吸量の3分の1から2分の1くらいを皮膚で行っている。空気中の酸素は，からだの表面の水にとけこんで吸収されるため，両生類のからだの表面は，つねにしめっている必要がある。

3 は虫類

両生類と比べて，陸上の生活に適したからだのつくりをもつ。

(1) **生活場所**…おもに陸上で生活する。

(2) **からだのつくり**…陸上の乾燥した場所でも生活できるつくりをもつ。

❶**からだの表面**…かたい**うろこ**や**こうら**でおおわれている。⇨体内が乾燥しにくい。

❷**移動のしかた**…４本のあしを使って移動する。ヘビはあしがないので，からだをくねらせ，はって移動する。

(3) **呼吸のしかた**…**肺**で呼吸する。

(4) **子の生まれ方**…**卵生**。

❶**卵を産む場所**…陸上で産む。砂の中や落ち葉の下に産むものが多い。
⇨捕食者に見つかりにくい。乾燥しにくい。

❷**卵のつくり**…弾力のあるじょうぶな殻でおおわれている。
⇨陸上で卵が乾燥しにくい。

❸**卵のかえし方**…卵を産むときは，砂をかけたりしてかくすが，ふつうその後は世話をせず，子は自然にかえる。

⬆ヘビのうろこと卵

ウミガメも陸に上がって産卵するよ。

ヤモリとイモリ

ヤモリとイモリは，名前だけでなく見た目もよく似ている。次のようにして考えると，ちがいがわかりやすい。

ヤモリは「家守」（家を守る）と表され，人家などの陸上にすむは虫類である。卵は家の壁などに産みつける。

イモリは「井守」（井戸を守る）と表され，井戸や池などの水のある場所にすむ両生類である。卵は水中に産む。

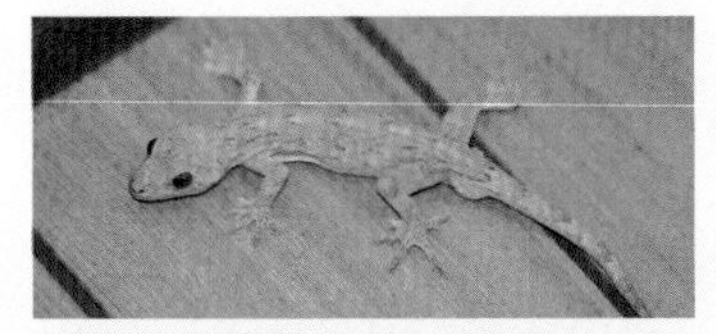

⬆ヤモリ（は虫類）と卵

⬆イモリ（両生類）と卵

イモリの卵の写真
©コーベット

4 鳥類

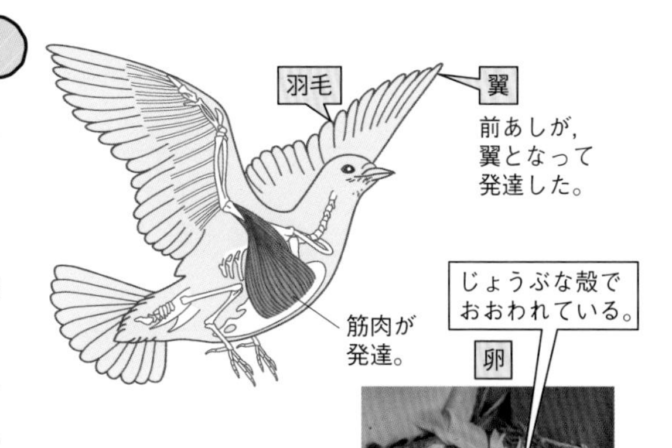

↑ハトの羽毛と卵

鳥類は翼をもち，空を飛ぶのに適したつくりをもつ。

(1) **生活場所**…陸上で生活する。

(2) **からだのつくり**

❶**からだの表面**…**羽毛**でおおわれている。⇨羽毛は水をはじき，体温を一定に保つ役割をもつ。

❷**移動のしかた**…２本のうしろあしを使って移動する。また，前あしが変化した**翼**をもち，飛んで移動するものが多い。

(3) **呼吸のしかた**…**肺**で呼吸する。

(4) **子の生まれ方**…**卵生**。

❶**卵を産む場所**…陸上に産む。ふつう巣をつくり，その中に産む。⇨卵を敵から守り，育てるのに適する。

❷**卵のつくり**…石灰質でできたかたい殻でおおわれている。
（石灰質→炭酸カルシウムがおもな成分。）
⇨陸上で卵が乾燥しにくい。

❸**卵のかえし方**…親が卵をあたためる。

(5) **子の育ち方**…卵からかえった子を親が捕食者から守り，しばらくの間，子は親から食べ物を与えられて育つ。
⇨親まで育つ割合が大きい。

鳥類の飛ぶためのからだのつくり

鳥類は飛ぶためにからだを軽くしている。骨の中に広い空間があり，骨が軽くなっている。また，ふんや尿は体内にためておかずに，できるとすぐ捨てるようになっている。また，翼を強く動かすことができるように，胸の筋肉とその筋肉がつく胸の骨がよく発達している。

鳥類のくちばしとあしのつくり

くちばしは，鳥類の特徴の１つであり，食べ物に適したつくりになっている。また，あしの形も生活に適したつくりになっている。

	オオワシ	フクロウ	スズメ	カルガモ	ツル
くちばしの形					
くちばしの特徴	肉食で，大型の魚類を好む。えものをおそうのに適する。	肉食で，くちばしはするどく，えものをひきちぎるのに適する。	穀物などをついばむのに適する。	両側がくし状で，水中の食べ物をこしとるのに適する。	細長く，水底の生物をとらえるのに適する。
あし	えものをとらえる。	つめがするどい。	枝に止まる。	水かきがある。	水中に立つ。

5 哺乳類

哺乳類の大きな特徴は，親と似たすがたの子を産むことである。

(1) **生活場所**…多くは陸上で生活する。

(2) **からだのつくり**

❶**からだの表面**…**毛**でおおわれている。

⇨体温を一定に保つ役割をもつ。

❷**移動のしかた**…ふつう，４本のあしを使って移動する。

・**クジラやイルカ**…ひれがあって泳ぐ。

⇨水中生活に適したつくりになっている。

・**コウモリ**…翼を使って飛ぶ。

(3) **呼吸のしかた**…**肺**で呼吸する。

(4) **子の生まれ方**…**胎生**。

⇨子（胎児）は，母親の子宮の中で，へそのおを通して養分や酸素をもらい，ある程度育ってから生まれる。

(5) **子の育ち方**…生まれてからしばらくの間，子は母親の乳を飲んで育つ。親は子を捕食者から守り，保護する。

⇨親まで育つ割合が大きい。

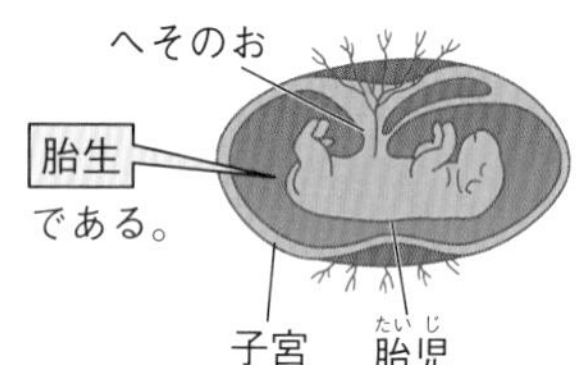

⬆子宮の中の子のようす

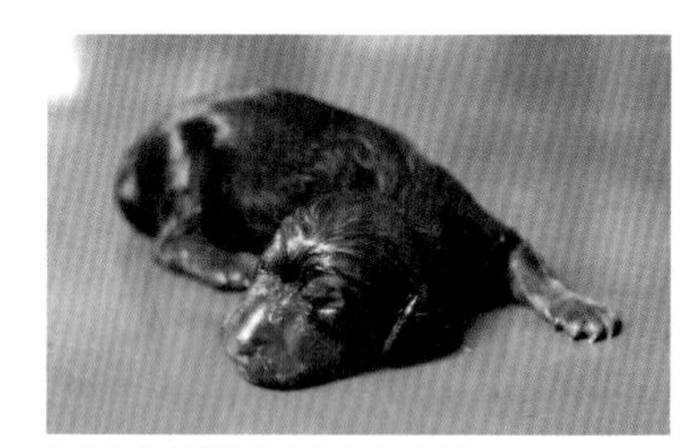

⬆生まれたての子のようす（イヌ）

クジラやイルカはどこで呼吸するの？

クジラやイルカ，シャチは，一生を水中で過ごし，すがたは魚類に似ているが，哺乳類である。そのため，ヒトと同じように肺で呼吸する。

これらの水中の哺乳類は，頭の上に鼻の穴があり，水面から鼻の穴を出して空気を吸ったりはいたりして呼吸する。クジラの潮ふきというのは，実際にはクジラがはき出した空気なのである。

出産も水中で行われるが，生まれてきた子はすぐに水面まで泳いで呼吸をしなければならない。

⬆クジラ

脊椎動物の分類

	魚類	両生類	は虫類	鳥類	哺乳類
からだの表面	うろこ	しめった皮膚	うろこ	羽毛	毛
呼吸のしかた	えら	(幼生) えらと皮膚 (成体) 肺と皮膚	肺	肺	肺
子の生まれる場所	水中	水中	陸上	陸上	陸上
子の生まれ方	卵生	卵生	卵生	卵生	胎生
卵のようす	殻がない。	殻がない。(寒天状のものに包まれている。)	殻がある。	殻がある。	――――
子の育ち方	卵は自然にかえり，子は自分で食べ物をとる。	卵は自然にかえり，子は自分で食べ物をとる。	卵は自然にかえるものが多い。	しばらくの間，親から食べ物を与えられて育つ。	しばらくの間，親の乳を飲んで育つ。
動物の例	フナ，カツオ，ナマズ，メダカ，サメなど	カエル，イモリ，サンショウウオなど	トカゲ，ワニ，カメ，ヤモリ，ヘビなど	ハト，ニワトリ，スズメ，ペンギンなど	ヒト，サル，イヌ，ネコ，イルカ，コウモリなど

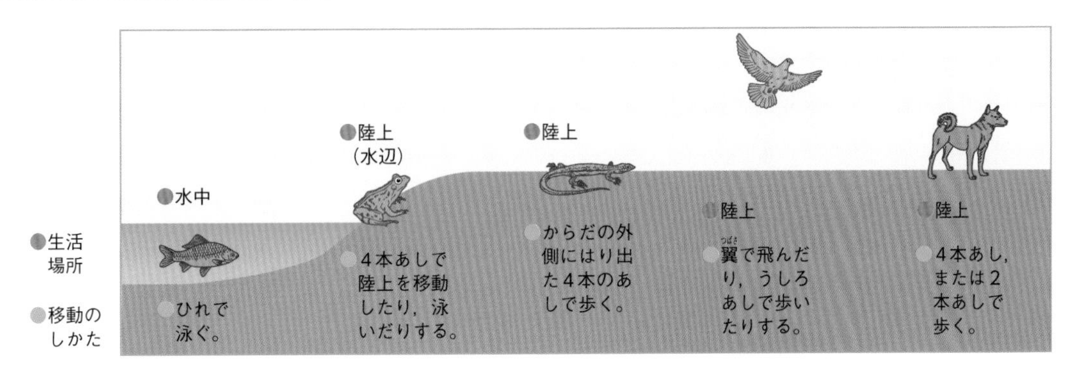

Column 水中から陸上へ進出した脊椎動物

現在，地球上ではいろいろな種類の生物が見られるが，これらの生物は，古い時代の共通した祖先から，長い年月をかけてしだいに変化し（進化という），いろいろなグループに分かれていったと考えられている。

脊椎動物は，最初に魚類が現れ，一部が両生類に進化し，さらには虫類や鳥類や哺乳類へ進化したと考えられている。このことから水中生活から陸上生活へ進化したといえる。移動のためのつくりを泳ぐためのひれからからだを支えるあしへ，呼吸のしかたをえらから肺へ，水中でないと育たない乾燥に弱い卵から殻でおおわれた乾燥に強い卵へなど，陸上生活に適応したからだのしくみに変化していったことがわかる。

4 無脊椎動物

教科書の要点

1 節足動物 ◎**外骨格**をもち，からだやあしに節がある。昆虫類，甲殻類などがある。

2 軟体動物 ◎からだやあしに節はない。内臓を包む**外とう膜**をもつ。イカやタコのなかま，貝のなかまなどがある。

3 その他の無脊椎動物 ◎ウニやヒトデ，クラゲやイソギンチャク，ミミズなどがある。

1 節足動物

節足動物は，無脊椎動物のうち，からだの外側がかたい殻でおおわれ，からだやあしに節がある動物である。

(1) **からだのつくり**…**外骨格**をもち，からだやあしに節がある。

❶**外骨格**…からだの外側をおおうかたい殻。からだを支えて，内部を保護する。外骨格は大きくならないので，節足動物は脱皮して古い外骨格を脱ぎ捨てて成長する。

❷**からだの動かし方**…外骨格の内側に筋肉があり，筋肉のはたらきで外骨格が引っ張られてからだが動く。

(2) **節足動物の分類**…節足動物には，昆虫類，甲殻類などがある。

❶**昆虫類**…頭部，胸部，腹部の３つの部分に分かれ，あしは胸部から３対（６本）出ている。

・**気門**…胸部や腹部にある穴。気門から空気をとり入れて呼吸を行う。

呼吸を行うのは，気門からつながる「気管」という部分。

くわしく 内骨格

脊椎動物のように，からだの内部に背骨を中心とした骨格があるつくりを，外骨格に対して，内骨格とよぶ。

くわしく 節足動物のふえ方

多くの昆虫類や甲殻類は，たくさんの卵を産んでなかまをふやす卵生である。

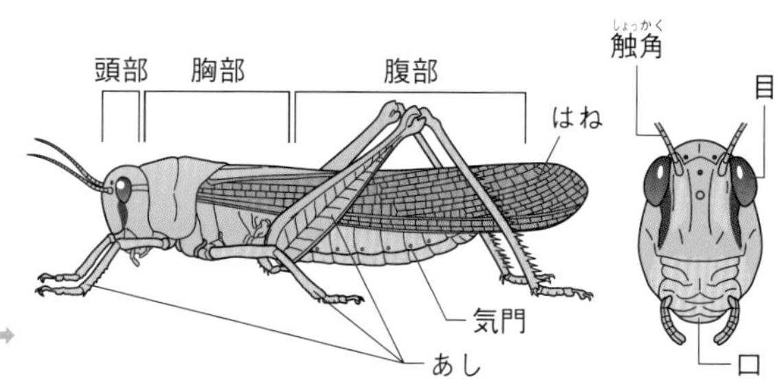

昆虫類のからだのつくり➡
（トノサマバッタ）

❷**甲殻類**…からだは頭胸部，腹部の２つ，または頭部，胸部，腹部の３つの部分に分かれる。水中で生活するものが多く，えらなどで呼吸する。

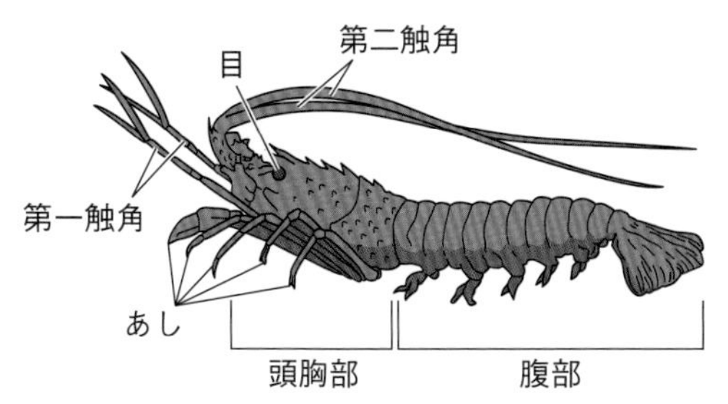

⬆イセエビ

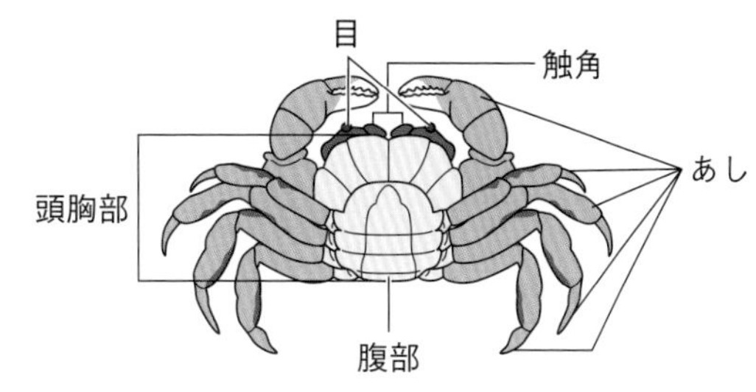

⬆イソガニ

❸**その他の節足動物**…クモ類やムカデ類などがある。

・**クモ類**…頭胸部と腹部の２つに分かれ，頭胸部に４対のあしがある。

・**ムカデ類**…頭部と胴部の２つに分かれ，胴部の各節ごとに１対のあしがある。

くわしく　ダンゴムシ

ダンゴムシは，陸上で生活する甲殻類である。あしにある気門から空気をとり入れて呼吸する。

	昆虫類	甲殻類	クモ類	ムカデ類
からだのつくり	触角，目，はね，頭部，胸部，腹部，あし	目，触角，頭胸部，腹部	触肢，頭胸部，腹部	触角，頭部，胴部
からだの分かれ方	頭部，胸部，腹部	頭胸部，腹部 または頭部，胸部，腹部	頭胸部，腹部	頭部，胴部
あし	胸部に３対	頭胸部に５対など	頭胸部に４対	胴部の各節ごとに１対
触角	１対	２対	なし	１対
はね	ふつう２対	なし	なし	なし
呼吸	気管	えらなど	書肺※や気管	気管
例	バッタ，トンボ， チョウ，カブトムシ	エビ，カニ，ザリガニ， ミジンコ	クモ，ダニ，サソリ	ムカデ，ゲジ

※腹部にある，クモ類に特有の呼吸のためのつくり。

2 軟体動物

軟体動物は，無脊椎動物のうち，からだやあしに節がなく，内臓が外とう膜で包まれている動物である。

(1) **からだのつくり**…**外とう膜**とよばれる筋肉でできた膜があり，内臓を包んでいる。からだやあしに節はない。貝殻をもつものもある。水中で生活し，えらで呼吸するものが多い。

(2) **軟体動物の分類**…イカ，タコのなかま，貝のなかまなどがある。

❶**イカ，タコのなかま**…頭部と胴部とあしに分かれ，頭部に10本のあし（イカ），または８本のあし（タコ）がある。

→ 頭部にあしがあるので，頭足類ともよばれる。

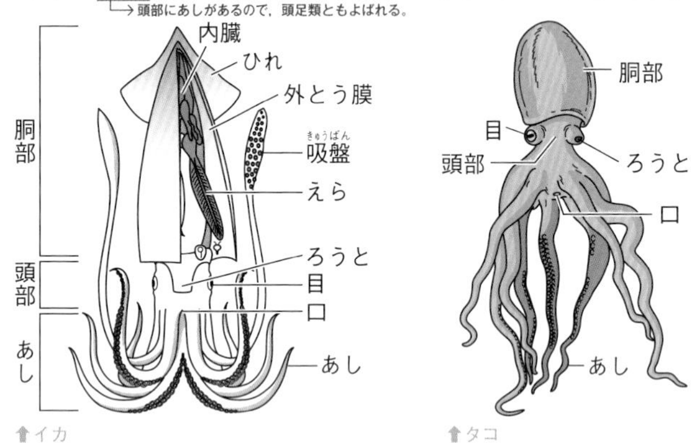

⬆イカ　⬆タコ

❷**貝のなかま**…対になった２枚の貝殻をもつ二枚貝，１つの貝殻をもつ巻き貝がある。外とう膜の外側を石灰質の殻がおおっている。陸上で生活するマイマイなどは肺で呼吸する。

（二枚貝 → アサリ，ハマグリ，シジミなど）
（巻き貝 → マイマイ，タニシ，サザエなど）
（マイマイ → かたつむり）

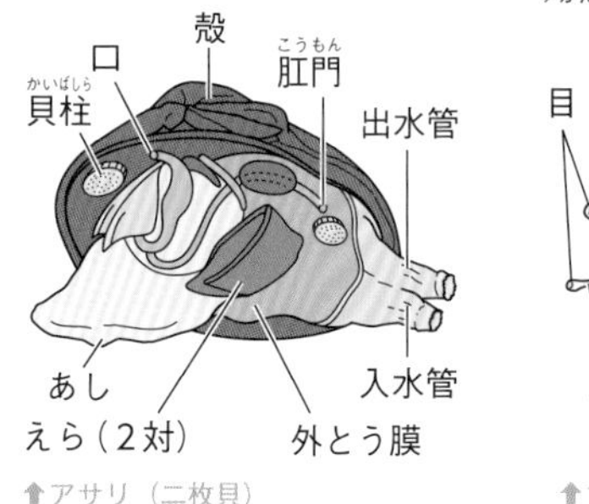

⬆アサリ（二枚貝）

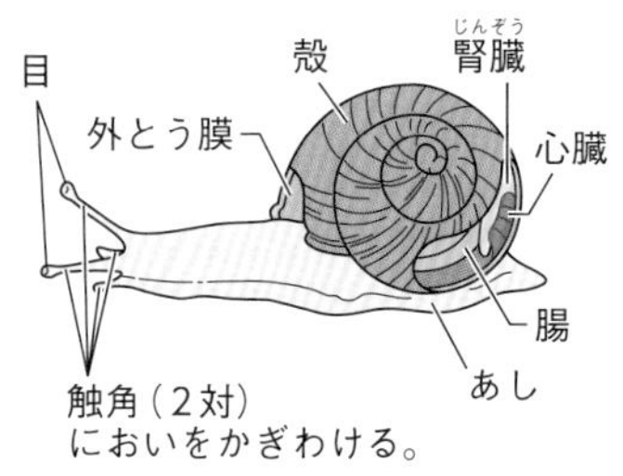

⬆マイマイ（巻き貝）

からだはおもに筋肉でできているよ。

くわしく 軟体動物のふえ方

軟体動物は，たくさんの卵を産んでなかまをふやす卵生である。

くわしく イカやタコの移動のしかた

イカやタコは，外とう膜のふちから海水をとりこんで，ろうとを通して外に勢いよくふき出し，その反動で移動する。

あしは食べ物をとらえるのに使われる。

くわしく 貝殻

貝殻は，外とう膜から出された炭酸カルシウムでできている。貝殻にうすい塩酸をかけると二酸化炭素が発生する。

貝殻の開閉は，貝柱の筋肉のはたらきで行う。

くわしく 入水管と出水管

アサリなどの二枚貝では，海水は入水管からとり入れ，出水管からはき出される。

また，入水管から海水といっしょに入ってきたプランクトンをえらでこしとり，食べ物にする。

3 その他の無脊椎動物

無脊椎動物は，節足動物や軟体動物以外にもさまざまなグループがある。無脊椎動物には，卵生・胎生以外のふえ方もある。

(1) **きょく皮動物**…からだの形はさまざまだが，基本的に中心から5方向に放射状にのびたつくりをしている。皮膚に石灰質のとげ（→棘皮（きょくひ））をもっている。海水中で生活し，特別な部分（水管という）で呼吸する。卵生である。

例 ウニ，ヒトデ，ナマコ，ウミユリ

(2) **刺胞動物**…からだのつくりは放射状になっていて，表面には刺胞とよばれる毒針がある。からだの中に大きなすきま（→胃水管こうという。）があり，呼吸や消化のはたらきをする。多くは海水中で生活し，卵生である。

例 クラゲ，イソギンチャク，サンゴ，ヒドラ

(3) **環形動物**…からだは多くの環状の節（→輪のような形でやわらかい。）がつながった，細長い形をしている。水中や陸上で生活している。皮膚呼吸が多い。卵生である。

例 ミミズ，ゴカイ，ヒル

(4) **原索動物**…脊索とよばれる背骨のような軸をもつ。脊椎動物に最も近いとされている。海中で生活し，卵生である。

例 ホヤ，ナメクジウオ

(5) **へん形動物**…からだが平らで，水中や陸上で生活しているほか，動物に寄生（→ほかの生物の体表や体内にすみつき，そこから栄養分をとって生活すること。）しているものも多い。卵生である。

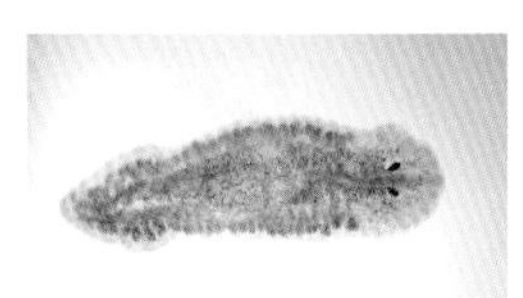
⬆プラナリア

例 プラナリア，サナダムシ

(6) **海綿動物**…多くは海水中で生活し，岩などに付着して生活している。からだのつくりは単純（→筋肉や神経，内臓がない。）で，胎生が多い。

⬆イソカイメン（オレンジの部分）

例 イソカイメン，ムラサキカイメン

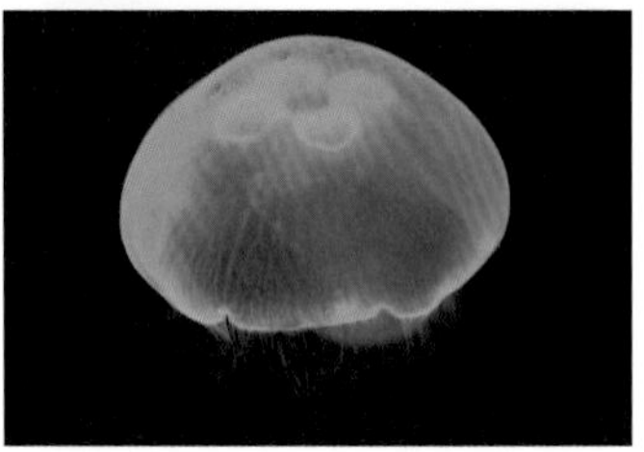
⬆ヒトデ

⬆クラゲ

⬆ミミズ

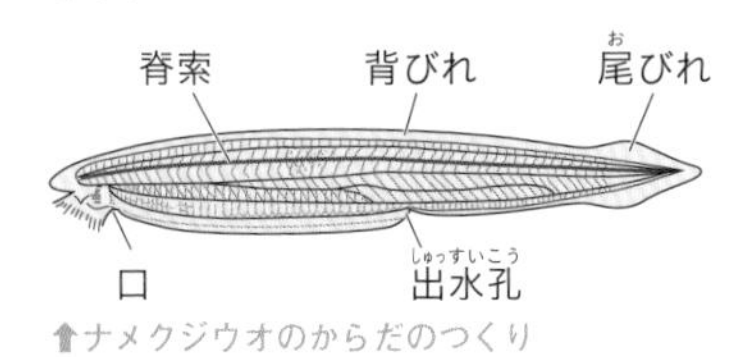

⬆ナメクジウオのからだのつくり

プラナリアは，からだを切っても，その断片からもとのからだに再生することができるんだよ！

動物の分類

どのような観点で動物を分類することができるか，再確認しよう。

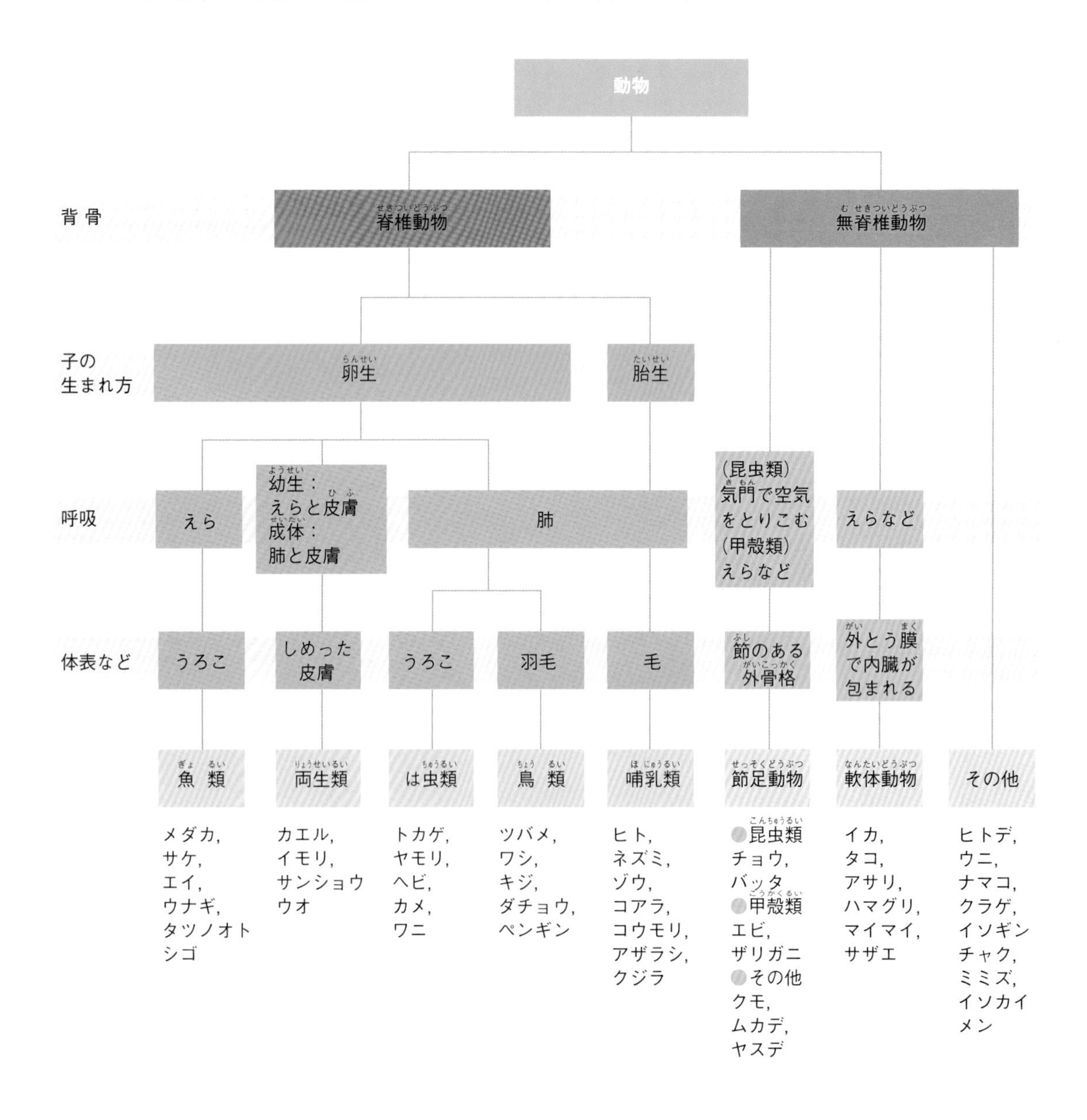

チェック 基礎用語

次の〔　　〕にあてはまるものを選ぶか，あてはまる言葉を答えましょう。

1 動物のからだのつくり ～ 2 動物の分類のしかた

- □(1) 背骨をもつ動物を〔　　　〕といい，背骨をもたない動物を〔　　　〕という。
- □(2) 卵から子がかえる生まれ方を〔　　　〕という。
- □(3) 子が母親の体内である程度育ってから生まれる生まれ方を〔　　　〕という。
- □(4) 目が横向きについているのは，〔 草食動物　肉食動物 〕である。

3 脊椎動物

- □(5) 魚類のからだの表面は〔　　　〕でおおわれている。
- □(6) 両生類は，幼生は〔　　　〕と皮膚で，成体は〔　　　〕と皮膚で呼吸する。
- □(7) 一生，肺で呼吸をする脊椎動物は，哺乳類と〔　　　〕と〔　　　〕である。
- □(8) 殻のない卵を産むのは魚類と〔　　　〕である。
- □(9) 胎生でふえるのは，〔 鳥類　哺乳類 〕である。

4 無脊椎動物

- □(10) からだの外側がかたい殻でおおわれ，からだやあしに節がある無脊椎動物を〔　　　〕という。
- □(11) バッタやエビのからだの外側をおおうかたい殻を〔　　　〕という。
- □(12) イカやアサリなどの，からだやあしに節がない無脊椎動物を〔　　　〕という。
- □(13) イカやアサリなどは，内臓が〔　　　〕という筋肉の膜に包まれている。

解答

(1) 脊椎動物
無脊椎動物
(2) 卵生
(3) 胎生
(4) 草食動物
(5) うろこ
(6) えら
肺
(7) 鳥類
は虫類（順不同）
(8) 両生類
(9) 哺乳類
(10) 節足動物
(11) 外骨格
(12) 軟体動物
(13) 外とう膜

定期テスト予想問題 ①

時間 40分　解答 p.255

得点　/100

1節／身近な生物の観察

1 学校のまわりの生物を観察した。図１は学校のまわりの植物の観察結果で，図２は池の水をとり，顕(けん)微鏡(びきょう)で観察して見られた生物のスケッチである。これについて，次の問いに答えなさい。

【3点×7】

図１

北門　校舎　正門　池　体育館　校庭　(ア)　(イ)

(1) 図１の植物の分布で，タンポポを表しているのは(ア)，(イ)のどちらか。〔　　〕

(2) 校舎のそばでゼニゴケが見られるとしたら，校舎の北側と南側のどちらで見られることが多いか。〔　　〕

図２

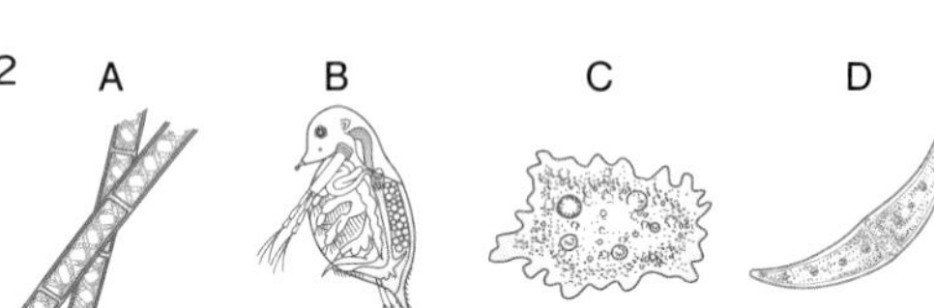

(3) 図２の生物で，活発に動くものを記号ですべて答えよ。〔　　〕

(4) 図２のA～Dの生物の名前をそれぞれ答えよ。

A〔　　〕　B〔　　〕　C〔　　〕　D〔　　〕

1節／身近な生物の観察

2 図１は，顕微鏡をのぞきながらステージを動かしてピントを合わせているところである。次の問いに答えなさい。【4点×4】

図１

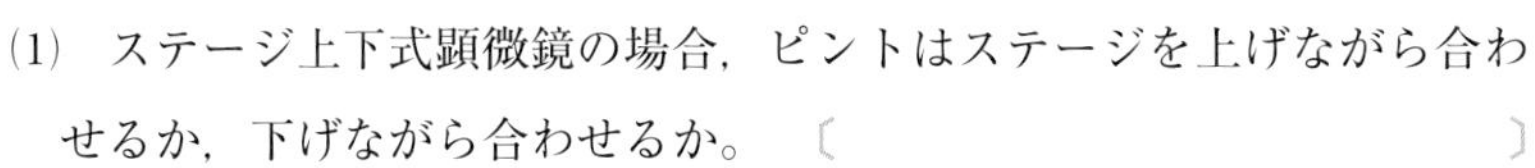

(1) ステージ上下式顕微鏡の場合，ピントはステージを上げながら合わせるか，下げながら合わせるか。〔　　〕

(2) 10倍の接眼(せつがん)レンズと10倍の対物(たいぶつ)レンズを用いると，観察するときの顕微鏡の倍率は何倍か。〔　　〕

(3) 図２のように，視野の端(はし)に生物が見えた。この生物を視野の中央に移動させるには，プレパラートをア～エのどの方向に動かせばよいか。記号で答えよ。ただし，この顕微鏡は，視野の見え方が実物と上下左右が逆になっている。〔　　〕

図２

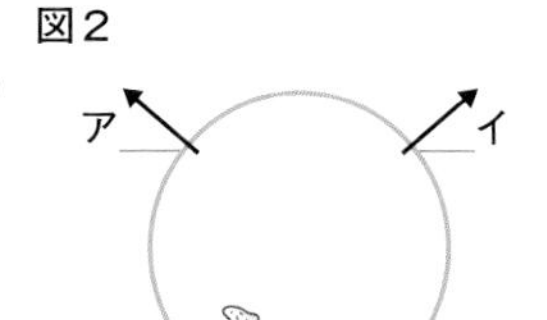

(4) 顕微鏡で観察を行うときに，顕微鏡を置く場所を簡単に書け。

〔　　〕

2節／植物の分類

3 右の図1は，花のつくりを模式的に表したものである。これについて，次の問いに答えなさい。 【3点×10】

図1

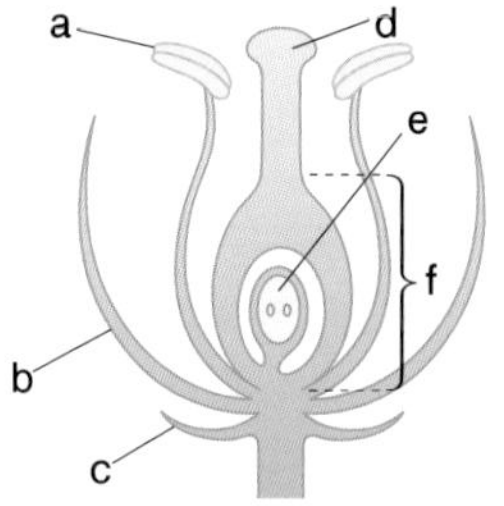

(1) 図1のa～fは，それぞれ何という部分か。下のア～キから選び，記号で答えよ。

a〔　　〕 b〔　　〕 c〔　　〕
d〔　　〕 e〔　　〕 f〔　　〕

ア　がく　イ　胚珠　ウ　柱頭　エ　花弁　オ　子房　カ　やく　キ　りん片

(2) 図1のa～fのうち，①花粉が入っている部分，②受粉のために花粉がつく部分，③成長して種子になる部分を，記号で答えよ。

①〔　　〕 ②〔　　〕 ③〔　　〕

図2

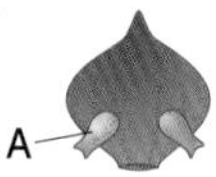

(3) 図2はマツの雌花のりん片である。Aは，図1のa～fのどの部分にあたるか。1つ選び，記号で答えよ。〔　　〕

2節／植物の分類

4 右の図は，ある被子植物の根のようすを表したものである。これについて，次の問いに答えなさい。 【(3)は5点，ほかは4点×3】

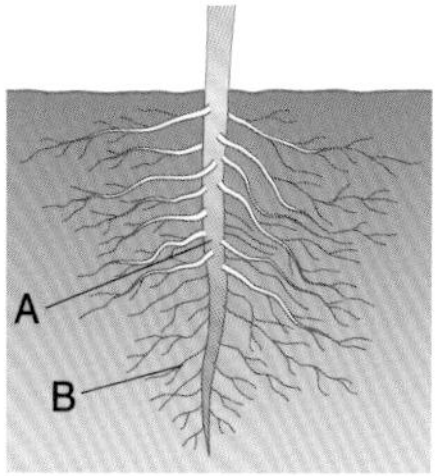

(1) A，Bの根を何というか。 A〔　　〕 B〔　　〕

(2) 図のような根をもつのは，単子葉類と双子葉類のどちらか。

〔　　〕

(3) 図のような根をもつ植物の葉の特徴について，「葉脈」という語を用いて簡単に説明せよ。

〔　　〕

2節／植物の分類

5 下の図のように，8種類の植物をA，B，C，Dの観点で分類した。A～Dの観点にあてはまるものをア～エから1つずつ選び，記号で答えなさい。 【4点×4】

スギゴケ，アヤメ，
アサガオ，イチョウ，
サクラ，トウモロコシ，
イヌワラビ，マツ

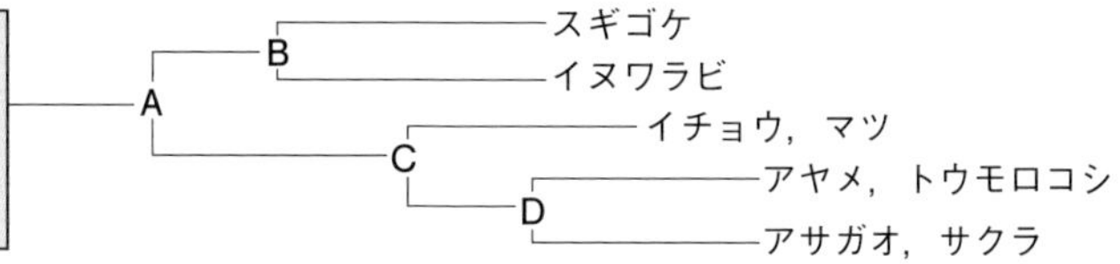

A
B：スギゴケ／イヌワラビ
C：イチョウ，マツ
D：アヤメ，トウモロコシ／アサガオ，サクラ

ア　胚珠が子房の中にあるか，むき出しか。　イ　種子でふえるか，胞子でふえるか。
ウ　からだに根・茎・葉の区別があるかないか。　エ　子葉が1枚か2枚か。

A〔　　〕 B〔　　〕 C〔　　〕 D〔　　〕

定期テスト予想問題 ②

時間 40分
解答 p.255

得点 ／100

3節／動物の分類

1 右の表は，身近な動物を５つのグループに分けたものである。A～Eの５つのグループは，魚類，両生類，は虫類，鳥類，哺乳類のいずれかである。これについて，次の問いに答えなさい。 【(3)は6点×2，ほかは4点×7】

グループ	動物名
A	イヌ，ウサギ
B	イモリ，ヒキガエル
C	カルガモ，スズメ
D	コイ，サンマ
E	シマヘビ，トカゲ

(1) これらの５つのグループは，からだのつくりで，どのような共通の特徴をもっているか。〔　　　〕

(2) Eは何類にあたるか。〔　　　〕

(3) Bは，一生の間に呼吸のしかたが変わる。幼生(子)のときと成体(親)のときの呼吸のしかたをそれぞれ書け。

幼生〔　　　〕

成体〔　　　〕

(4) 次の①～⑤の特徴をもつグループはどれか。それぞれの特徴にあてはまるものをA～Eからすべて選び，記号で答えよ。

①陸上に殻のある卵を産む。〔　　　〕

②胎生である。〔　　　〕

③一生，肺で呼吸をする。〔　　　〕

④からだの表面がかたいうろこでおおわれ，乾燥に強い。〔　　　〕

⑤からだの表面が羽毛でおおわれている。〔　　　〕

3節／動物の分類

2 右の図はシマウマとライオンの頭骨である。次の問いに答えなさい。 【4点×3】

A

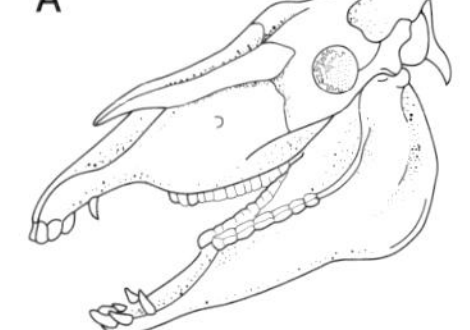

B

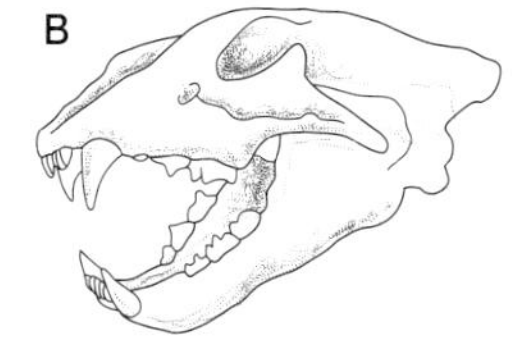

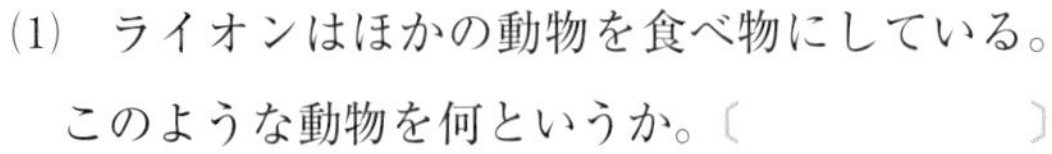

(1) ライオンはほかの動物を食べ物にしている。このような動物を何というか。〔　　　〕

(2) ライオンの頭骨はA，Bのどちらか。

〔　　　〕

(3) シマウマの目のつき方による見え方について，あてはまるものを次のア，イから１つ選び，記号で答えよ。〔　　　〕

ア 距離をつかみやすい。　　イ 広い範囲を見ることができる。

3節／動物の分類

3 右の図の動物について，次の問いに答えなさい。

【4点×4】

A B

(1) 図の４つの動物は，背骨をもたない動物である。このような動物をまとめて何というか。

〔　　　　　　〕

(2) 図の動物はＡとＢの２つのグループに分けられる。ＡとＢのグループを何というか。

Ａ〔　　　　　〕　Ｂ〔　　　　　〕

(3) ＡとＢのグループはどのような特徴で分けているか。次のア～エから１つ選び，記号で答えよ。

〔　　　　　〕

ア　えらで呼吸するか，肺で呼吸するか。　イ　水中で生活するか，陸上で生活するか。

ウ　あしが６本か，６本以外か。　エ　からだが外骨格(がいこっかく)でおおわれているか，いないか。

思考

2節／植物の分類　3節／動物の分類

4 次のＧさんとお母さんの会話について，あとの問いに答えなさい。

【(1)(2)は10点×2，ほかは4点×3】

Ｇ「かずのこって何の卵なの？」

母「ニシンの卵だよ」

Ｇ「aニシンはたくさんの卵を産むんだね。ニワトリはこんなに多く産まないよ。そういえば，通学路にあるイチョウの木に実ができてたよ。さくらんぼのような形をしていたな。」

母「bイチョウの実のように見えるものは，種子(しゅし)なんだよ。」

(1) 下線部ａで，ニシンは，ニワトリに比べて非常に多くの卵を産むのはなぜか。その理由を簡単に書け。〔　　　　　　〕

(2) ニシンの卵は，ニワトリの卵とつくりが異なる。つくりが大きく異なる点を簡単に書け。

〔　　　　　　〕

(3) 下線部ｂについて次の①，②に答えなさい。

① 次の文は，イチョウについて説明したものである。［　　］にあてはまる語を書け。

イチョウは，花に［　A　］がない［　B　］植物なので，果実はできない。

Ａ〔　　　　　〕　Ｂ〔　　　　　〕

② ①のような特徴をもつ植物を，次のア～エから１つ選び，記号で答えよ。〔　　　　　〕

ア　イヌワラビ　イ　スギゴケ　ウ　ススキ　エ　マツ

一晩しかさかない？さまざまな花の戦略

花は，受粉して種子をつくるためのつくりだと学んだ。花は春に日光を浴びてさくイメージがあるが，世界には変わった花がたくさんある。それぞれどんな戦略やしくみでさくのか考えてみよう。

疑問 サボテン科の「ゲッカビジン（月下美人）」は，夜に花をさかせ，一晩3時間ほどで閉じてしおれてしまう。このように夜にだけ花がさくのはなぜだろうか。生息地や花粉の運ばれ方をほかの花と比較してみると，戦略やしくみがわかるだろうか。

資料1 世界中のさまざまな花

数年に一度しかさかない花

⬆ショクダイオオコンニャク

インドネシア原産。花はくさった肉のような強烈なにおいを出す。花粉はシデムシなどに運ばれる。

一晩しかさかない花

⬆ゲッカビジン

メキシコ原産。花は甘くて強いにおいを出す。花粉は夜行性のコウモリに運ばれる。

水面にさく花

⬆クロモ（雄花と花粉のようす）

日本の在来種。湖沼や川の中に育つ水草。水面にさく花の花粉は水に運ばれる。

クロモの写真©コーベット

資料2 電照菊のしくみ

秋にさくキクは，1日（24時間）のうち，夜の長さがある一定より長くなると花芽をつけ，つぼみとなり開花する。短い時間光を当て，夜の時間を中断すると，花芽はできない。このしくみを利用して，電照菊は夜に人工的に光を当てることで，開花の時期を数か月遅らせ，本来の開花期である秋ではなく，正月向けに出荷している。

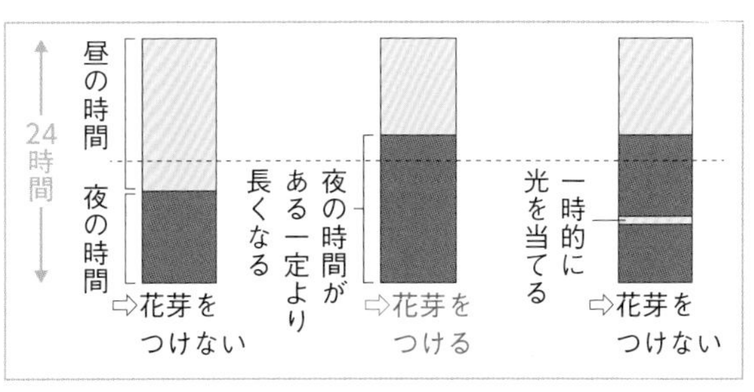

⬆キクが花芽をつける条件

考察1 花粉の運ばれ方を比較する —どんな戦略で夜にさくのか—

資料1を見ると，夜にさくゲッカビジンは夜行性のコウモリが花粉を運んでいることがわかるね。夜に花がさいていることを，コウモリに知らせるにはどうしたらいいかな…？

花にとって重要なのは，花粉が運ばれやすいことである。強烈なにおいを出す花，水面にさく花などの特徴(とくちょう)は，特に花粉の運ばれ方と関係がありそうだ。

ゲッカビジンの花粉は夜行性のコウモリに運ばれる。そのことから，ゲッカビジンの花は，コウモリに見つけられやすいように，夜にだけさき，においでさそう戦略をとっているという仮説が考えられる。

＊そのほかの花の戦略についても考えてみよう。

⬆花粉を運ぶミツバチ　紫外線(しがいせん)(➡p.147)を感知するミツバチには，花の中心部(花粉がある部分)が濃(こ)く見えると考えられている。

考察2 花のさくしくみを比較する —どんなしくみで夜にさくのか—

資料2の図から，キクは夜の長さの変化によって花芽をつけるかどうかを変えている。光という情報を受けて，花のさく時期をコントロールするしくみがあることがわかるね。

資料2を見ると，キクは，夜の時間が長くなるのを感じて秋に花をさかせていることがわかる。ほかの植物にもキクのように，光を感じるしくみがあると考えると，例えばゲッカビジンのように夜にさく花も，光の変化を感じて夜に花をさかせているという仮説が考えられる。

解説 植物は光によって，夜の長さの変化(季節の変化)や，1日の中での時間の変化を感じることができる。日本にさく多くの植物は，キクのように夜の長さの変化を感じて開花する。ゲッカビジンは，夜のはじまりを知って，体内時計で時間をはかりながら開花する。

⬆電照菊　夜に人工的に光を当てているようす。

中学生のための
勉強・学校生活アドバイス

ノートのとり方

「葵，休み時間に何してんの？」

「さっきの授業の植物の図をかくのに時間がかかっちゃって……。て，桂太…文字しかかいてないじゃん…！」

「荻原くん。理科のノートには，**図や表もまとめておく**のがいいよ。文字だけだと，理解しづらい内容が多いから。」

「…はーい。」

「ただ，**複雑な図やグラフなどは，時間をかけてかくよりも，教科書や参考書をコピーしてはる**方がおすすめだよ。」

「そっか！　なるほど。」

「ほかにも何かコツってありますか？」

「**ノートの右から4～5cmに区切り線を引いて，気づいたことなどをまとめられるスペースをとっておく**といいよ。」

「具体的に何をかけばいいんですか？」

「暗記のためのゴロ合わせとか，頭の中に浮かんだイメージ図とか，ちょっとした補足とかかな。」

「ちなみに，葵みたいにいろいろな色のペンを使ってかくのがいいんですか？」

「3～5色くらいあるとわかりやすいかな。ただ，赤は重要語句，青は補足事項のように，**色のルールをきちんと決めておく**ことが大切だ。」

「…葵，ちょっとこの色ペン貸して。」

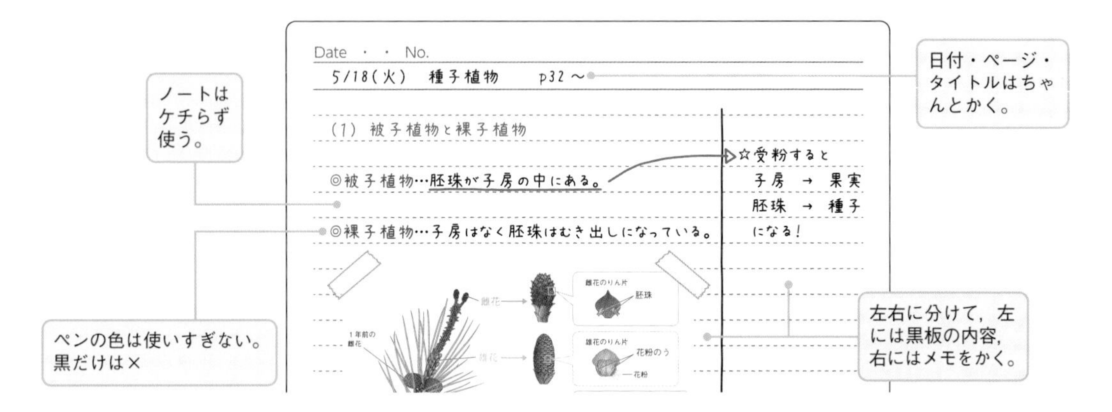

学研ニューコース〔参考書〕
【中１理科】
教科書内容対照表

この対照表の使い方

この対照表は，教科書の中のそれぞれの内容が，本書のどのページにのっているかを示したものです。この対照表を使って，教科書と関連づけながら，本書で効果的な学習を進めてください。

啓林館
未来へひろがるサイエンス１

学研ニューコース【中１理科】内容対照表

教科書(単元)の内容	ニューコースのページ
自然の中にあふれる生命	26〜35
いろいろな生物とその共通点	
1章　植物の特徴と分類	37〜57
2章　動物の特徴と分類	59〜76
活きている地球	
1章　身近な大地	231〜233
2章　ゆれる大地	210〜219
3章　火をふく大地	196〜208
4章　語る大地	221〜230, 234〜241

教科書(単元)の内容	ニューコースのページ
身のまわりの物質	
1章　いろいろな物質とその性質	86〜98
2章　いろいろな気体とその性質	100〜112
3章　水溶液の性質	114〜123
4章　物質のすがたとその変化	125〜136
光・音・力による現象	
1章　光による現象	146〜158
2章　音による現象	160〜169
3章　力による現象	171〜186

東京書籍
新しい科学 1

学研ニューコース【中１理科】内容対照表

大日本図書
理科の世界 1

学研ニューコース【中１理科】内容対照表

学校図書
中学校　科学 1

学研ニューコース【中 1 理科】内容対照表

教科書(単元)の内容	ニューコースのページ
1-1　動植物の分類	
第 1 章　身近な生物の観察	26～35
第 2 章　植物の分類	37～57
第 3 章　動物の分類	59～76
1-2　身のまわりの物質	
第 1 章　物質の分類	86～98
第 2 章　粒子のモデルと物質の性質	100～112, 114～123
第 3 章　粒子のモデルと状態変化	125～136
1-3　身のまわりの現象	
第 1 章　光の性質	146～158
第 2 章　音の性質	160～169
第 3 章　力のはたらき	171～186
1-4　大地の活動	
第 1 章　火山～火を噴く大地～	196～208
第 2 章　地層～大地から過去を読みとる～	221～233
第 3 章　地震～ゆれる大地～	210～219 234～242

教育出版
自然の探究　中学理科 1

学研ニューコース【中 1 理科】内容対照表

教科書(単元)の内容	ニューコースのページ
単元 1　いろいろな生物とその共通点	
1 章　生物の観察と分類	26～35
2 章　植物の体の共通点と相違点	37～57
3 章　動物の体の共通点と相違点	59～76
4 章　生物の分類	57, 76
単元 2　身のまわりの物質	
1 章　さまざまな物質とその見分け方	86～98
2 章　気体の性質	100～112
3 章　水溶液の性質	114～123
4 章　物質の状態変化	125～136
単元 3　大地の成り立ちと変化	
1 章　大地の歴史と地層	221～233
2 章　火山活動と火成岩	196～208
3 章　地震と大地の変化	210～219
4 章　大地の躍動と恵み	234～242
単元 4　光・音・力	
1 章　光の性質	146～158
2 章　音の性質	160～169
3 章　力のはたらき	171～186

2章

身のまわりの物質

1 物質の区別

教科書の要点

1 物質と物体

◎**物質**…ものをつくっている材料に注目した表現。

◎**物体**…ものの形や大きさに注目した表現。

2 有機物と無機物

◎**有機物**…**炭素**をふくむ物質。加熱すると燃えて炭ができ，二酸化炭素や水を発生する。（水を発生しないものもある。）

◎**無機物**…有機物以外の物質。

3 金属と非金属

◎**金属とその性質**…**電気伝導性**にすぐれている。
熱伝導性にすぐれている。
金属光沢がある。
延性・**展性**に富んでいる。

◎**非金属**…金属以外の物質。

1 物質と物体

ものには，材料に注目した物質と，形や大きさに注目した物体という表現の区別がある。

❶**物質**…ものをつくっている材料に注目したときの名称。

❷**物体**…ものを使う目的や形・大きさなどの外観に注目したときの名称。

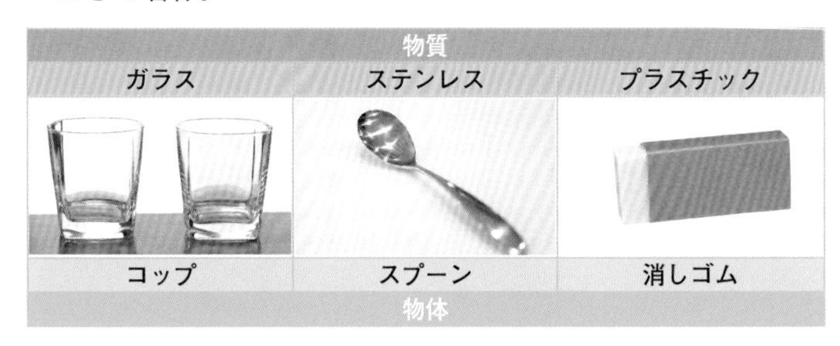

くわしく 物質と物体のちがい

物質と物体のちがいは，どの部分に注目するかという着眼点のちがいである。したがって，同じコップでも注目する観点によって，コップであるともいえるし，ガラスであるともいえる。逆にいうと「物質ではあるが物体ではないもの」や「物体ではあるが物質ではないもの」は存在しない。

物質と物体は使い分けることが大切だね。

2 有機物と無機物

物質は，炭素をふくむ有機物とそれ以外の無機物に分類される。

(1) **有機物**…炭素をふくむ物質。

❶加熱すると黒くこげて**炭**（**炭素**）ができる。

❷強く加熱すると**二酸化炭素**や**水**が発生する。（水素をふくむ場合に発生）

⇨二酸化炭素によって，**石灰水**（せっかいすい）が白くにごる。

⇨水によって，集気びんの内側に水滴がつく。

(2) **無機物**…有機物以外の物質。ほとんどの物質は炭素をふくまない。

❶加熱したとき燃えない物質が多い。

❷強く加熱したとき二酸化炭素が発生しない。

⇨石灰水に通しても白くにごらない。

❸**例外**…炭（炭素），一酸化炭素などは，燃えると二酸化炭素を発生するが，これらの物質は無機物に分類される。また，二酸化炭素自体も炭素をふくむが無機物である。

くわしく ほとんどの食べ物はよく燃える

わたしたちは有機物からしかエネルギーを得ることができないため，ほとんどの食べ物は，食塩などごく一部のものを除いて有機物でできている。そのため，食べ物の多くはよく燃え，加熱し続けると黒くこげる。料理をしていてこげるのは，食べ物が有機物である証拠である。

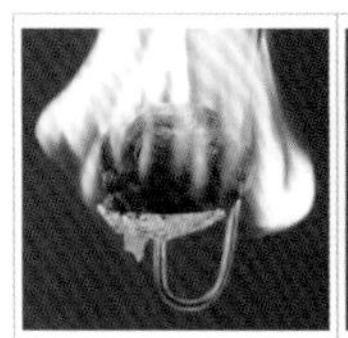
砂　糖

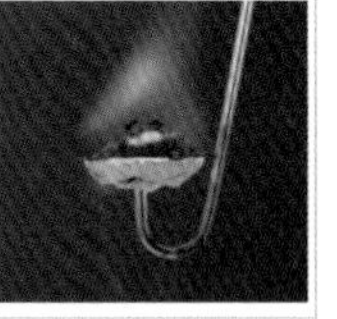
デンプン

高校では 燃える気体

メタンやプロパン（➡p.111，112），エタン，ブタンなどの気体は，燃えて二酸化炭素と水を発生する有機物であり，燃料などに利用される。これらの気体は，高校の有機化学で「飽和炭化水素 - アルカン」として学習する。

中3では すがたを変えながら循環する炭素

植物は光合成（植物の葉に日光が当たると，デンプンなどの栄養分がつくられるはたらき）によって水や二酸化炭素などの無機物から有機物をつくり出している。一方，動物は自分で有機物をつくることができないため，植物がつくった有機物を食べ物としてとり入れてエネルギーをつくり出し，その過程でできた水と二酸化炭素（無機物）を排出する。このように，炭素は有機物→二酸化炭素（無機物）→有機物とすがたを変えながら常に自然界の中で循環している。

(3) 物質を加熱したときの変化

❶燃焼さじにとって加熱する。

a 砂糖…炎(ほのお)を出して燃え，黒くこげる。⇨**有機物**

b 食塩…パチパチとはじけるが燃えない（白いまま）。

⇨**無機物**

❷加熱したあとのびんに石灰水を入れて振(ふ)る。

a 砂糖…石灰水が白くにごる。

⇨二酸化炭素が発生した。⇨**有機物**

b 食塩…石灰水は変化しない（白くにごらない）。

⇨二酸化炭素は発生しない。⇨**無機物**

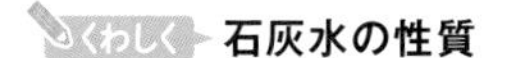

石灰水の性質

石灰水に息をふきこむと，白くにごったことを思い出そう。

このとき，白くにごるのは，息にふくまれる二酸化炭素と石灰水が反応して，水にとけにくい炭酸カルシウムができるためである。また，さらに息をふきこみ続けると，水にとける炭酸水素カルシウムに変化して，液は透明(とうめい)になる。

有機物と無機物

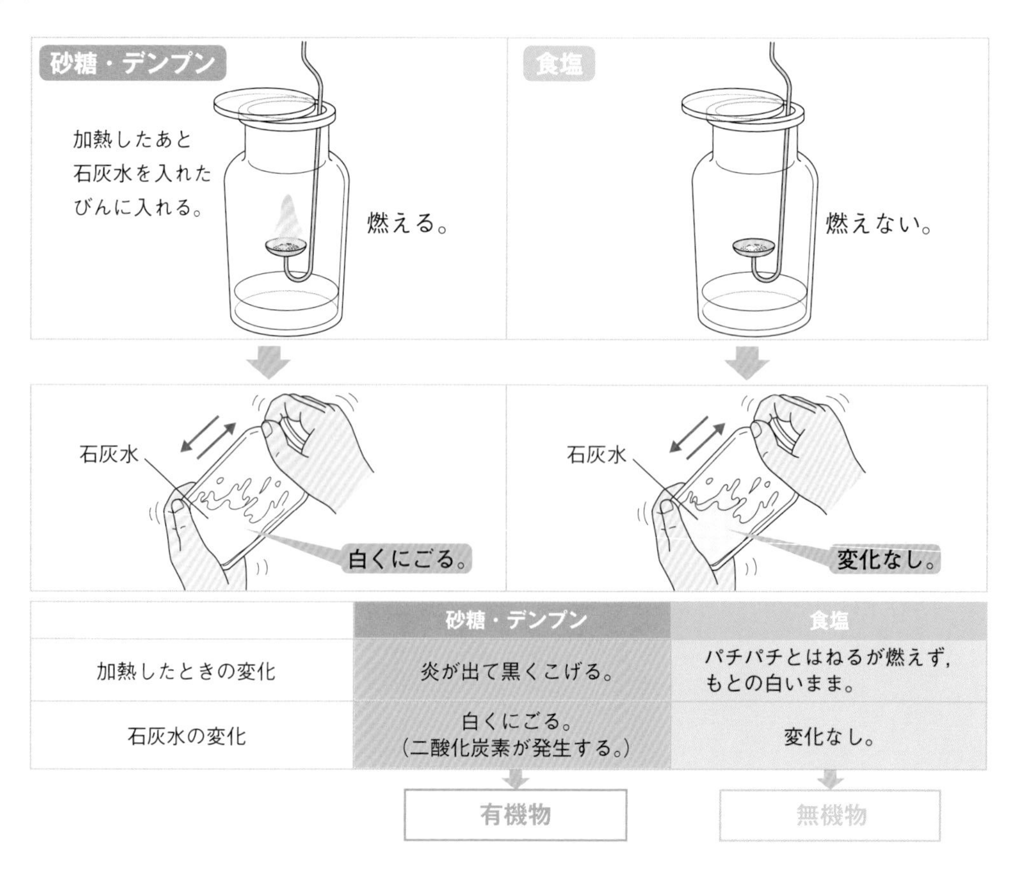

	砂糖・デンプン	食塩
加熱したときの変化	炎が出て黒くこげる。	パチパチとはねるが燃えず，もとの白いまま。
石灰水の変化	白くにごる。（二酸化炭素が発生する。）	変化なし。
	有機物	無機物

白い粉末の区別　思考

重要実験

白い粉末を区別する実験

目的 3種類の白い粉末A，B，Cの性質をいろいろな方法で調べ，それぞれの粉末が砂糖，食塩，片くり粉のどれかを区別する。

方法 ①手ざわりやにおいを調べる。
②燃焼さじにのせて加熱し，変化を調べる。
③②で火がついた物質は，石灰水を入れた集気びんに燃焼さじごと入れる。火が消えたら集気びんにふたをしてよく振り，変化を調べる。
④水に入れてとけるかどうかを調べる。
⑤ヨウ素液を加えて変化を調べる。

①
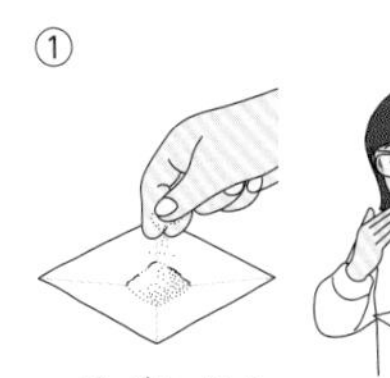
手ざわりを確かめる

においをかぐ

②
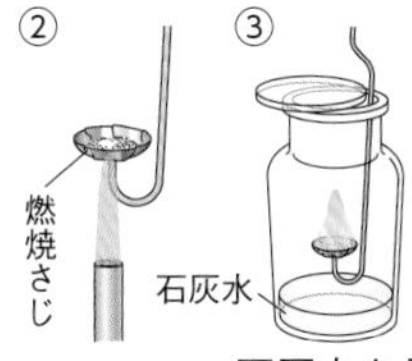

加熱する

③

石灰水を入れた集気びんに入れる

④
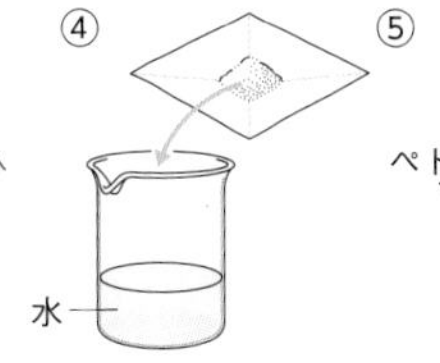

水に加える

⑤

ヨウ素液をたらす

結果

調べ方	A	B	C
手ざわり	さらさら	さらさら	キュッと音がした
におい	ほとんどなかった	なかった	なかった
加熱したときのようす	液体になって燃えた	燃えなかった	燃えた
石灰水のようす	白くにごった	―	白くにごった
水へのとけ方	とけた	とけた	とけずに白くにごった
ヨウ素液の色の変化	変化なし	変化なし	青紫(あおむらさき)色になった

考察
・手ざわりより，Cは片くり粉である可能性が高い。
・加熱したとき，燃えなかったBは食塩である。
・物質が燃えたとき，集気びんの中の石灰水が白くにごったのは，二酸化炭素が発生したためである。
⇨AとCは有機物であり，Bは無機物である。
・水にとけたAとBは砂糖と食塩であり，水にとけなかったCは片くり粉である。
・ヨウ素液の色が変化しなかったAとBは砂糖と食塩であり，青紫色になったCは片くり粉である。

結論 Aは砂糖，Bは食塩，Cは片くり粉である。

3 金属と非金属

物質は金属と，それ以外の非金属に分類される。

(1) **金属**…**無機物**の一種。

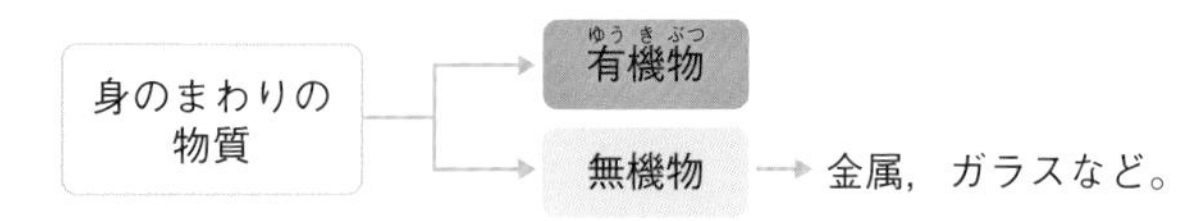

(2) **金属の性質**…次の❶～❹の性質をもつ。

❶**電気伝導性**…電気をよく通す。

⇨金属に電池と豆電球をつなぐと，明かりがつく。

❷**熱伝導性**…熱をよく伝える。

⇨熱を伝えたいものに利用される。

❸**金属光沢**…みがくと光る。

⇨金属特有の光沢を出す。

❹**延性・展性**…細く引きのばしたり，たたいて広げたりできる。

⇨引っ張るとよくのびて針金状になり（延性），たたくとうすく広がる（展性）。

電気伝導性　熱伝導性　金属光沢　延性・展性

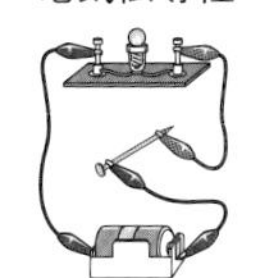

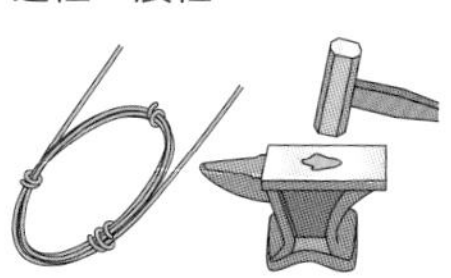

(3) **非金属**…金属以外の物質。

身近な非金属

プラスチック

ガラス

紙

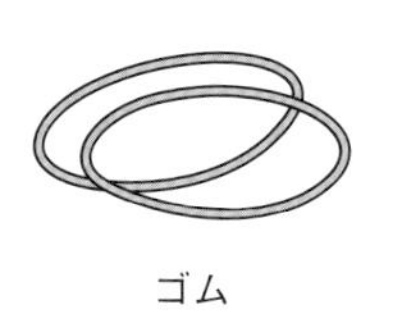
ゴム

くわしく みがくと現れる金属光沢

それぞれの金属には，その金属特有の光沢がある。時間がたつと，表面が変化して光沢が失われることもあるが，このような場合もみがくと光沢が現れる。アルミニウムや鉄の缶など塗装されている金属も，みがいて塗装をはがすと，光沢が現れる。

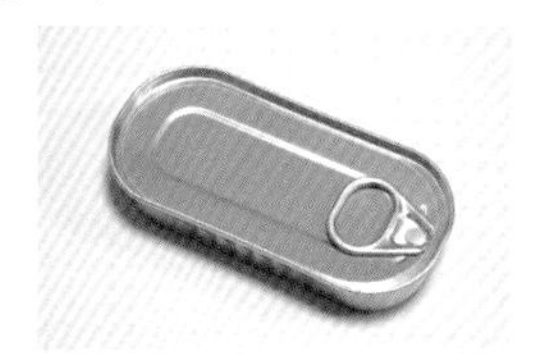
塗装されていないアルミ缶

くわしく 磁石につく金属

鉄，ニッケル，コバルトは磁石につくが，アルミニウムや銅などは磁石につかない。つまり，磁石につくことは金属に共通の性質ではない。こうした性質のちがいはアルミニウム缶とスチール(鉄)缶を分別するときなどに利用されている。

アルミニウム缶とスチール缶　©アフロ

発展 金ぱく

金は非常にのびやすく，たたいて広げると金ぱくになる。金ぱくは厚さ0.0001mmほどしかなく，仏壇や伝統工芸品の装飾などに用いられる。

金ぱく

重要実験

金属の性質を調べる

目的 身のまわりにあるいろいろな金属について，その性質を調べる。

方法
①豆電球と乾電池(かんでんち)，調べる金属をつないで，豆電球がつくか調べる。
②金属の棒と，比較(ひかく)のためにプラスチックや木の棒を短時間湯につけ，指でさわってあたたまり方を比べる。
③紙やすりでさまざまな金属の棒の表面をみがく。
④金づちでたたき，形の変化を調べる。
⑤磁石を近づけ，つくかどうか調べる。

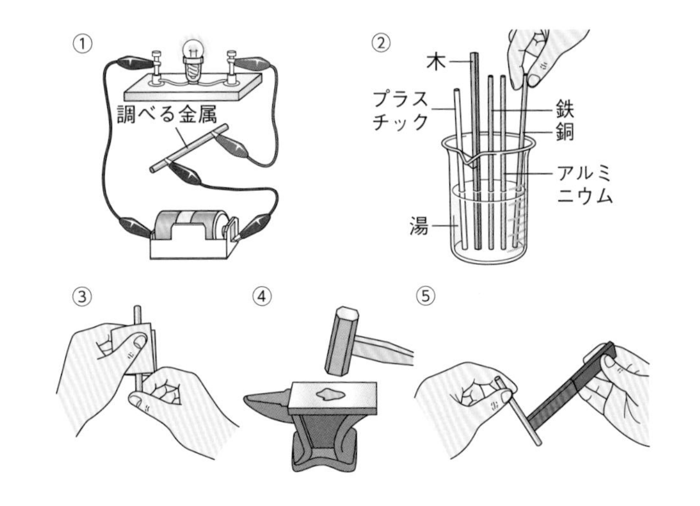

注意 たたいたり，みがいたりするときは，けがをしないように気をつける。

結果

金属の種類	豆電球	あたたまり方	みがく	たたく	磁石
鉄	光った	プラスチックや木よりもあたたまった	光沢が出た	うすく広がった	ついた
銅	光った	プラスチックや木よりもあたたまった	光沢が出た	うすく広がった	つかなかった
アルミニウム	光った	プラスチックや木よりもあたたまった	光沢が出た	うすく広がった	つかなかった

結論
・金属には，❶電気を通す，❷熱を伝えやすい，❸みがくと光沢が出る，❹たたくとうすく広がる，という性質がある。
（この実験では行わなかったが，金属は引っ張るとのびる性質もある。）
・磁石につく性質は金属に共通の性質ではない。

2 物質の密度

教科書の要点

1 密度

◎**密度**…物質1 cm³あたりの質量。単位はg/cm³。

◎密度は物質の種類によって決まっている。

1 密度

密度は物質による固有の値であり，物質1 cm³あたりの質量で表す。

(1) 密度

❶**密度**…物質1 cm³あたりの質量。

❷**密度の単位**…g/cm³（グラム毎立方センチメートル）

重要

❸**密度を求める公式**

$$物質の密度〔g/cm^3〕=\frac{物質の質量〔g〕}{物質の体積〔cm^3〕}$$

(2) 物質の種類と密度

❶**同じ種類の物質の密度**…形や大きさ，質量が異なっていても，密度は等しい。

❷**ちがう種類の物質の密度**…密度は異なっている。

⇨密度は，物質固有の値である。

(3) **物質の体積と質量**…同じ物質の密度は一定⇨同じ物質の体積と質量は，比例関係になる。

くわしく 単位の「/」は「÷」の印

密度の単位である〔g/cm³〕の「/」は，質量〔g〕を体積〔cm³〕で割ることを意味している。このように「/」の意味を理解しておくと，単位を見ただけで数値の求め方や単位の意味を知ることができる。ちなみに，液体や気体の密度の単位には〔g/cm³〕のかわりに〔g/L〕が使われることもある。これは，液体（気体）1 Lあたりの質量を表している。

くわしく 物質の密度のグラフ

下のグラフにおいて，グラフの傾きは密度を表している。

つまり，同じ種類の物質であれば傾き（密度）は同じ値をとることになる。

物質の体積と質量の関係

鉄の体積と質量

質量〔g〕 0 10 20 30 40 50

体積〔cm³〕 0 1.0 2.0 3.0 4.0 5.0 6.0

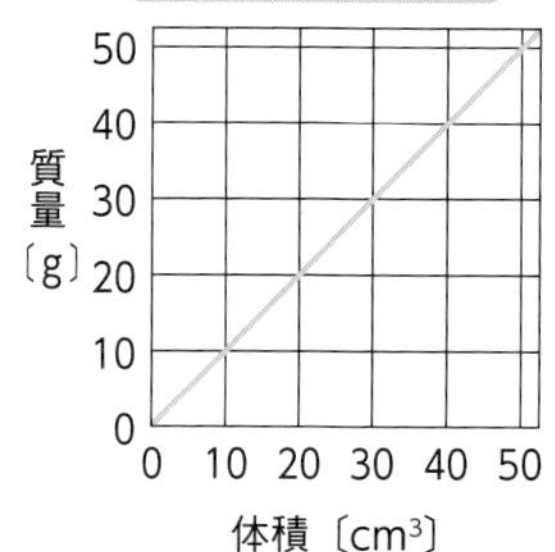

密度を求める問題

例題 (1)　密度2.70 g/cm^{3}のアルミニウム3.00 cm^{3}の質量を求めよ。

(2)　密度2.70 g/cm^{3}のアルミニウム8.10 gの体積を求めよ。

ヒント 密度がわかれば，質量や体積を求められる。密度の公式を変形して，値をそれぞれ代入する。

密度の公式は，密度＝$\frac{質量}{体積}$である。この式を「求めるもの＝○」の形に変形する。

(1)　質量を求めるとき…質量〔g〕＝密度〔g/cm^3〕×体積〔cm^3〕　より，

2.70〔g/cm^3〕×3.00〔cm^3〕＝8.10〔g〕　**答え** 8.10 g

(2)　体積を求めるとき…体積〔cm^3〕＝質量〔g〕÷密度〔g/cm^3〕　より，

8.10〔g〕÷2.70〔g/cm^3〕＝3.00〔cm^3〕　**答え** 3.00 cm^3

(4) 密度による物質の区別…物質の密度がわかれば，物質を区別したり，その物質が何であるかを推定したりすることができる。ただし，密度がたがいに近い値の物質もあるので，密度だけでその物質を断定することはできない。

※温度表記がないものは，20℃のときの値である。（単位：g/cm^3）

固体	密度	液体	密度	気体	密度
金	19.3	水（4℃）	1.00	水蒸気（100℃）	0.00060
銀	10.5	水銀	13.5	酸素	0.00133
銅	8.96	エタノール	0.79	二酸化炭素	0.00184
鉄	7.87	菜種油	0.91～0.92	空気	0.00120
アルミニウム	2.70	海水	1.01～1.05	窒素	0.00116
氷（0℃）	0.92	灯油	0.80～0.83	アンモニア	0.00072
塩化ナトリウム	2.17	塩酸（40%）	1.1980	水素	0.00008

⬆いろいろな物質の密度

くわしく　密度と温度の関係

物質は，温度が変化すると質量は変わらずに体積が変化するため，「密度＝質量÷体積」という関係から，密度も変化する。特に状態変化（➡p.125）によって体積や密度は大きく変化する。例えば，水は氷になると体積が大きくなるので，密度は小さくなり，水に浮く。

Column　密度と浮き・沈み

ある物質を液体の中に入れたとき，その物質の密度が，液体の密度よりも大きい場合には沈み，液体の密度よりも小さい場合は浮く。

例えば，鉄の密度は7.87 g/cm^{3}であり，水の密度の1.00 g/cm^{3}よりも大きいので鉄は水に沈む。

鉄を密度13.5 g/cm^{3}の水銀に入れると，鉄の密度が水銀の密度より小さいことから，写真のように鉄は水銀に浮く。

⬆水銀に浮く鉄球　©アフロ

実験操作

ガスバーナー・ガスコンロの使い方

ガスバーナーの構造

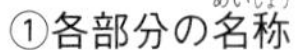

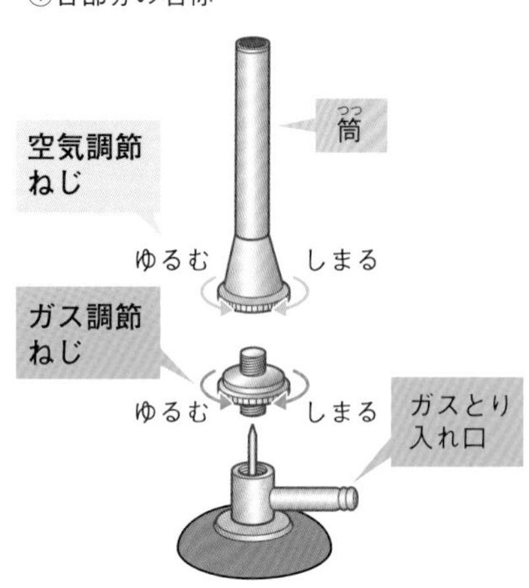

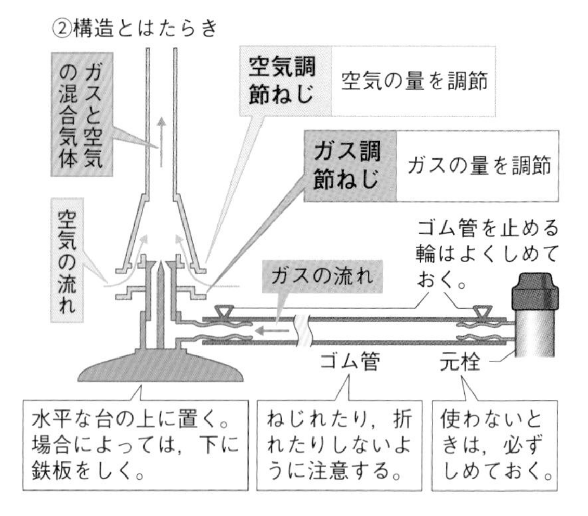

火のつけ方

①上下のねじがしまっているかどうか確かめる。

②元栓を開く。

③火をつける。

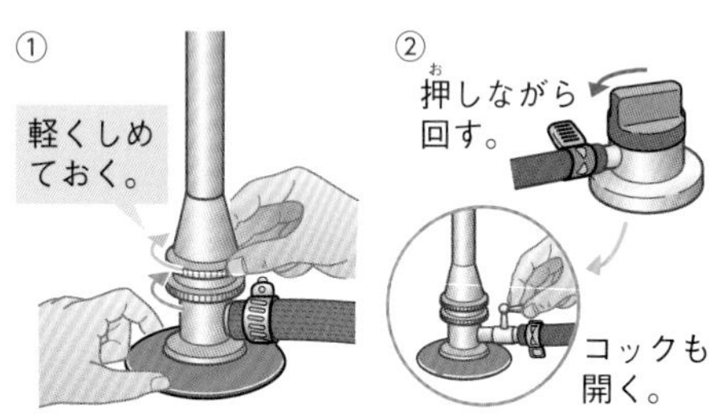

①2つのねじを軽くしめておく。

②コックつきのガスバーナーの場合は，ここでコックも開く。

③
ななめ下から点火。
少しずつゆるめる。
筒
ガス調節ねじ

マッチに火をつけ，マッチの火をななめ下から筒の口に近づけて，ガス調節ねじを少しずつゆるめながら点火する。

注意

●ガスを出してからマッチをすると，あふれ出たガスに引火して危険。必ずマッチをすってからガスを出し，点火すること。

●マッチの火を筒の真上から近づけると，いきおいよく火がついたとき，やけどをする危険がある。

炎の調節のしかた

①ガス調節ねじを回して炎の大きさを調節する。

②空気調節ねじを回して青色の炎にする。

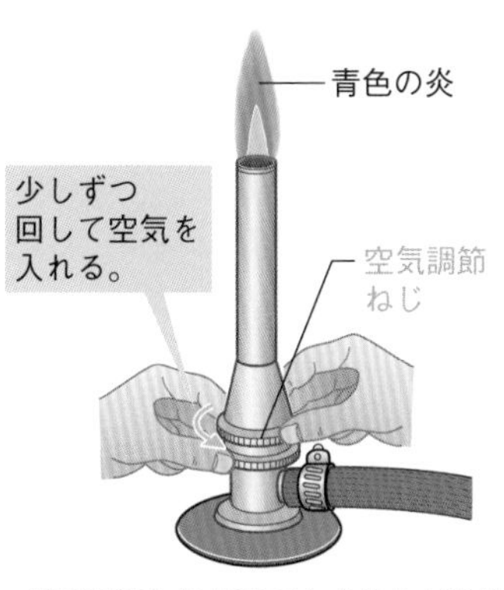

ガス調節ねじを手でおさえながら空気調節ねじだけを回す。
(おさえないといっしょに回ってガスの量も変わってしまう。)

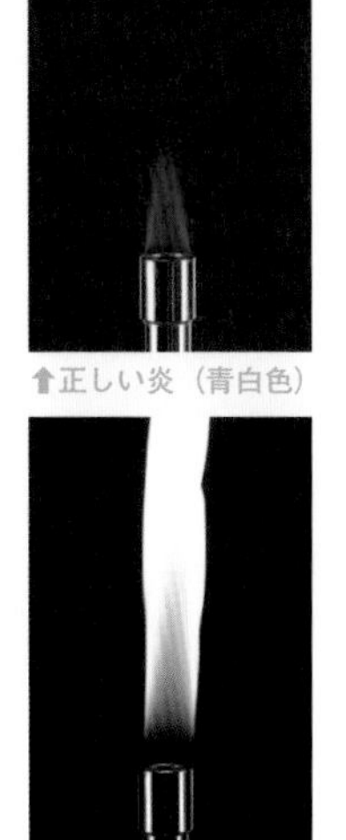
⬆正しい炎（青白色）

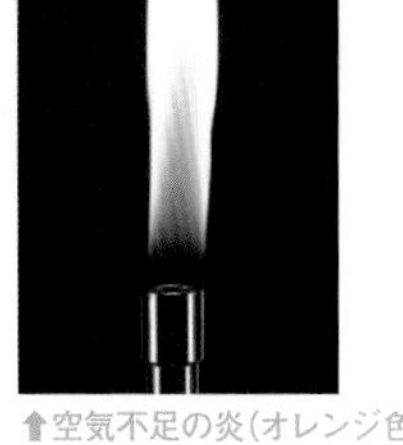
⬆空気不足の炎(オレンジ色)

火の消し方

注意

●次に使うときにあけやすいように，ねじはきつくしめすぎないこと。

ガスコンロの使い方

①ガスボンベの受け口に，ボンベの切りこみを合わせてセットする。

②ガスコンロのつまみを回して点火する。

③つまみを回して炎の大きさを調節する。

注意

●金網をガスボンベの上にはみ出させて加熱したり，加熱するものを金網からはみ出させたりしない。

●ガスコンロを2個並べて使わない。

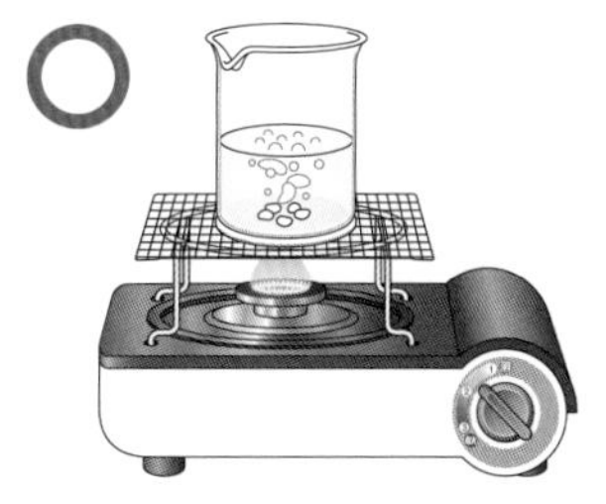

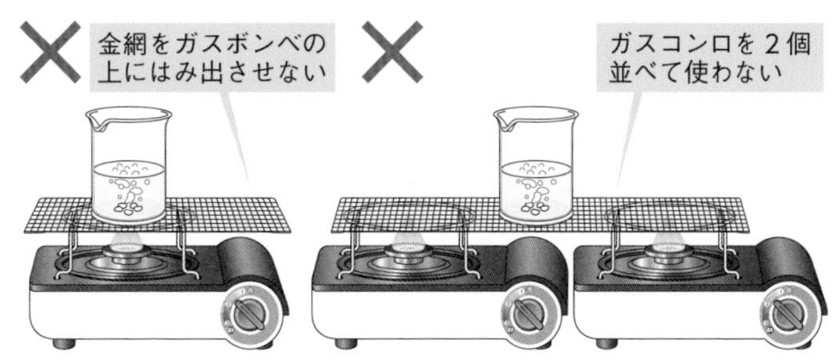

実験操作

上皿てんびん・電子てんびんの使い方

質量(しつりょう)をはかるには上皿てんびんや電子てんびんを使うが，これらは精密な測定器具なので，とりあつかいには注意が必要である。使い方をおさえよう。

上皿てんびんの使い方

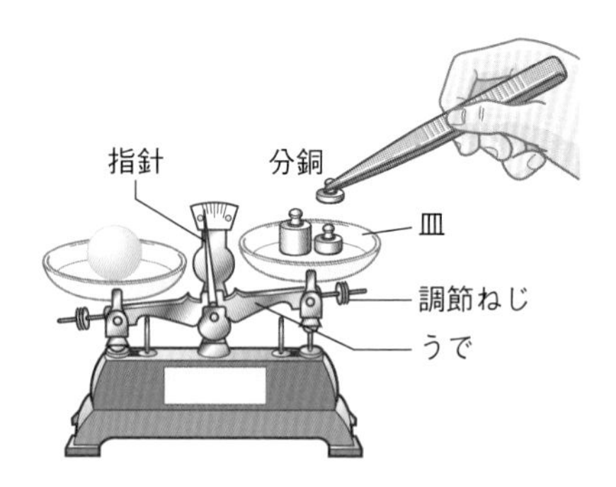

①水平な台の上に置き，指針が目盛りの中央で左右に同じだけ振(ふ)れるように，調節ねじを回す。

②右利(き)きの場合，はかりたいものを左の皿にのせ，右の皿にはそれより少し重いと思われる分銅をのせ，つり合うように分銅をかえていく。

③針の振(ふ)れが左右で等しくなったときがつり合ったときである。

一定量の薬品をはかりとるとき

右利きの場合，左の皿に薬包紙(やくほうし)を折ってのせ，はかりとりたい質量の分銅をのせる。右の皿に薬包紙を置き，薬品を少量ずつのせていって，つり合わせる。

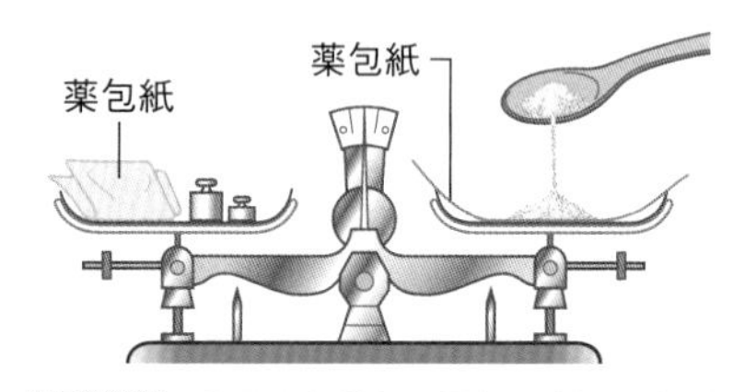

ポイント ●図は右利きの場合。分銅の上げ下げやはかりとるものをのせる操作は，利き手側の皿で行う。

電子てんびんの使い方

①何ものせないときの表示が0.00 gになるようにセットする。

②はかりたいものを皿にのせて，数値を読みとる。

一定量の薬品をはかりとるとき

(1) 何ものせないときの表示が0.00 gになるようにセットする。

(2) 薬包紙を置いて，もう一度0.00 gになるようにセットする。

(3) 薬品を少量ずつ，はかりとりたい質量になるまでのせていく。

実験操作 メスシリンダー・温度計の使い方

メスシリンダーは，はかる最大の体積や１目盛りの体積を確かめ，実験に合ったものを使おう。最小目盛りの10分の１まで目分量で読みとることにも注意しよう。

メスシリンダーの使い方

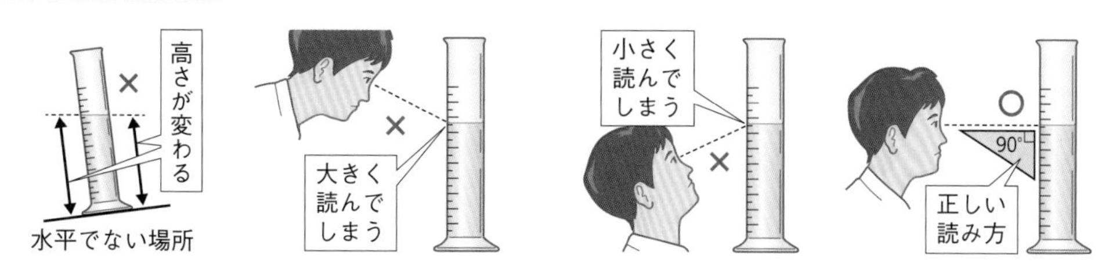

目盛りの読み方

①水やエタノールの場合は，液面の最も低いところを読む。

②１目盛りの10分の１まで目分量で読む。

1 mL = 1 cm^3
1 L = 1000 cm^3

注意

●水銀は液面が盛り上がったところを読む。

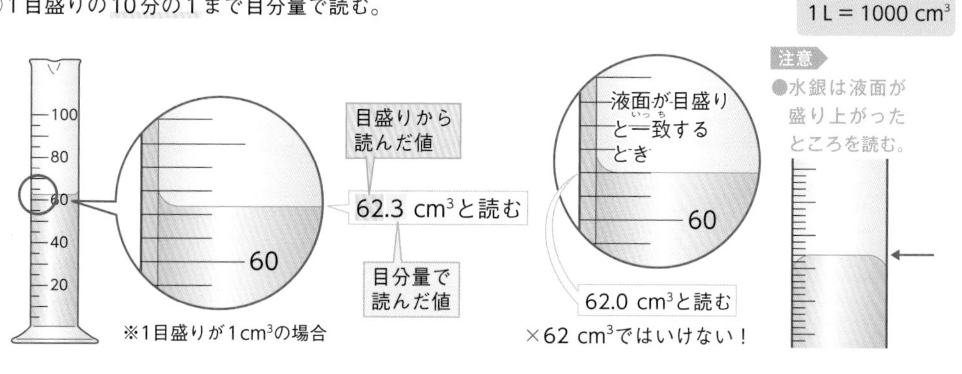

※1目盛りが1 cm^3の場合

温度計の使い方

温度計もメスシリンダーと同じように，真横から目盛りを読み，最小目盛りの10分の１まで読む。

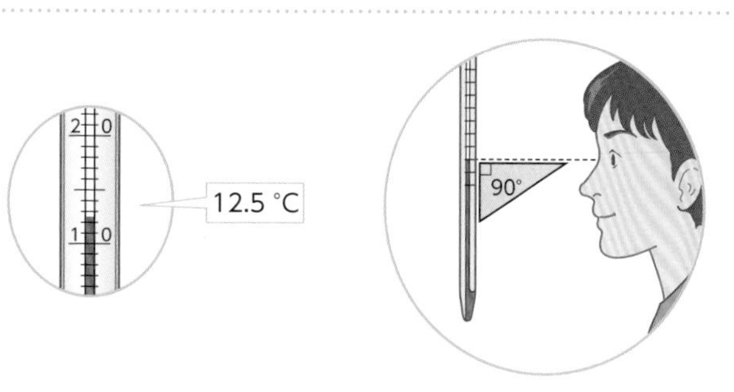

注意

●最小目盛りの10分の１は目分量であるから，最後のけたの数値には誤差（➡p.178）がふくまれていることに注意する。

密度を求める問題

例題 体積が3.5 cm^3で質量が3.85 gの物質がある。

(1) この物質の密度を求めよ。

(2) この物質は水に浮くか，沈むか答えよ。

ヒント 密度の単位〔g/cm^3〕に注目し，割る数と割られる数をしっかりと整理して考える。

物質の密度は？

(1) 密度は1 cm^3あたりの質量。

$$密度〔g/cm^3〕=\frac{質量〔g〕}{体積〔cm^3〕}$$

この公式に問題の数字をあてはめると，

$$\frac{3.85〔g〕}{3.5〔cm^3〕}=1.1〔g/cm^3〕$$

水の密度と比べる。

(2) 水の密度は，1.0 g/cm^3である。

⇨密度が1.0 g/cm^3より大きな物質は水に沈み，1.0 g/cm^3より小さな物質は水に浮く。この物質の密度は，1.0 g/cm^3より大きいので，水に沈む。

答え (1) 1.1 g/cm^3　(2) 沈む。

問題 右のグラフを見て，次の問いに答えよ。

(1) この物質の密度を求めよ。

(2) この物質の体積が26.0 cm^3のときの質量を求めよ。

(3) この物質の質量が20.2 gのときの体積を求めよ。

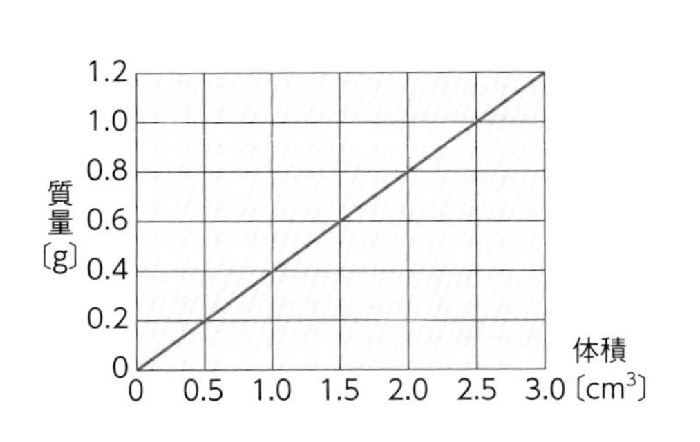

⇨答えはp.99の下

チェック 基礎用語 次の〔　　〕にあてはまるものを選ぶか，あてはまる言葉を答えましょう。

1 物質(ぶっしつ)の区別

解答

□(1) ものをつくっている材料に注目したとき，その名称(めいしょう)を〔　　　〕という。
(1) 物質

□(2) ものを形や大きさに注目したとき，その名称を〔　　　〕という。
(2) 物体(ぶったい)

□(3) 炭素をふくむ物質を〔　　　〕という。
(3) 有機物(ゆうきぶつ)

□(4) 有機物を強く加熱すると〔　　　〕や水ができる。
(4) 二酸化炭素

□(5) 二酸化炭素を〔　　　〕に通すと白くにごる。
(5) 石灰水(せっかいすい)

□(6) 金属やガラスなどのような，有機物以外の物質を〔　　　〕という。
(6) 無機物(むきぶつ)

□(7) 物質は金属(きんぞく)とそれ以外の〔　　　〕に分類される。
(7) 非金属(ひきんぞく)

□(8) 金属は電気を〔 通しやすく　通しにくく 〕，熱を〔 伝えやすい　伝えにくい 〕などの性質がある。
(8) 通しやすく　伝えやすい

□(9) 金属をみがくと見られる特有のかがやきを〔　　　〕という。
(9) 金属光沢(きんぞくこうたく)

□(10) 金属には引っ張ると細くのびる〔　　　〕という性質や，たたくとうすく広がる〔　　　〕という性質がある。
(10) 延性(えんせい)　展性(てんせい)

□(11) 金属に磁石を近づけるとすべて〔 引きつけられる　引きつけられるわけではない 〕。
(11) 引きつけられるわけではない

2 物質の密度(みつど)

□(12) 物質1 cm^3あたりの質量を〔　　　〕という。
(12) 密度

□(13) 密度の単位は〔　　　〕である。
(13) g/cm^3(グラム毎立方センチメートル)

□(14) 密度を求める公式は，密度〔g/cm^3〕$=\dfrac{質量〔g〕}{〔\quad〕〔cm^3〕}$である。
(14) 体積

□(15) 同じ種類の物質の密度は，〔 等しい　異なっている 〕。
(15) 等しい

□(16) ちがう種類の物質の密度は，〔 等しい　異なっている 〕。
(16) 異なっている

□(17) 同じ物質の体積と質量は，〔 比例　反比例 〕の関係にある。
(17) 比例

問題の解答 (1)0.4 g/cm^3　(2)10.4 g　(3)50.5 cm^3

1 気体の性質と集め方

教科書の要点

1 気体の性質

◎気体の性質…❶色やにおい，❷ものを燃やす性質（助燃性）や燃える性質（可燃性），❸石灰水の変化，❹リトマス紙やBTB溶液の変化，❺水へのとけ方，などで分類や特定ができる。

2 気体の集め方

◎**水上置換法**…水にとけにくい気体を集める。

◎**上方置換法**…水にとけやすく，空気より密度が小さい気体を集める。

◎**下方置換法**…水にとけやすく，空気より密度が大きい気体を集める。

1 気体の性質

気体はそれぞれの性質によって，分類や特定することができる。

ここに注目 気体の性質の調べ方

色

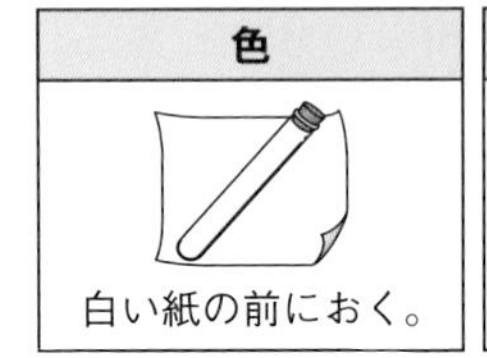

におい

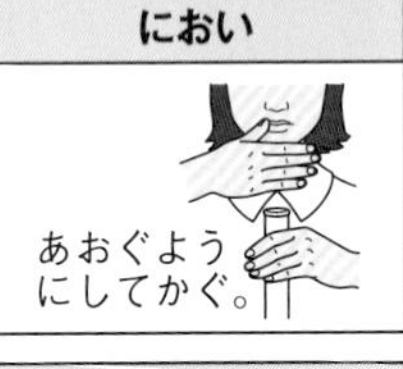

ものを燃やす性質

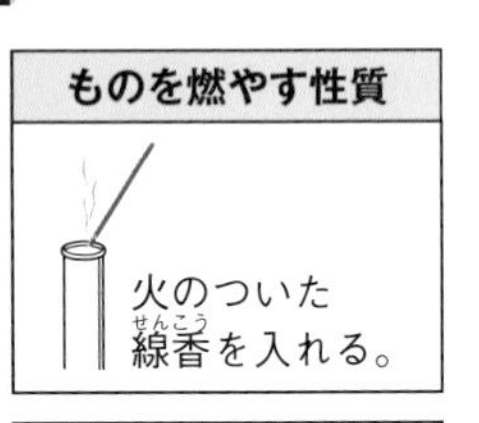

燃える性質

石灰水の変化

リトマス紙の変化

BTB溶液の変化

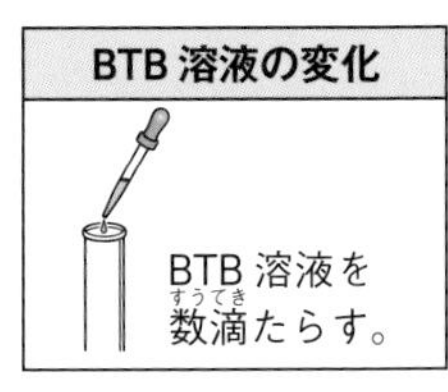

水へのとけ方

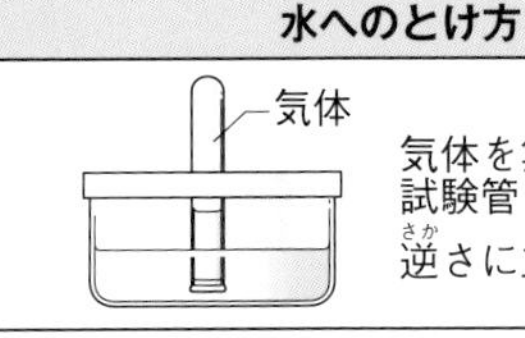

くわしく 空気の成分

空気にふくまれる気体の種類とその体積の割合は，下のグラフのようになっている。

ものを燃やすと酸素が使われ，二酸化炭素がふえる。

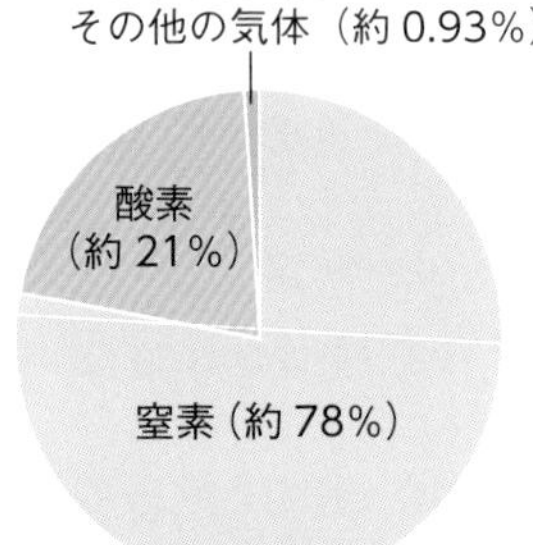

くわしく BTB溶液

BTB溶液は，酸性で黄色，中性で緑色，アルカリ性で青色を示す薬品である。

2 気体の集め方

気体の集め方には，代表的な3種類の方法がある。

重要

❶**水上置換法**…水にとけにくい気体を集める方法。

・**利点**…外部の空気が混じらないので，ほかの方法よりも純粋な気体を集められる。

…集めた気体の量（体積）がわかる。

・**集めるのに適した気体**…酸素，水素，窒素，二酸化炭素など。

❷**上方置換法**…水にとけやすく，空気より密度が小さい気体を集める方法。

・**欠点**…気体に空気が混じるおそれがある。

…集めた気体の量（体積）がわからない。

・**集めるのに適した気体**…アンモニアなど。

❸**下方置換法**…水にとけやすく，空気より密度が大きい気体を集める方法。

・**欠点**…気体に空気が混じるおそれがある。

…集めた気体の量（体積）がわからない。

・**集めるのに適した気体**…二酸化炭素，塩素，塩化水素，二酸化硫黄など。

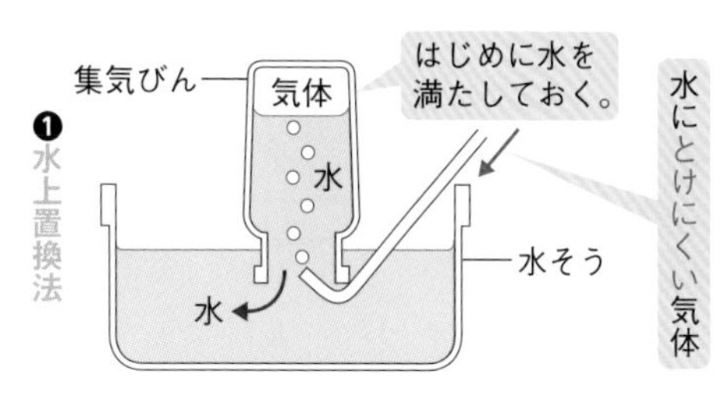

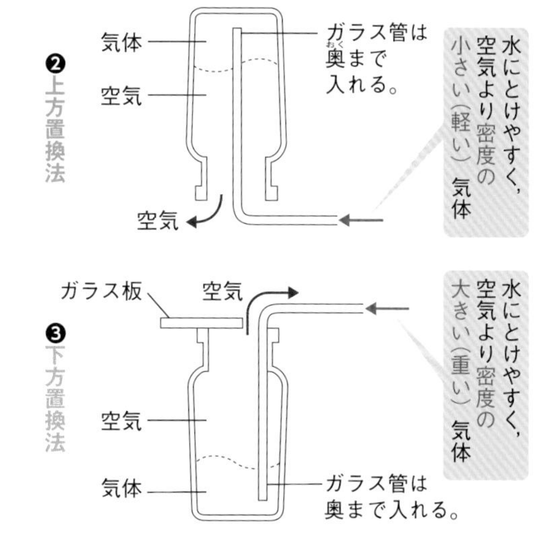

気体の性質と集め方

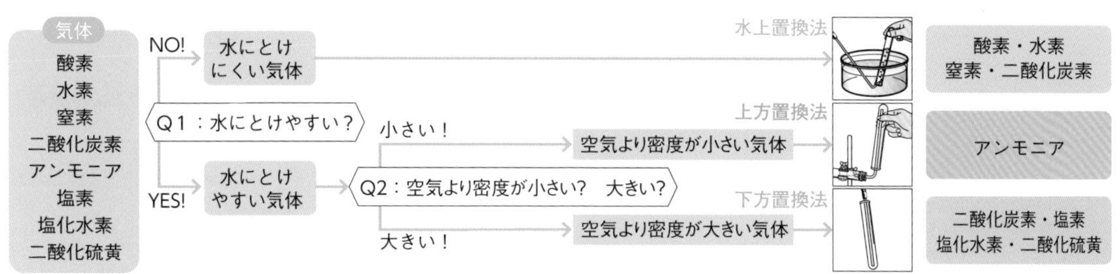

2章／身のまわりの物質　2節／気体の性質

2 二酸化炭素と酸素

教科書の要点

1 二酸化炭素のつくり方・性質・集め方

◎**石灰石**にうすい**塩酸**を加える，
炭酸水素ナトリウムに酢酸を加える，など。
◎**石灰水**を白くにごらせる。無色・無臭。
◎空気よりも密度が大きい。水に少しとけ，水溶液は酸性。
◎**水上置換法**，または，**下方置換法**で集める。

2 酸素のつくり方・性質・集め方

◎**二酸化マンガン**にうすい**過酸化水素水**を加える。
◎無色・無臭。水にとけにくい。
◎**水上置換法**で集める。

1 二酸化炭素のつくり方・性質・集め方

二酸化炭素は，石灰石に塩酸を加えると発生する。水に少しとけ，空気よりも密度が大きいなどの性質がある。

(1) つくり方

❶**石灰石**にうすい**塩酸**を加える。

石灰石＋うすい塩酸 ➡ **二酸化炭素**＋塩化カルシウム＋水

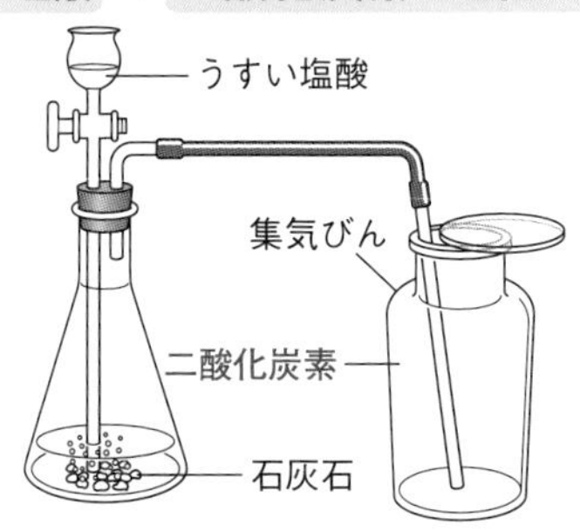

❷**炭酸水素ナトリウム**にうすい**塩酸**や**酢酸**を加える。

❸**炭酸水素ナトリウム**を**加熱**する。

❹**炭酸水**を加熱する。

くわしく 石灰石の成分

石灰石は炭酸カルシウムという物質でできている。その炭酸カルシウムと塩酸が反応して二酸化炭素ができる。この性質は岩石の観察で石灰岩を見分けるときにも使われる（➡p.226）。貝殻や卵の殻，大理石なども，この炭酸カルシウムをふくんでいる。

中2では 炭酸水素ナトリウムの加熱

炭酸水素ナトリウムを加熱すると，炭酸ナトリウムと水と二酸化炭素の3つの物質に分解される。
[炭酸水素ナトリウム⟶
炭酸ナトリウム＋水＋二酸化炭素]

❺**発泡入浴剤**を湯に入れる。

❻**ドライアイス**（固体の二酸化炭素）をとかす。

(2) 性質

❶**無色・無臭**（においがない）。

❷空気より密度が大きい（重い）。⇨空気の約1.53倍

❸水に少しとけ，水溶液は**炭酸水**で，弱い酸性を示す。

⇨少量の水を入れたペットボトルに二酸化炭素を入れて振ると，二酸化炭素が水にとけ，その結果，ペットボトルがへこむ。

⇨水溶液に**リトマス紙**をつける…青色リトマス紙が赤色になる。

⇨水溶液に緑色の**BTB溶液**を加える…緑色から黄色に変化する。

❹**石灰水**を白くにごらせる。

⇨二酸化炭素を入れた集気びんに石灰水を入れて振ると，石灰水が白くにごる。

❺ものを燃やすはたらき（助燃性）はない。

⇨試験管に集めた二酸化炭素に火のついた線香を入れると，火が消える。（このとき，二酸化炭素は変化しない。）

(3) 集め方

❶**水上置換法**…水にとける量は少ないので，多少とけてもよい場合や，純粋な二酸化炭素を集めるときには，水上置換法で集める。

❷**下方置換法**…空気より密度が大きい（重い）ため，下方置換法で集められる。

炭酸飲料の歴史

生活

古くは紀元前にクレオパトラが真珠をぶどう酒にとかして飲んでいたという逸話がある。その後，19世紀はじめにアメリカで炭酸水に果汁を加えてつくったのが，炭酸飲料の草分けといわれる。日本では，1868年にはじめて横浜で製造が始まったといわれている。

炭酸飲料は，圧力を加えて二酸化炭素をとかしこんでいるので，いったん開栓すると，だんだん炭酸（二酸化炭素）がぬけてしまう。

⬆二酸化炭素を水にとかすとペットボトルがへこむ

くわしく 石灰水が白くにごる理由

石灰水は，水酸化カルシウムという物質を水にとかしたものである。二酸化炭素と水酸化カルシウムが反応すると，**炭酸カルシウム**ができる。炭酸カルシウムは水にとけないため，白くにごって見えるようになる。

［水酸化カルシウム＋二酸化炭素
⟶炭酸カルシウム＋水］

さらに，多量の二酸化炭素を加えると，炭酸水素カルシウムができ，再び透明になる。

［炭酸カルシウム＋水＋二酸化炭素
⟶炭酸水素カルシウム］

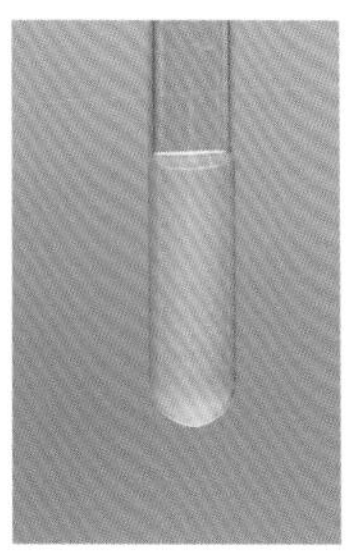

⬆炭酸水に石灰水を加えると白くにごる

2 酸素のつくり方・性質・集め方

酸素は，過酸化水素が分解すると発生する。水にとけない，ほかの物質(ぶっしつ)を燃やすなどの性質がある。

(1) つくり方

❶**二酸化マンガン**にうすい**過酸化水素水**(オキシドール)を加える。

過酸化水素 ➡ 酸素＋水

└二酸化マンガンは，過酸化水素の分解を助ける。

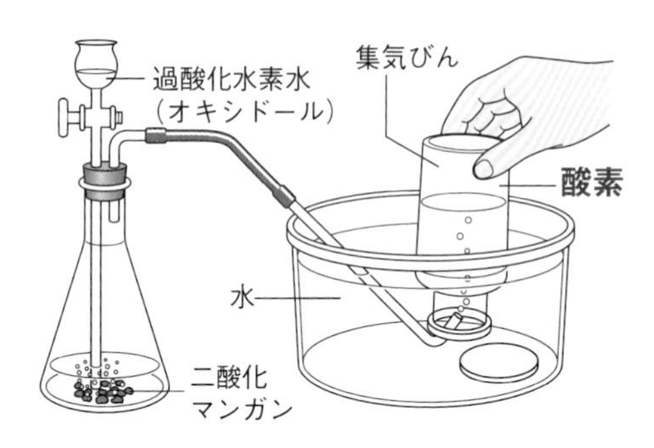

❷生のレバーやジャガイモにうすい**過酸化水素水**を加える。

❸**酸素系漂白剤**(ひょうはくざい)（過炭酸(かたんさん)ナトリウム）に湯を加える。酸素の出方が弱いときは，容器全体を70 ℃くらいの湯につける。

くわしく オキシドール

オキシドールとは，過酸化水素水をうすめて3％程度の濃(こ)さにしたもの。血液などにふれると分解されて酸素が発生する。この酸素には殺菌作用(さっきんさよう)があるため，傷口の消毒薬に使われる。

発展 触媒(しょくばい)とは

二酸化マンガンに過酸化水素水を注ぐと，過酸化水素が酸素と水に分解されるが，このとき二酸化マンガン自体は変化しない。このように，それ自体は変化しないで反応の速さを変えるはたらきをする物質を**触媒**という。

中2では 光合成(こうごうせい)

植物が二酸化炭素と水を原料に，光のエネルギーを使って，デンプンなどの栄養分をつくり出すとき，酸素もできる。このはたらきを光合成という。

重要実験 酸素が発生するそのほかの実験

酸素は次のような方法でも発生する。中2で行う重要実験である。

◎**酸化銀を加熱する。[酸化銀 ⟶ 酸素＋銀]**

⇨酸化銀は酸素と銀が結びついてできた物質である。これを加熱すると，酸素が発生し，白い固体（銀）が残る。このように物質が分かれる反応を「分解(ぶんかい)」という。

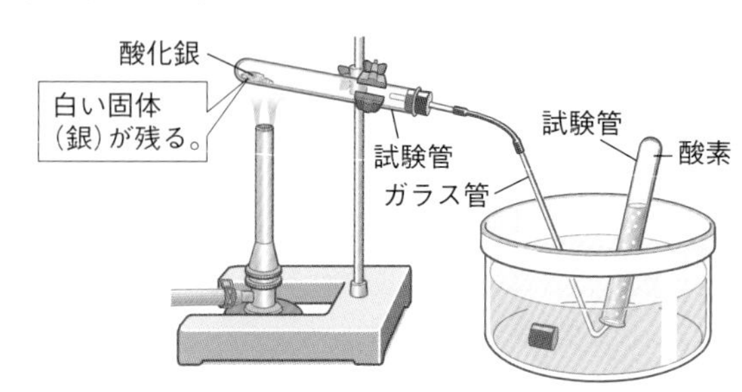

◎**水に電気を通す。[水 ⟶ 酸素＋水素]**

⇨水に電気を通すと，水を酸素と水素に分けることができる。

このように，物質に電気を通して分解することを「電気分解(でんきぶんかい)」という。

(2) 性質

❶無色・無臭(むしゅう)（においがない）。

❷空気よりやや密度(みつど)が大きい（重い）。⇨空気の約1.11倍

❸水にとけにくい。

❹ほかの物質を燃やす性質（**助燃性**(じょねんせい)）がある。

⇨火のついた線香(せんこう)を入れる…線香は炎(ほのお)を上げて空気中よりも激しく燃える。（下の写真）

⇨酸素自体が燃えるわけではない。

酸素の中での物質の燃え方

⬆線香

⬆スチールウール

⬆硫黄(いおう)

(3) 集め方…**水上置換法**(すいじょうちかんほう)

⇨水にとけにくいため，水上置換法で集める。

動画 気体の性質（酸素）

くわしく 水にとけている酸素

水中の生物は，水にわずかにとけている酸素を呼吸に利用して生きている。魚類(ぎょるい)は，水中の酸素をとり入れ，二酸化炭素を出す呼吸を「えら」を使って行っている。

⬆えら呼吸をする魚

中2では 酸素と結びつく変化

酸素は，もともとほかの物質と結びつきやすい性質をもっている。そして，物質が酸素と結びつくことを一般(いっぱん)に**酸化**(さんか)といい，熱や光を出しながら激しく酸化することを**燃焼**(ねんしょう)という。酸素には助燃性があるが，酸素自体が燃えるわけではない。

Column 酸素を発生させて汚(よご)れを落とす酸素系漂白剤(ひょうはくざい)

生活

粉末の酸素系漂白剤は，主成分が過炭酸ナトリウムである。これが水にとけると分解して過酸化水素が生じる。さらに過酸化水素が分解すると酸素が発生する。

この反応は，次のようになる。

過炭酸ナトリウム＋水──▶炭酸ナトリウム＋過酸化水素

過酸化水素──▶**酸素**＋水

衣服の汚れやシミは，酸素系漂白剤につけておくと，発生する酸素によってはぎとられるが，過炭酸ナトリウムは水にとけるとアルカリ性を示すため，毛（ウール）や絹（シルク）製品など，アルカリ性に弱いものは傷(いた)んでしまうので，使用することができない。

そのほか，漂白作用によって雑菌(ざっきん)を退治するなどのはたらきもある。

⬆酸素系漂白剤（右）と水に入れたようす（左）
©アフロ

3 水素・アンモニア・窒素

教科書の要点

1 水素のつくり方・性質・集め方

◎**亜鉛**にうすい**塩酸**を加える。

◎無色・無臭。物質の中で，最も密度が小さい（軽い）。

◎燃える（可燃性）。

◎**水上置換法**で集める。

2 アンモニアのつくり方・性質・集め方

◎**塩化アンモニウム**と**水酸化カルシウム**を混ぜて加熱する。

◎無色で刺激臭がある。空気よりも密度が小さい。

◎水に非常によくとけ，水溶液はアルカリ性。

◎**上方置換法**で集める。

3 窒素の性質

◎無色・無臭。空気よりわずかに密度が小さい。

1 水素のつくり方・性質・集め方

金属と塩酸の反応で発生する水素は，物質の中でいちばん軽い。

(1) つくり方

❶**亜鉛**にうすい**塩酸**を加える。

亜鉛＋うすい塩酸 ➡ 水素＋塩化亜鉛

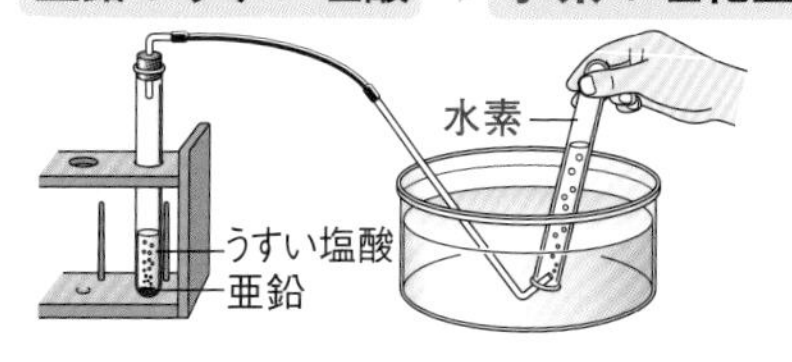

❷亜鉛のかわりに**マグネシウム**や**アルミニウム**，**鉄**などの金属を用いる。

❸うすい塩酸のかわりにうすい**硫酸**を用いる。

くわしく 水素には助燃性がない

水素は火をつけると激しく燃えるが，水素にはものを燃やすはたらき（助燃性）はない。

燃えやすい性質を可燃性というよ。

動画 気体の性質（水素）

(2) 性質

❶**無色・無臭**（においがない）。

❷物質の中で，最も密度が小さい（軽い）。⇨空気の約0.07倍

❸水にほとんどとけない。

❹よく燃える（**可燃性**）。燃えると水ができる。

⇨マッチの火を近づけると，ポンと音を出して燃える。

(3) 集め方…**水上置換法**

⇨水にほとんどとけないため，水上置換法で集める。

2 アンモニアのつくり方・性質・集め方

アンモニアは水にとけやすく，空気より軽い気体である。

(1) つくり方

❶**塩化アンモニウム**と**水酸化カルシウム**を混ぜ合わせて熱する。

塩化アンモニウム＋水酸化カルシウム

➡ **アンモニア＋塩化カルシウム＋水**

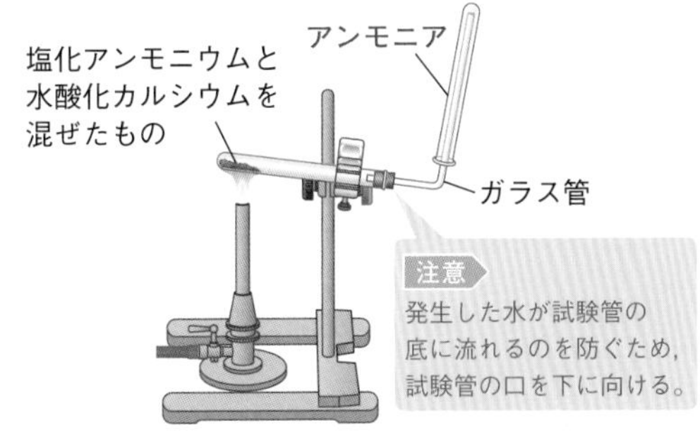

❷**塩化アンモニウム**と**水酸化ナトリウム**を混ぜて，少量の水を加える。

❸濃い**アンモニア水**を熱する。

(2) 性質

❶**無色**・特有の**刺激臭**がある。

❷空気より密度が小さい（軽い）。⇨空気の約0.60倍

❸水に非常によくとける。水溶液は**アルカリ性**。

❹燃える性質（可燃性）やものを燃やす性質（助燃性）はない。

発展 ものを冷やすのに適したアンモニア

アンモニアは蒸発するときに多くの熱をうばい，周囲の温度を下げる性質があるため，かつては冷蔵庫などの冷媒（冷やすための物質）として使われていた。フロンの登場とともに，冷媒として使われることはほとんどなくなったが，フロンがオゾン層を破壊することから，最近は再びアンモニアが見直されつつある。

発展 動物の体内でつくられるアンモニア

動物の体内では，タンパク質が分解されたときにアンモニアが生じる。アンモニアは動物にとって有害なので，ヒトなどの哺乳類や両生類では尿素という物質に，は虫類や鳥類では尿酸という物質につくり変えられ，体外に排出される。魚類などは，アンモニアをそのまま体外に排出する。

動物名	排出するおもな物質
哺乳類	尿素
鳥類	尿酸
は虫類	尿酸
両生類（成体）	尿素
魚類	アンモニア
軟体動物（イカやタコなど）	アンモニア

⬆動物が排出するおもなタンパク質分解物質

くわしく アンモニアの性質（アルカリ性の確認方法）

・水溶液にフェノールフタレイン溶液を加える⇨溶液が赤色になる。
・試験管に入れた水溶液を加熱し，試験管の口に水でしめらせた赤色リトマス紙を近づける⇨青色になる。
・水溶液に緑色のBTB溶液を加える⇨青色に変化する。

(3) **集め方…上方置換法**

⇨空気より密度が小さいため，上方置換法で集める。水に非常によくとけるため，水上置換法では集められない。

(4) **アンモニアの噴水実験**…次のような実験で，アンモニアの性質を確かめられる。

くわしく 圧力

物体の面を単位面積あたりに垂直に押す力の大きさを圧力という。アンモニアの噴水実験では，アンモニアが水にとけると，フラスコ内の圧力が小さくなり，水そうの水面を押す圧力（空気による圧力＝大気圧）の方が大きくなるので水がフラスコ内に入ってくる。

重要実験 アンモニアの噴水実験

動画 気体の性質（アンモニア）

①フラスコに気体のアンモニアを満たし，右の図のような装置をつくる。

②スポイトの水をフラスコの中に出す。

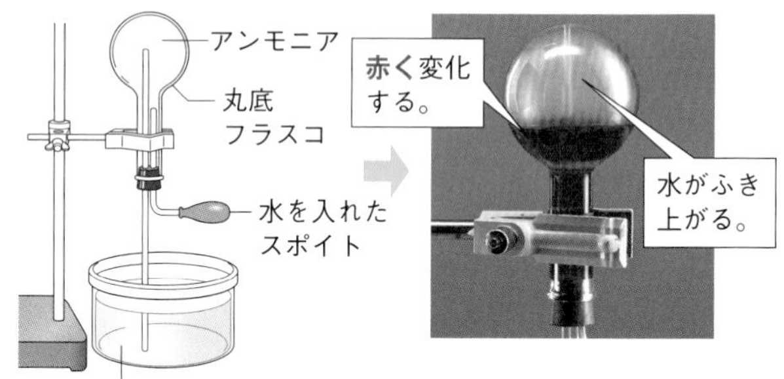

①**噴水ができる**⇨スポイトの水にアンモニアがとけ，フラスコ内の圧力が小さくなり，水が吸い上げられた。

②**噴水が赤色に変化する**⇨フェノールフタレイン溶液は，アルカリ性で赤色に変化する。アンモニアが水にとけて，アルカリ性を示した。

3 窒素の性質

窒素は，化学的に安定していて，ほとんど変化しない。

❶空気の成分の約78％を占めている。

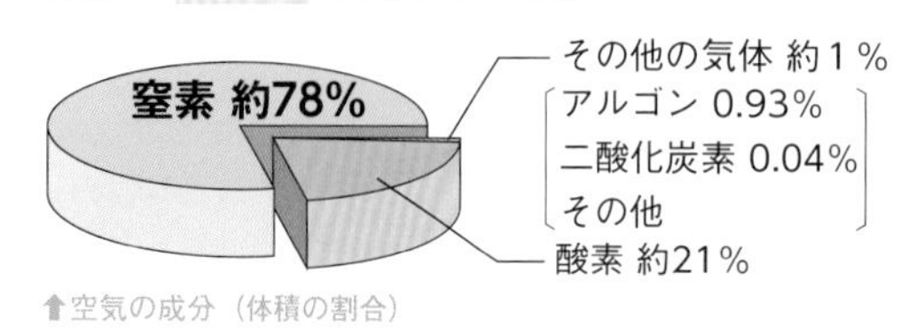

⬆空気の成分（体積の割合）

❷無色・無臭（においがない）。

❸空気よりわずかに密度が小さい（軽い）。⇨空気の約0.97倍

❹水にほとんどとけない。

❺安定していて，ほとんど変化しない。

生活 窒素は安定した気体

窒素は，ふつうの温度ではほかの物質と結びつきにくいという点で，安定した気体である。このような気体を不活性ガスといい，窒素以外にもアルゴンなどがある。窒素はその性質から，お菓子の袋に入れると，中身が変質するのを防ぐはたらきをする。

⬆窒素を入れたお菓子の袋　©アフロ

重要実験 気体を区別する実験

目的 4種類の気体A～Dの性質をいろいろな方法で調べ，それぞれの気体が二酸化炭素，酸素，水素，アンモニアのどれかを区別する。

方法
①それぞれの気体が入った袋(ふくろ)から，気体を注射器にとる。
②それぞれの気体を，水上置換法(すいじょうちかんほう)によって各４本の試験管に移す。（水上置換法で集めにくい気体は，上方置換法(じょうほうちかんほう)や下方置換法(かほうちかんほう)で集める。）
③それぞれの気体を，におい，ものを燃やす性質，燃える性質，石灰水(せっかいすい)に対する反応から区別する。

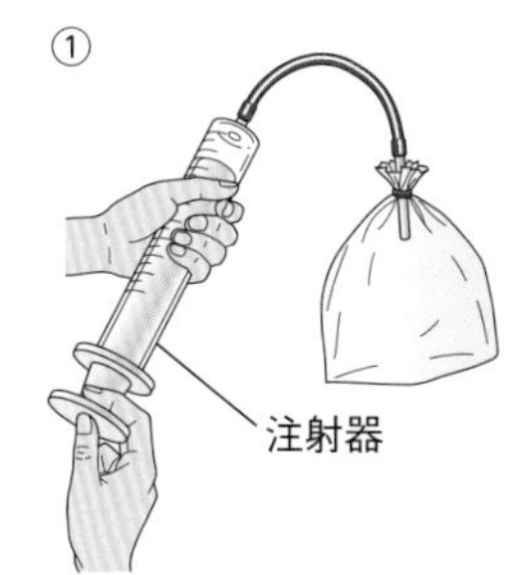

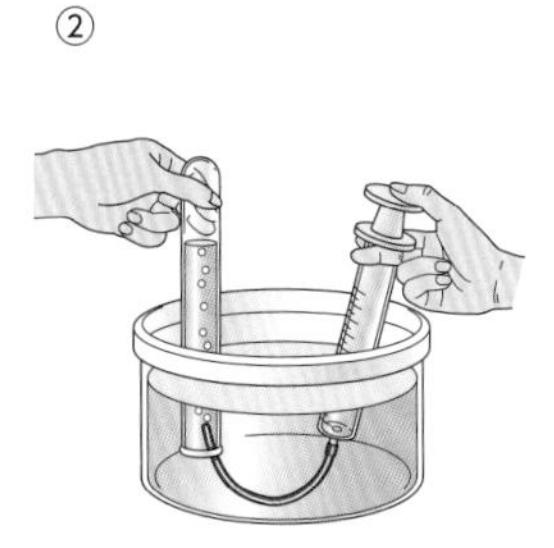

ものを燃やす性質は火のついた線香(せんこう)を入れることで，燃える性質はマッチの火を近づけることで調べる。

水上置換法で集めにくいということは，水にとけやすいということ。そのこと自体が，気体を区別する手がかりとなる。

結果 下の表のようになった。

気体	水上置換法で集められるか	におい	ものを燃やす性質	燃える性質	石灰水
A	集めにくい	刺激臭	なし	なし	変化なし
B	集められる	なし	なし	なし	白くにごる
C	集められる	なし	なし	あり	変化なし
D	集められる	なし	あり	なし	変化なし

考察と結論
A…水にとけやすい，刺激臭(しげきしゅう)⇨アンモニア
B…石灰水が白くにごる⇨二酸化炭素
C…燃える性質（可燃性(かねんせい)）がある⇨水素
D…ものを燃やす性質（助燃性(じょねんせい)）がある⇨酸素

気体を区別する問題

例題　二酸化炭素，酸素，アンモニアを集気びんに集め，それぞれの性質を調べたところ，下の表のようになった。これについて，次の問いに答えよ。

(1)　Bの気体は何か。

(2)　（　ア　）に入る言葉は何か。

気体	色	におい	火のついた線香	水溶液の性質	石灰水
A	なし	刺激臭	火が消えた	アルカリ性	変化なし
B	なし	なし	炎を上げて燃えた	－	変化なし
C	なし	なし	火が消えた	（　ア　）	白くにごった

ヒント　それぞれの気体の特徴的な性質を理解し，その性質に注目しながら順序立てて考える。

A，B，Cの気体の特徴を考える

(1)　Aは**刺激臭**があり，水溶液がアルカリ性。

⇨アンモニア

Bは火のついた線香が炎を上げて燃えた（助燃性）。

⇨酸素

Cは火が消え（可燃性も助燃性もない），石灰水が白くにごった。

⇨二酸化炭素

したがって，Bの気体は酸素である。

二酸化炭素の性質を考える

(2)　水にとけると酸性になる。

⇨青色リトマス紙が赤くなる。

したがって，（　ア　）に入る言葉は「酸性」

答え　(1)　酸素　　(2)　酸性

問題　気体の発生法と集め方について，次の問いに答えよ。

(1)　上の問題のBの気体を集めるには，どのような方法が最も適しているか。

(2)　上の問題のCの気体を発生させるには，何にうすい塩酸を加えればよいか。

⇨答えはp.113の下

4 その他の気体の性質

教科書の要点

1 その他の気体の性質

◎ **塩素**…黄緑色，刺激臭，水溶液は酸性を示す。
◎ **塩化水素**…無色，刺激臭，水溶液は酸性を示す。
◎ **硫化水素**…無色，刺激臭，水溶液は酸性を示す。
◎ メタン，一酸化炭素，プロパン，ヘリウム，二酸化硫黄など。

1 その他の気体の性質

(1) 塩素の性質

❶黄緑色で**刺激臭**がある。
❷有毒な気体。
❸空気よりも密度が大きい（重い）。⇨空気の約2.49倍
❹水にとけやすく，水溶液は酸性を示す。
❺**脱色・漂白**作用，**殺菌**作用がある。

(2) 塩化水素の性質

❶無色で**刺激臭**がある。
❷有毒な気体。
❸空気よりもやや密度が大きい（重い）。⇨空気の約1.27倍
❹水に非常にとけやすく，水溶液は**塩酸**である。強い酸性を示す。

(3) 硫化水素の性質

❶無色で**刺激臭**（腐卵臭，温泉のようなにおい）がある。
❷火山ガスにふくまれる有毒な気体。
❸空気よりもやや密度が大きい（重い）。⇨空気の約1.19倍
❹水にとけやすく，水溶液は酸性を示す。

(4) その他の気体の性質

❶**メタン**…無色で無臭の気体。都市ガスの主成分。

生活 まぜるな危険!

塩素系の漂白剤や洗浄剤と酸性タイプの洗浄剤を混ぜ合わせると，有毒な気体である塩素が発生する。そのためボトルには「まぜるな危険」と書かれている。

塩素系の漂白剤や洗浄剤は，キッチンで使うことが多いが，お酢やアルコールなどとも反応して塩素を発生するので，十分に注意をする必要がある。

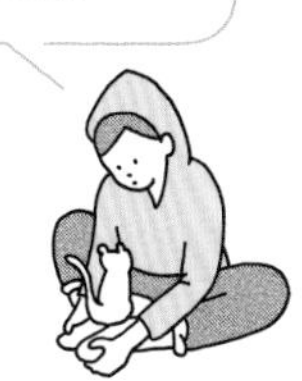

❷**一酸化炭素**…有機物が不完全燃焼する（酸素が少ない状態で燃える）と発生する気体。きわめて有毒である。

❸**プロパン**…無色で無臭の気体。非常によく燃えるので，家庭用のガスとして使用される。

❹**ヘリウム**……無色で無臭の気体。水素の次に密度が小さい。風船につめる気体。医療用MRIに利用される。

❺**二酸化硫黄**…無色で**刺激臭**のある気体。有毒で水溶液は酸性。

大気汚染を引き起こす二酸化硫黄

二酸化硫黄は，空気中に0.01％あるだけで動物が死ぬほど毒性が高い。おもに石炭や石油を燃やすと発生し，酸性雨の原因となるほか，ぜんそくなどの病気を引き起こすこともある。火山ガス（➡p.199）にもふくまれる。

いろいろな気体の性質

	二酸化炭素	酸素	水素
色	ない	ない	ない
におい	ない	ない	ない
密度〔g/L〕（20℃）	1.84（空気の1.53倍）	1.33（空気の1.11倍）	0.08（空気の0.07倍）
水に対するとけやすさ	少しとける。（水溶液は炭酸水，酸性）	とけにくい。	とけにくい。
その他の性質	◎石灰水を白くにごらせる。 石灰水	◎ものを燃やすはたらきがある。 ◎空気のおよそ$\frac{1}{5}$を占める。 ⬆酸素中で燃える線香	◎火をつけると爆発的に燃え，水ができる。
用途など	ドライアイス・消火器	溶接，医療用（酸素吸入）	燃料電池，ロケット燃料

	アンモニア	窒素	塩素	塩化水素
色	ない	ない	黄緑色	ない
におい	刺激臭	ない	刺激臭	刺激臭
密度〔g/L〕（20℃）	0.72（空気の0.60倍）	1.16（空気の0.97倍）	2.99（空気の2.49倍）	1.53（空気の1.27倍）
水に対するとけやすさ	非常にとけやすい。（水溶液はアルカリ性）	とけにくい。	とけやすい。（水溶液は酸性）	非常にとけやすい。（水溶液は塩酸，酸性）
その他の性質	水でぬらしたリトマス紙 ◎赤色リトマス紙をかざすと青色になる。 ◎有毒	◎空気のおよそ$\frac{4}{5}$を占める。 ◎ほとんど変化しない。 ◎自動車のエンジンなどの高温の中では二酸化窒素に変わり，空気をよごす。	赤インクをつけたろ紙⇨色が消える。 ◎漂白作用 ◎殺菌作用 ◎有毒	水でぬらしたリトマス紙 ◎青色リトマス紙をかざすと赤色になる。 ◎有毒
用途など	肥料の原料，冷蔵庫などの冷媒	食品に封入して，変質を防ぐ。	プール や水道水の消毒・殺菌・漂白剤。	塩酸は胃液にふくまれている。

チェック 基礎用語 次の〔　　〕にあてはまるものを選ぶか，あてはまる言葉を答えましょう。

1 気体の性質と集め方

□(1) 水にとけにくい気体を集めるには〔　　　〕を用いる。

□(2) 水にとけやすい気体のうち，空気よりも密度(みつど)が大きい気体は，〔 上方　下方 〕置換法で集める。

□(3) アンモニアは，水にとけやすく，密度は空気よりも〔 大きい　小さい 〕ので，集めるときは，〔　　　〕を用いる。

2 二酸化炭素と酸素

□(4) 二酸化炭素は，〔 鉄　石灰石 〕にうすい塩酸を加えると発生する。集めるときは，水上置換法か〔　　　〕を用いる。

□(5) 二酸化炭素を〔　　　〕に通すと，白くにごる。

□(6) 酸素は，二酸化マンガンにうすい〔　　　〕（オキシドール）を加えると発生する。酸素は水にとけ〔 やすい　にくい 〕ので，〔　　　〕法で集める。

3 水素・アンモニア・窒素

□(7) 水素は〔 二酸化マンガン　亜鉛(あえん) 〕にうすい塩酸を加えると発生する。集めるときは〔　　　〕を用いる。

□(8) 水素は〔 燃える　ものを燃やす 〕性質がある。

□(9) アンモニアは塩化アンモニウムと〔　　　〕を混ぜて加熱すると発生する。

□(10) アンモニアは水にとけて〔 酸性　中性　アルカリ性 〕を示す。

□(11) 空気の約78％を占めている気体は，〔　　　〕である。

4 その他の気体の性質

□(12) 塩酸にとけている気体は，〔　　　〕であり，塩酸は強い〔 酸性　中性　アルカリ性 〕を示す。

解答

(1) 水上置換法(すいじょうちかんほう)
(2) 下方
(3) 小さい
上方置換法(じょうほうちかんほう)
(4) 石灰石(せっかいせき)
下方置換法(かほうちかんほう)
(5) 石灰水(せっかいすい)
(6) 過酸化水素水
にくい
水上置換
(7) 亜鉛
水上置換法
(8) 燃える
(9) 水酸化カルシウム
(10) アルカリ性
(11) 窒素(ちっそ)
(12) 塩化水素
酸性

問題の解答 (1)水上置換法　(2)石灰石（炭酸水素ナトリウム，貝殻，卵の殻，炭酸カルシウム）

1 物質が水にとけるようす

教科書の要点

1 **物質が水にとけるということ**
◎物質が水にとけたとき，液は透明になり，どの部分の濃さも同じである。

2 **ろ過**
◎**ろ過**…液体にとけ残った物質をとり出す方法。

3 **溶液**
◎**溶液**…**溶質**が**溶媒**にとけたもの。溶媒が水の溶液を**水溶液**という。

4 **純物質と混合物**
◎**純物質**…１種類の物質でできているもの。
◎**混合物**…複数の種類の物質でできているもの。

5 **濃度**
◎**濃度**…溶液の濃さ。溶液全体の質量に対する溶質の質量の割合。

$$\text{質量パーセント濃度〔\%〕}=\frac{\text{溶質の質量}}{\text{溶液の質量}}\times 100$$

1 物質が水にとけるということ

(1) 物質が水にとけたとき

a 溶液中の物質…物質の粒子の間に水が入り，粒子はばらばらに分かれ，水の中に広がっていく。
（粒子：物質は小さな粒子がたくさん集まってできている。）

b 溶液のようす…物質が均一にとけて透明になり，どの部分の濃さも同じになる。時間がたっても濃さは変わらない。物質を加える前後で，全体の質量は変わらない。

例 砂糖水，食塩水，硫酸銅水溶液など。

(2) 物質が水にとけないとき

a 液の中の物質…物質は細かい粒子に分かれず，水にとけない。

b 液のようす…かき混ぜると液はにごり，しばらく放置しておくと，物質は下に沈む。

例 デンプンを混ぜた水，泥水など。

砂糖が水にとけるときのモデル

砂糖
かき混ぜる。
砂糖の粒子がばらばらに散らばる。
水の粒子
放置する。
砂糖の粒子は散らばったまま
⇨透明

デンプンを水に入れたときのモデル

デンプン
かき混ぜる。
デンプンの大きな粒子が散らばる。
⇨にごって見える。
放置する。
デンプンの大きな粒子
⇨下に沈む。

動画 物質を水に入れたときのようす

2 ろ過

ろ紙を使って，水などの液体にとけ残った物質（固体）をとり出すことを**ろ過**という。

（ろ過のしかた➡p.117）

⇨液体にとけている物質は，ろ紙を通りぬけ，とけていない物質はろ紙上に残る。

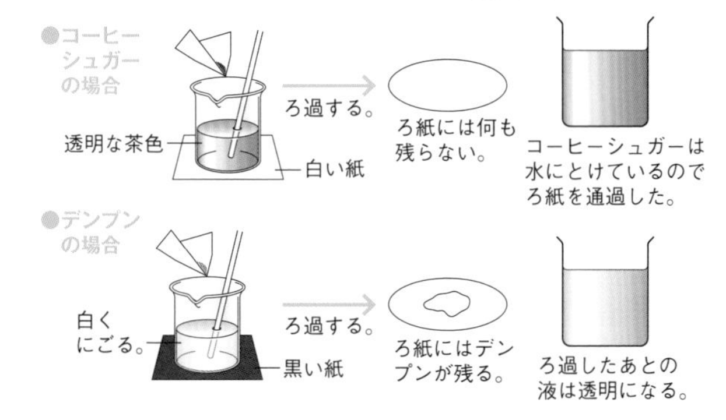

くわしく ろ液

液体にとけていない物質はろ紙上に残り，液体にとけている物質はろ紙を通過してビーカーの中に入る。このろ紙を通過した液体をろ液という。

くわしく 透明とは?

コーヒーシュガーの水溶液の入ったビーカーを見ると，向こう側がすき通って見える。このように，色がついているかいないかに関わらず，向こう側がすけて見える状態を透明という。

食塩水のように，透明で色もついていないものを無色透明といい，コーヒーシュガーの水溶液のように色がついているものを有色透明という。

3 溶液

物質が液体にとけた液全体を溶液という。

(1) 溶質・溶媒・溶液

❶**溶質**…水などの液体（**溶媒**）にとけている物質。

❷**溶媒**…**溶質**がとけている液体。

❸**溶液**…**溶質**と溶質がとけている**溶媒**を合わせたもの。

⇨**溶媒**が水の**溶液**を**水溶液**という。

(2) 溶液の質量

溶液の質量＝溶質の質量＋溶媒の質量

ここに注目 溶質・溶媒・溶液

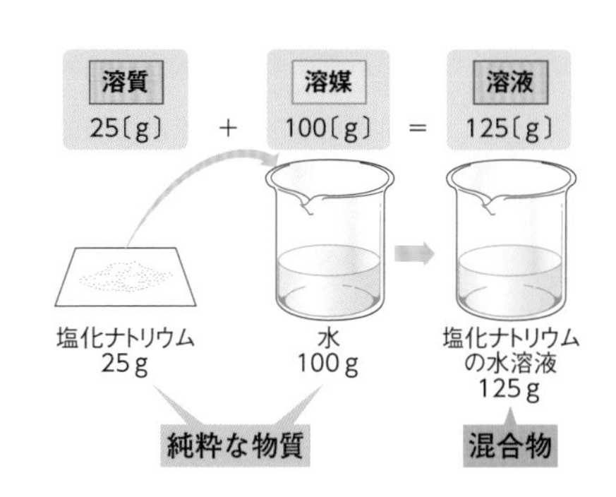

4 純物質と混合物

❶**純物質**（**純粋な物質**）…１種類の物質からできているもの。

❷**混合物**…いくつかの物質が混ざり合ってできているもの。

重要実験 硫酸銅を水にとかす

目的 硫酸銅のとけ方を観察し，物質が水にとけるということはどういうことなのかを調べる。

方法 ①適量の硫酸銅をビーカーに入れ，静かに水を入れる。

②そのまま放置して，直後，５時間後，１日後，１週間後のようすを観察する。その際，次のことに注目する。

・どの部分からとけていくか。

・色の濃さはどうなるか。

結果 時間の経過とともに，溶液のようすは右の写真のように変化した。

・硫酸銅は，水に接している部分からとけていった。

・時間がたつと，水の中に均一に散らばり，水中のどの部分の色も同じになっていった。

⇨その後，硫酸銅が沈んだり，部分的に濃い部分ができたりはしなかった。

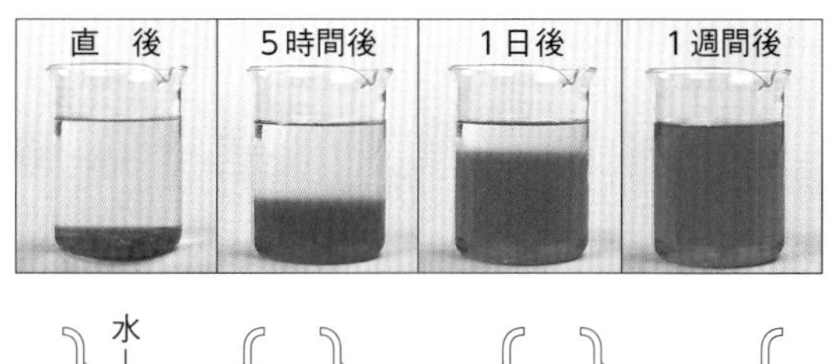

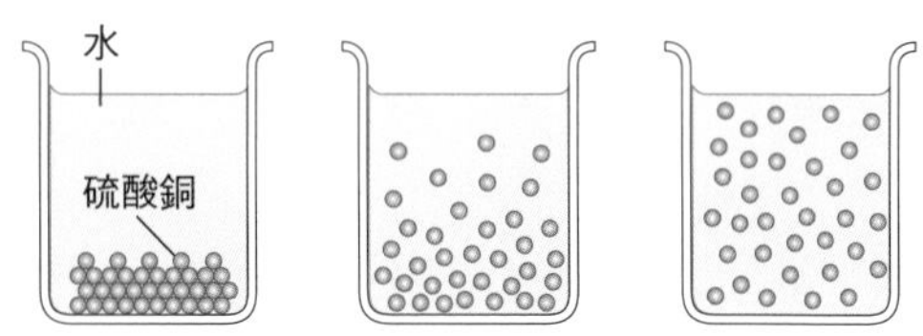

粒子が均一に散らばっていく。

結論 ・物質が水にとけるとき，物質は水に接している部分から水にとけ，水の中に均一に散らばっていく。

・時間がたつと，濃さが均一で透明な液体になる。

実験操作 ろ過のしかた

ろ過すると水にとけている物質と，とけていない物質を分けることができる。ろうとのあしのとがった方をビーカーの壁(かべ)につけると，はやくろ過することができる。

①ろ紙の折り方

ろ紙をろうとに入れる前に，右の図のように折る。

ろ紙の大きさは，ろうとの8分目くらいの大きさのものを選ぶ。

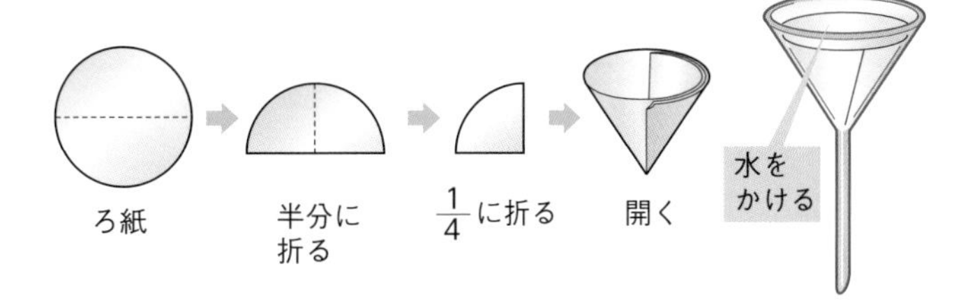

②ろ過のしかた

①ろうとにろ紙をつける

⇨折ったろ紙を円すい形に開き，ろうとに入れる。水をかけてろうとに密着させる。

②ガラス棒の先の位置

⇨ガラス棒の先は，ろ紙を破らないように，ろ紙の3重の部分(ろ紙の重なっている部分)に当てる。

③液の注ぎ方

⇨ろうとのあしのとがった方をビーカーの壁につけ，液はろうとの中央から，ガラス棒を伝わらせて，こぼさないように静かに注ぐ。

④液をろ紙の8分目以上注がない

⇨ろ紙の上端(じょうたん)から液があふれ，下に流れこまないようにする。

> ろ紙を通して出てきた液体を，ろ液という。ろ紙に細かい網目(あみめ)があり，粒子の大きさによって混合物(こんごうぶつ)をこし分ける。泥水(どろみず)を注いだ場合には，粒子の大きい泥はろ紙を通過できないため，通過できる水がろ液として出てくる。しかし砂糖水のように，すべての粒子がろ紙の網目より小さい場合は，すべてろ紙を通過する。

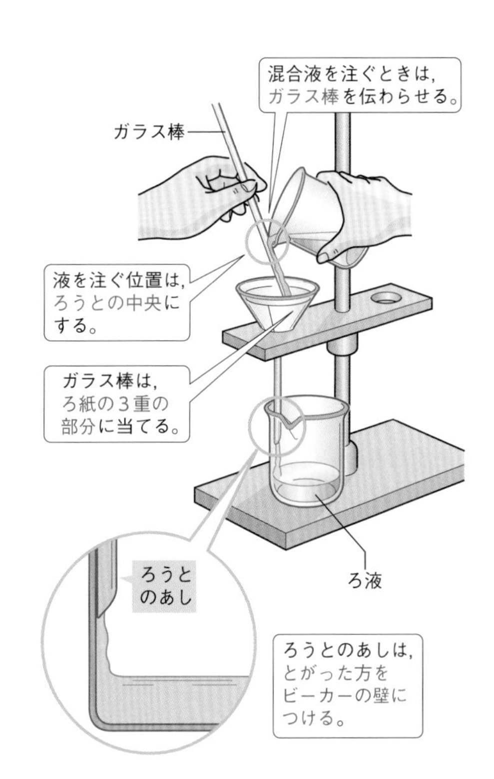

5 濃度

液体の濃さを表す尺度として，質量パーセント濃度（%）を使う。

❶**濃度**…溶液の濃さのこと。

❷**質量パーセント濃度**…溶質の質量が，溶液全体の質量の何パーセントにあたるかを表した濃度。

❸**濃度による水溶液のはたらきのちがい**…ふつう，濃度が大きいほど，その水溶液のはたらきは強くなる。

例 塩酸は，濃度が大きいほど金属をよくとかす。

❹**濃度を求める式**

重要

$$\text{質量パーセント濃度〔\%〕}=\frac{\text{溶質の質量〔g〕}}{\text{溶液の質量〔g〕}}\times 100$$

$$=\frac{\text{溶質の質量〔g〕}}{\text{溶質の質量〔g〕}+\text{溶媒の質量〔g〕}}\times 100$$

発展 さまざまな濃度の表し方

濃度の表し方には質量パーセント濃度以外もある。

・体積パーセント濃度

液体と液体を混ぜたときに使われる濃度の表し方。

体積パーセント濃度〔%〕

$$=\frac{\text{溶質の体積〔cm}^3\text{〕}}{\text{溶質の体積}+\text{溶媒の体積〔cm}^3\text{〕}}\times 100$$

そのほかにも，溶質をつくっている小さな粒子の数をもとに表す濃度（モル濃度）などもある。

発展 ppm（ピーピーエム）

非常に小さい濃度を表すときには，%ではなくppmが用いられることがある。1 ppmとは1万分の1パーセントのこと。ppmは，大気汚染物質などの濃度を表すときによく用いられる。

トレーニング 重要問題の解き方

砂糖水の濃度を計算する問題

例題 右の図のようなA，Bの砂糖水がある。これらの質量パーセント濃度を求め，どちらが濃いか答えよ。

A 砂糖 25 g 水 100 g

B 砂糖 60 g 水 340 g

ヒント それぞれの濃度を求める。

① 砂糖水Aの濃度〔%〕$=\frac{25\text{〔g〕}}{25\text{〔g〕}+100\text{〔g〕}}\times 100$

$=20$〔%〕

② 砂糖水Bの濃度〔%〕$=\frac{60\text{〔g〕}}{60\text{〔g〕}+340\text{〔g〕}}\times 100$

$=15$〔%〕

③ 砂糖水A，Bの質量パーセント濃度を比べると，Aの水溶液の方がBより濃い。

答え Aの方が濃い。

2 溶解度と再結晶

教科書の要点

1 溶解度	◎**溶解度**…一定量の水にとかすことができる物質の限度の量。 ◎**溶解度曲線**…水の温度と溶解度の関係を表したグラフ。
2 水の温度と溶解度	◎溶解度は温度によって変化する。
3 飽和水溶液	◎物質が溶解度までとけている水溶液。
4 再結晶	◎固体を液体にとかしたあと，再び**結晶**としてとり出すこと。

1 溶解度

100 gの水にとける物質の限度の量を溶解度という。

❶**溶解度の表し方**…100 gの水にとける溶質の質量〔g〕で表す。

❷**物質の種類と溶解度**…溶解度は物質の種類によって決まっている。⇨物質を区別する手がかりになる。

❸**溶解度曲線**…溶解度と温度の関係を表したグラフ。

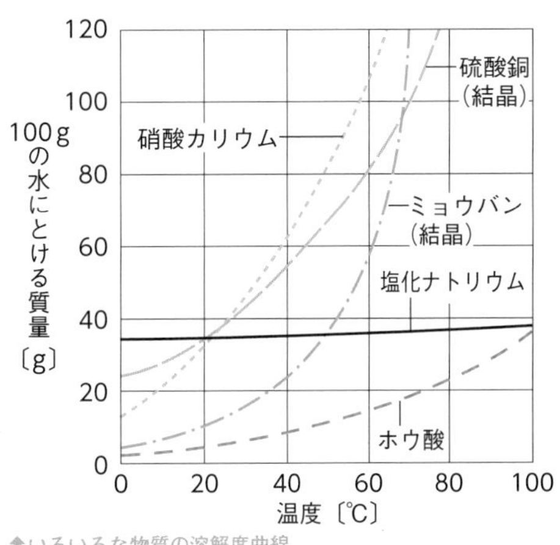

⬆いろいろな物質の溶解度曲線

2 水の温度と溶解度

一般に固体では，水の温度が高いほど，とける量が多くなる。

❶**塩化ナトリウム（食塩）**…温度による溶解度の変化がほとんど見られない。

❷**ミョウバン**…温度の上昇とともに急激に溶解度が大きくなる。

❸**ホウ酸**…温度の上昇とともにゆるやかに溶解度が大きくなる。

❹**硝酸カリウム**…温度の上昇とともに溶解度が大きくなる。

❺**硫酸銅**…温度の上昇とともに溶解度が大きくなる。

塩化ナトリウムのグラフは傾きが小さいね。

温度〔℃〕	0	20	40	60	80	100
塩化ナトリウム	35.7	35.8	36.3	37.1	38.0	39.3
ミョウバン（結晶）	5.6	11.4	23.8	57.4	321.6	—
ホウ酸	2.8	4.9	8.9	14.9	23.6	37.9
硝酸カリウム	13.3	31.6	63.9	109.2	168.8	244.8
硫酸銅（結晶）	23.7	35.6	53.5	80.4	127.7	210.8

⬆いろいろな物質の溶解度（単位：g）

3 飽和水溶液

物質は一定量の水に対してとける限度の量が決まっている。

❶**飽和**…一定量の水に物質が限度までとけている状態。

❷**飽和水溶液**…飽和している状態の水溶液。

⇨100 gの水に物質をとかして飽和水溶液にしたときの，とかした物質の質量が**溶解度**である。

例 20 ℃の水 100 gにホウ酸 4.9 gを完全にとかすと，飽和水溶液になる。

4 再結晶

水などの溶媒にとかした物質（溶質）を再びとり出すこと。

❶**結晶**…いくつかの平面で囲まれた，規則正しい形の固体。**純物質**（➡p.115）である。色や形は物質によって決まっている。

発展　温度と溶解度

一般的には，温度が上がると溶解度も大きくなるが，水酸化カルシウムのように，温度が上がると溶解度が小さくなる物質もある。

発展　水の温度と気体の溶解度

気体は水温が高くなるほど溶解度が小さくなり，圧力が高くなるほど大きくなる。例えば，冷えていないサイダーの栓をぬくと，冷えているサイダーよりも泡がたくさん出る。これは，水温が高くなったことや，圧力が小さくなったことで溶解度が小さくなり，とけていた二酸化炭素が多く出てくるためである。

中2では　結晶のつくり

物質は，原子や分子という非常に小さな粒子からできており，結晶はそれらの粒子が規則正しく並んだものである。そのため，結晶は規則正しい形をしている。（原子や分子については2年で学習する。）

比較　いろいろな結晶

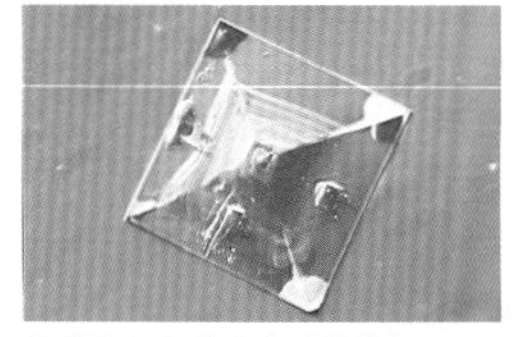

⬆塩化ナトリウム（食塩）

⬆硝酸カリウム　©アフロ

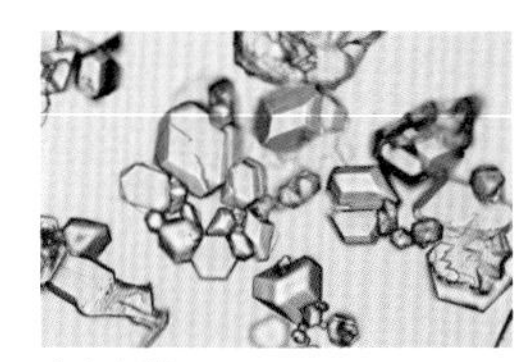

⬆ホウ酸

⬆硫酸銅

⬆ミョウバン

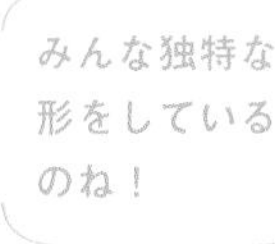

❷再結晶…物質を一度水にとかしたあと，再び**結晶**としてとり出すこと。温度と物質のとけ方のちがいによって，次の２つの方法がある。

a 溶液の温度を下げてとり出す方法

…水溶液の温度が下がると溶解度が小さくなる物質は，水溶液を冷やすことで，とけきれなくなった分を結晶としてとり出すことができる。

⇨温度による溶解度の差が大きい物質をとり出すのに適している。

例 ミョウバン，硝酸カリウム，硫酸銅など

重要 **水溶液を冷やして結晶をとり出す**

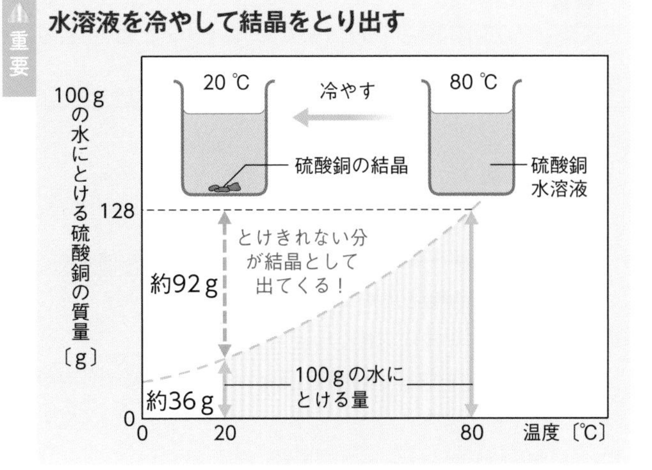

b 溶媒を蒸発させてとり出す方法

…水溶液を加熱して水を蒸発させると，とけきれなくなった分を結晶としてとり出すことができる。

⇨温度による溶解度の差が小さい物質をとり出すのに適している。例 塩化ナトリウムなど

❸再結晶の利用…物質の溶解度のちがいを利用することで，少量の不純物をふくむ混合物から，純物質を結晶としてとり出すことができる。

⇨右のようにすると，より純粋な硝酸カリウムが得られる。

純粋な硝酸カリウムをとり出す

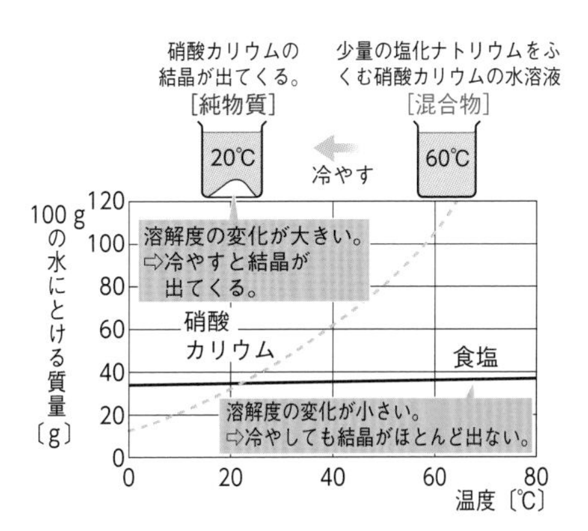

海水から塩をとり出す

生活

日本では以前は「揚浜式塩田」「入浜式塩田」「流下式塩田」など，海水を陸地に引きこんで，天日や風を利用して水分を蒸発させて塩をとっていた（天日塩）。しかし，天候に左右されること，多くの土地が必要であること，労力が多大にかかることなどから，塩田による塩の採取はしだいに行われなくなり，現在では，イオン膜を利用して，海水から濃い塩水をつくり，それを熱して水分を蒸発させ，食塩をとり出している（精製塩）。また，海水が干上がってできた塩原から採取される岩塩は，料理などに利用されている。

⬆ウユニ塩湖（塩原）の岩塩採集場／ボリビア

重要実験

水溶液からとけているものをとり出す

目的 水にとけている物質を再び固体としてとり出す方法と，出てきた結晶のようすについて調べる。

方法
①食塩３ｇと硝酸カリウム３ｇを，それぞれ水５ｇを入れた試験管の中に入れてよく振り混ぜる。
②①の試験管を加熱する。
③②でとけ残りがあったら，別の試験管に上澄み液を移し，試験管を冷やす。
④③で溶質が現れたら，ろ過して固体をとり出し，結晶のようすを観察する。
⑤③の水溶液をスライドガラスに少量とり，水を蒸発させて固体の色や形を調べる。

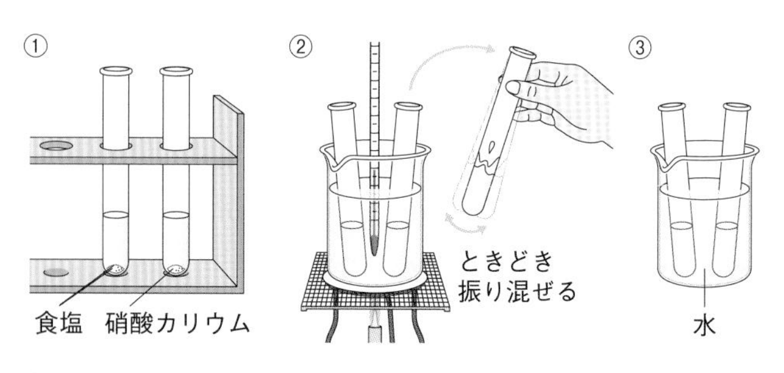

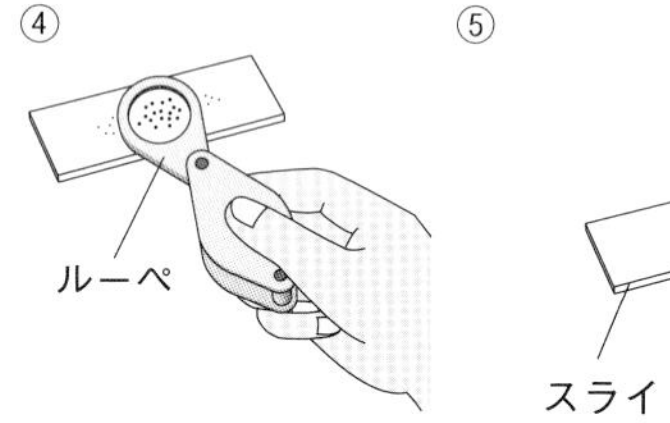

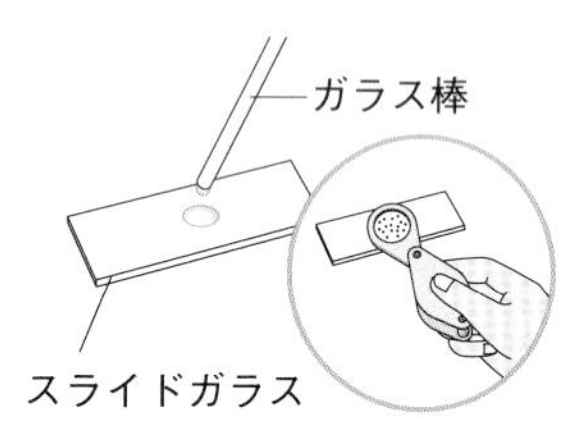

結果 次の表のようになった。

	食塩3g＋水5g	硝酸カリウム3g＋水5g
かき混ぜる	とけきらない。	とけきらない。
加熱する	とけきれず固体が残る。	全部とける。
冷やす	ほとんど変化なし。	固体が出てくる。
水を蒸発させる	固体が出てくる。 ⬆結晶の形	固体が出てくる。 ⬆結晶の形

⇨・食塩水は，水溶液を冷やしても結晶をとり出すことはできなかったが，水を蒸発させたときには，図のような形の結晶がとり出せた。
・硝酸カリウム水溶液は，冷やしても，水を蒸発させても結晶がとり出せた。

結論
・物質や温度によって水にとける量（溶解度）は異なる。
・水溶液の温度を下げて再結晶させる方法が適している物質（硝酸カリウム）と，水を蒸発させて再結晶させる方法が適している物質（食塩）がある。
・結晶の形は，物質によって異なる。

再結晶で得られる結晶の量の問題

例題 下の表は，硝酸カリウムの溶解度を示している。これについて，次の問いに答えよ。答えは小数第2位を四捨五入して小数第1位まで求めよ。

(1) 60 ℃の水40 gには何gの硝酸カリウムがとけるか。

(2) 80 ℃の水50 gに硝酸カリウムをとけるだけとかし，20 ℃まで冷やした。結晶としてとり出せる硝酸カリウムは何gか。

温度〔℃〕	0	20	40	60	80
溶解度〔g〕	13.3	31.6	63.9	109.2	168.8

ヒント 溶解度は100 gの水にとける量である。温度が一定ならば，物質がとける量はとかす水の量に比例することから考える。

水の量ととける物質の量は比例する

(1) **60 ℃のときの溶解度**は，表から109.2 g

溶解度は100 gの水にとける量なので，40 gの水にとける量は，

$109.2〔g〕\times\frac{40〔g〕}{100〔g〕}=43.68〔g〕$より，43.7〔g〕

80 ℃と20 ℃のときの溶解度の差は

(2) **80 ℃のときの溶解度**は，表から168.8 g

20 ℃のときの溶解度は，表から31.6 g

溶解度は100 gの水にとける量なので，80 ℃の水100 gを20 ℃まで冷やして得られる結晶の量は，

$168.8〔g〕-31.6〔g〕=137.2〔g〕$

水50 gでは

水50 gを同じように冷やしたとき，得られる結晶の量は，

$137.2〔g〕\times\frac{50〔g〕}{100〔g〕}=68.6〔g〕$

答え (1) 43.7 g　(2) 68.6 g

問題 20 ℃の水60 gに硝酸カリウムをとけるだけとかした。この水溶液に20 ℃の水を40 g加えると，あと何gの硝酸カリウムがとけるか。上の問題の表を参考にして，答えよ。答えは小数第2位を四捨五入して小数第1位まで求めよ。

⇨答えはp.124の下

チェック 基礎用語　次の〔　　〕にあてはまるものを選ぶか，あてはまる言葉を答えましょう。

1 物質が水にとけるようす

□(1) 液体にとけている物質を〔 溶質　溶媒 〕といい，とかしている液体を〔 溶質　溶媒 〕という。

□(2) 塩化ナトリウムや水のように，1種類の物質からできているものを〔　　〕といい，海水や空気のようにいくつかの物質が混じり合ったものを〔　　〕という。

□(3) 水などの液体にとけ残った物質は〔　　〕でとり出せる。

□(4) 濃度を求める式は，

$$質量パーセント濃度〔\%〕=\frac{〔\quad〕の質量〔g〕}{溶液の質量〔g〕}\times 100である。$$

2 溶解度と再結晶

□(5) 一定量の水にとかすことができる物質の限度の量を〔　　〕という。

□(6) 物質が溶解度までとけている水溶液を〔　　〕という。

□(7) 規則正しい形をした純物質の固体を〔　　〕という。

□(8) 液体にとけた固体を再び固体（結晶）としてとり出すことを〔　　〕という。

解答

(1) 溶質
溶媒
(2) 純物質
(純粋な物質)
混合物
(3) ろ過
(4) 溶質
(5) 溶解度
(6) 飽和水溶液
(7) 結晶
(8) 再結晶

Column コーヒーや牛乳は水溶液なの？

生活

コーヒーや牛乳は，そのまま放置しておいても，溶質は沈殿せずに溶媒中に均一に分散している。しかし，液体は透明ではないので，水溶液とはいえない。

水溶液のように透明な溶液を真の溶液というのに対し，コーヒーや牛乳のように不透明な溶液はコロイド溶液という。

このちがいは，溶質の大きさによる。コロイド溶液の粒子の直径は，真の溶液の粒子の直径の100倍～1000倍も大きく，この粒子が溶液中に均一に分散して不透明になっている。また，コロイド溶液に光を当てると，光は粒子によって散乱されるため，光の道すじがはっきりと見える。この現象をチンダル現象という。

⬆コロイド溶液とチンダル現象 ©コーベット

問題の解答 ▶ 12.6 g

1 物質の状態変化

教科書の要点

1 **状態変化**

◎**状態変化**…物質が温度などによって，状態が固体↔液体↔気体と変化すること。

2 **状態変化と体積や質量**

◎状態変化により，物質の体積は変化するが，物質の質量は変化しない。

1 状態変化

物質は，温度などの条件の変化にともなって，固体・液体・気体とそのようすが変化する。

(1) 物質の状態

❶**固体**…形や体積がほぼ一定で，変化しない。

❷**液体**…形は自由に変化するが，体積はほとんど変化しない。

❸**気体**…形が自由に変化し，体積も変化しやすい。

形も体積も一定。
氷
固体

体積は一定。形は容器の形に合わせて変化。
水
液体

形も体積も変化。
湯気（液体）
水蒸気
気体

(2) **状態変化**…温度などの変化によって，物質の状態（固体・液体・気体）が変わることを状態変化という。

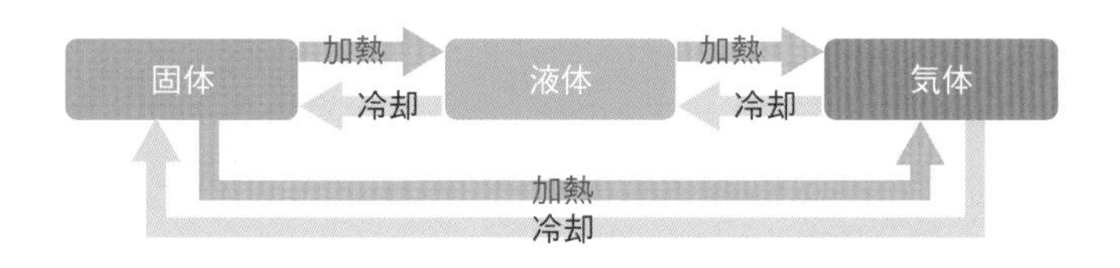

くわしく 湯気と水蒸気

水蒸気（気体）は目に見えない。それに対して，湯気は水蒸気が冷えて小さな水滴（液体）になったものなので，目に見える。冬にはく息が白く見えるのは，口から出される水蒸気が冷やされ，小さな水滴になるからである。

くわしく 状態変化と化学変化

状態変化は氷がとけた水を冷やすと再び氷になるように，物質のすがたは変わるが，水という物質の種類自体は変わらない変化である。これに対して，別の物質になる変化を化学変化とよぶ。化学変化は中2でくわしく学習する。

(3) 状態変化と物質の性質

状態変化が起こっても，その物質の化学的な性質は変化しない。⇨別の物質に変わるわけではない。

2 状態変化と体積や質量

物質は状態変化によって，体積は変化するが，質量は変化しない。

(1) 状態変化と体積

❶液体から気体への変化…すべての物質で体積が増加する。

例 エタノールを入れた袋をあたためると，袋がふくらむ。

❷液体から固体への変化…体積が減少する。

例 とかしたろうを固めると，体積が減少する。

❸水は例外…液体から固体への変化で体積が増加する。

比較 ろうと水の体積の変化

⬆液体

⬆固体

⬆液体

⬆固体

©OPO

重要実験 ろうの状態変化

目的と方法 ろうが固体になるとき，体積や質量，密度はどのように変化するかを調べる。

① 固体のろうをビーカーに入れ，熱してとかす。

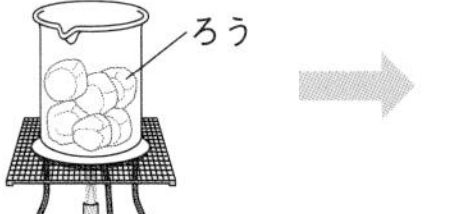

② 液面の高さに印をつけ，ビーカーごと質量をはかる。

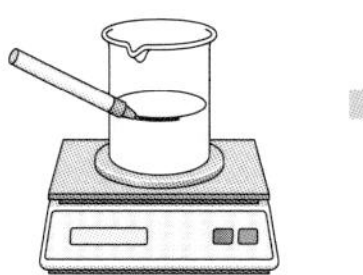

③ 冷やして，固体のろうにする。

④ 全体の質量をはかる。また，つけた印を見て体積も比較する。

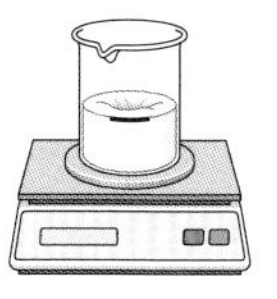

結果と結論
- 物質は，状態変化によって体積は変化するが，質量は変化しない。
- 物質は，状態変化での体積の変化によって，その物質の密度は変化する。

発展 固体から気体へ変化する物質―ドライアイス―

ドライアイスは二酸化炭素が固体になったものである。ドライアイスを空気中に放置すると，固体から液体にならずに，直接気体（二酸化炭素）になる。

発展 状態変化の名称

状態変化の現象は，次のようによばれる。

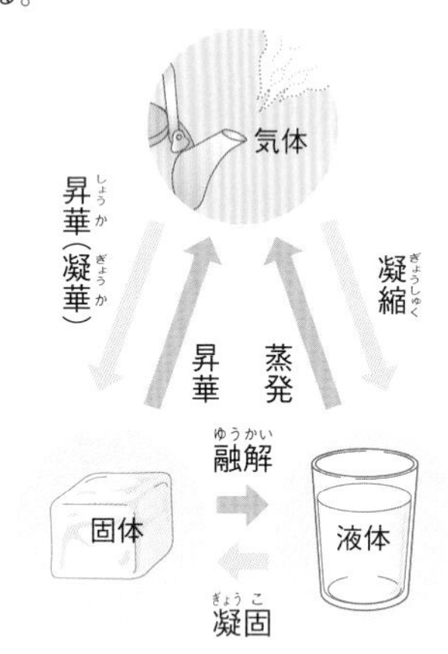

(2) 状態変化と質量

状態変化しても物質の質量は変化しない。

(3) 状態変化と粒子

粒子は，温度が上昇すると，徐々にたがいの結びつきが弱くなり，自由に動き回れるようになる。

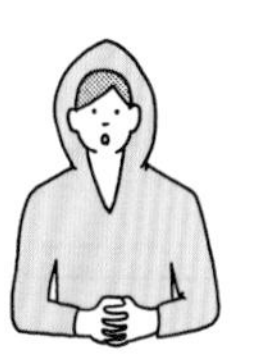

比較 固体↔液体，液体↔気体の状態変化と粒子モデル

動画 状態変化と粒子のようす

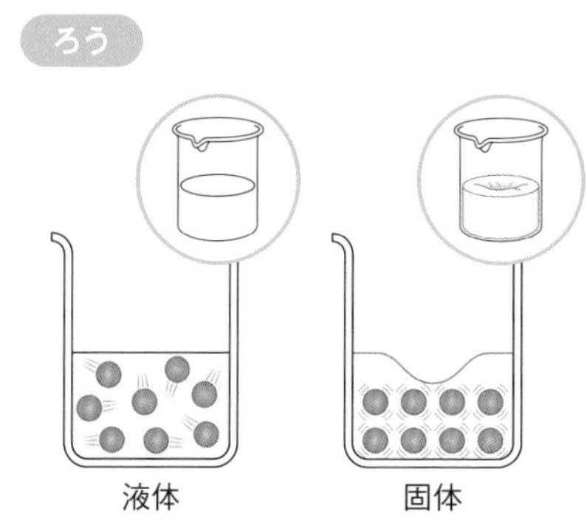

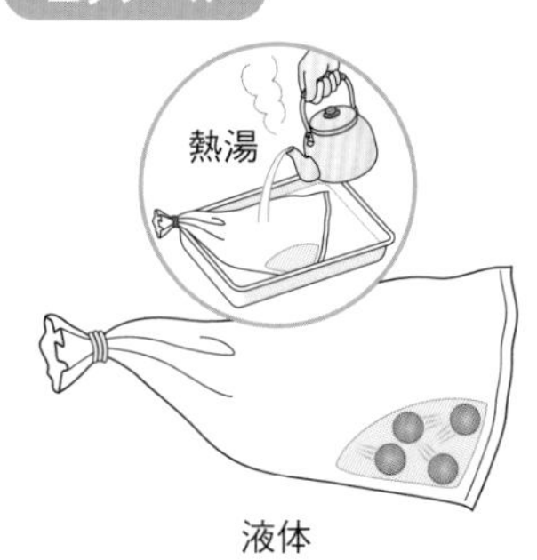

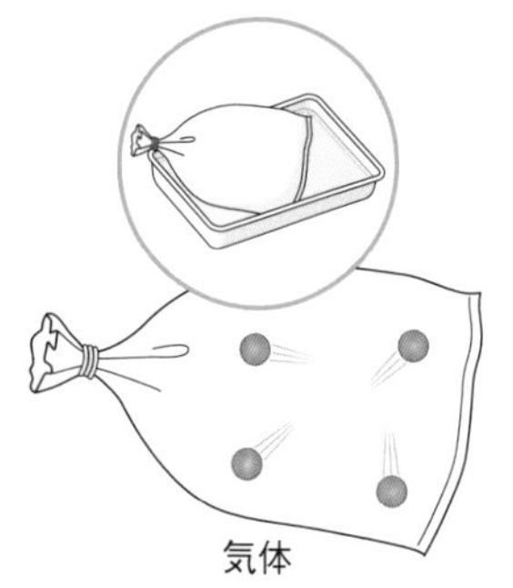

水やろう，エタノールなどの物質は，状態変化しても質量は変化しないが，体積は変化する。体積が大きくなるほど密度は小さくなり，体積が小さくなるほど密度は大きくなる。

一般に，固体→液体，液体→気体となるほど，体積は大きくなるため，密度は小さくなる。（ただし，水の場合は例外である。）

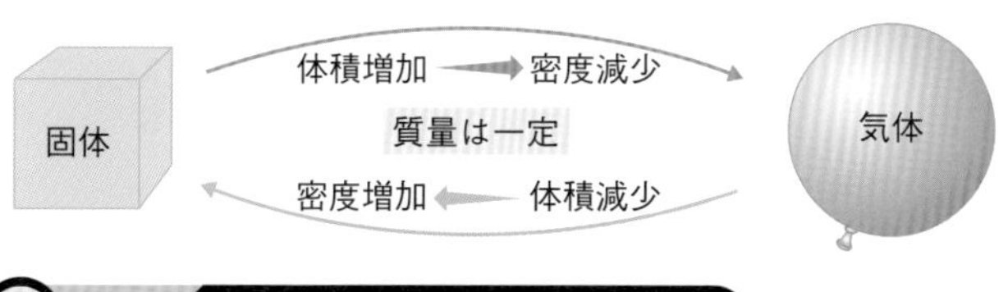

ここに注目 状態変化と粒子モデル

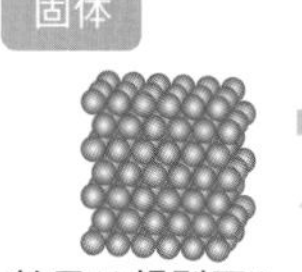

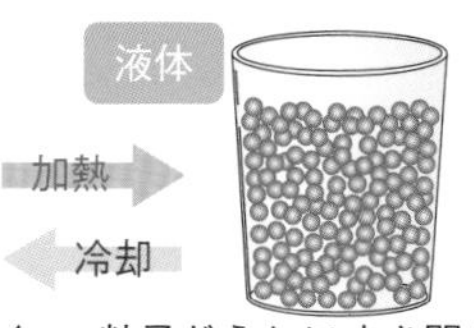

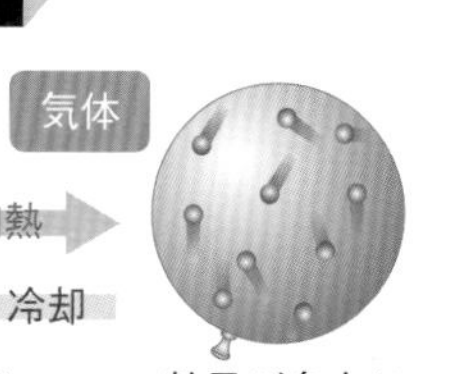

粒子は規則正しく並ぶ。

粒子どうしにすき間ができ，比較的に自由に動く。

粒子が自由に運動する。

くわしく 温度と粒子の運動

物質をつくる粒子は，温度が高くなるほどその運動が活発になる。ふつうは，物質の温度が低いときは粒子の運動が静かなので体積が小さく，加熱すると粒子の運動が激しくなるので体積が大きくなる。そのため，気体の体積はその温度が高いほど大きくなる。

発展 水の体積変化

水の体積がいちばん小さくなるのは，温度が約4℃のときである。これは，水の粒子がぎゅっと集まり，粒子どうしのすき間が小さくなるからである。さらに温度が下がって0℃になると，粒子どうしの間にわずかにすき間を生じながら弱く結びついて（この結びつきを水素結合という）結晶をつくるため，水は液体よりも固体の方が体積が大きくなる。

2 状態変化するときの温度

教科書の要点

1 固体がとけるときの温度

◎**融点**…固体がとけて**液体**に変化するときの温度。

◎**純物質**がとけている間の融点は一定だが，**混合物**は変化する。

2 液体が沸騰するときの温度

◎**沸点**…液体が**沸騰**して**気体**に変化するときの温度。

◎**純物質**が沸騰している間の沸点は一定だが，**混合物**は変化する。

3 蒸留

◎**蒸留**…液体を熱して気体にし，その気体を冷やして再び液体にしてとり出すこと。

1 固体がとけるときの温度

固体がとけて液体に変化するときの温度を融点という。

(1) **融点**…固体がとけて液体に変化するときの温度。

❶**純物質**（➡p.115）**の融点**…物質によって決まった値を示す。

⇨物質を区別する手がかりになる。

物質の量や加熱のしかたには関係がなく，加熱している間は温度が一定である。

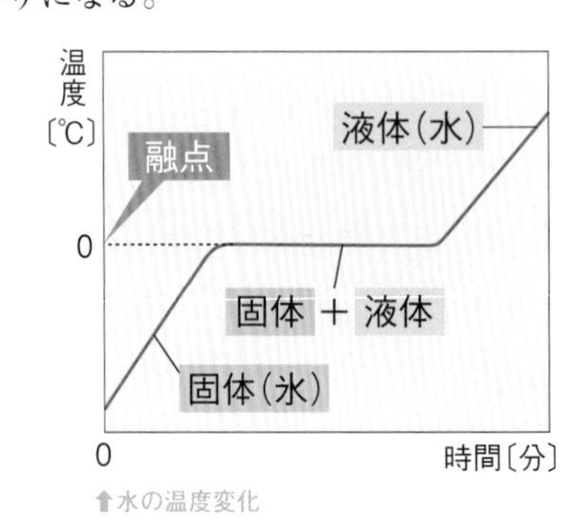

⬆水の温度変化

❷**融点での物質の状態**…融点では，物質は固体と液体が混じった状態になる。

❸**水の融点**…0℃である。

⇨とけ始めからとけ終わりまで0℃のまま。

❹**混合物**（➡p.115）**の融点**…一定の値を示さない。

発展　融解と凝固

固体の物質がとけて液体になることを**融解**といい，液体の物質が冷えて固体になることを**凝固**という。物質が凝固するときの温度を**凝固点**というが，融点と凝固点は同じ値であるため，この2つをまとめて融点ということが多い。

テストで注意　融解と溶解

融解とは，固体が状態変化によって液体になることで，物質自体は変わらない。これに対して，溶解とは固体が液体中にとけこんで均一な液体になることである。したがって，食塩が水にとけるのは，溶解であって融解ではない。

(2) **純物質の固体を熱したときの温度変化**…固体を加熱すると温度が上昇(じょうしょう)するが，とけている間は温度が変化しない。

⇨グラフが平らになる（横軸(じく)に平行）。

・**温度変化のようす**

①固体を加熱すると，温度が上昇する。

②融点(ゆうてん)に達して固体がとけ始めると液体と固体が混じった状態になり，温度が変化しない。

③すべて液体になると再び温度が上昇し始める。

・強く熱したり，熱する物質の量を少なくしたりすると，温度の上昇は早くなるが，融点の値は変わらない。

(3) **混合物の固体を熱したときの温度変化**…一般(いっぱん)に，混合物がとける温度は時間とともに変化し，一定の値を示さない。

⇨グラフが平らにならない。

(4) **とける温度による純物質と混合物の区別**

・とける温度（融点）が一定で変わらない。⇨**純物質**

・とけている間に温度が変化する。⇨**混合物**

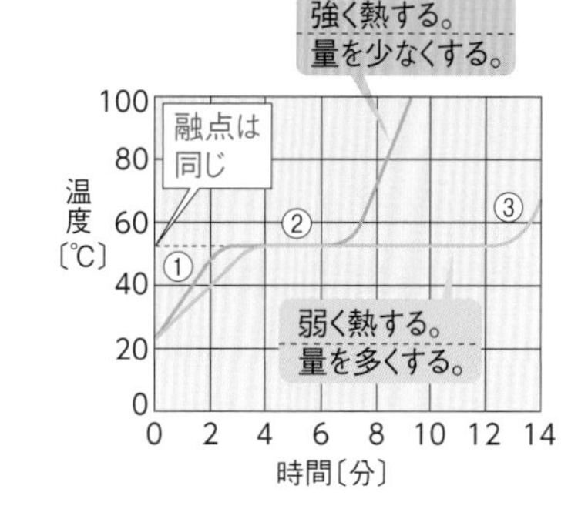

発展　融点が同じでも同じ物質とはいえない

2つの物質の融点がほぼ同じとき，それらの物質は同じ物質である可能性が高い。しかし，異なる物質でも融点が非常に近い場合があるので，これだけを手がかりに同じ物質と断定することはできない。沸点(ふってん)（➡p.130）に関しても同じことがいえる。

純物質と混合物を熱したときの温度変化

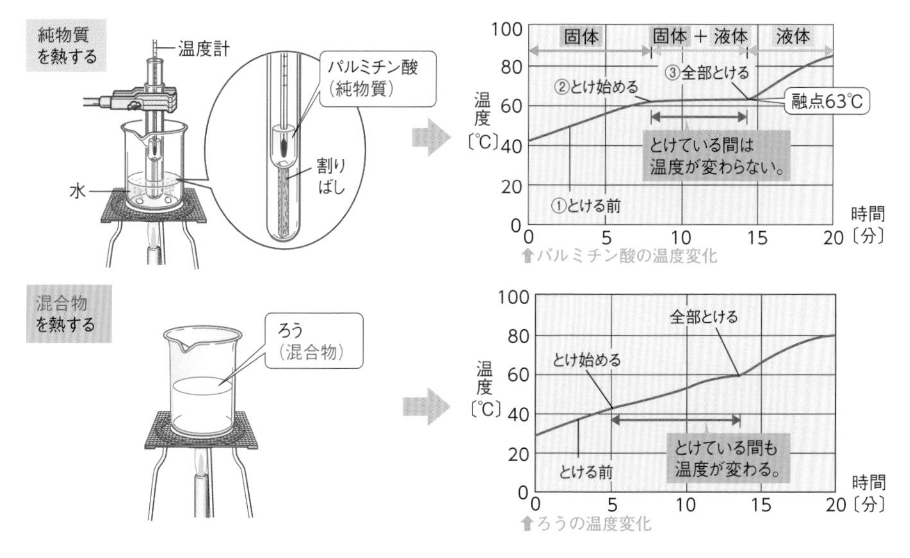

⬆パルミチン酸の温度変化

⬆ろうの温度変化

2 液体が沸騰するときの温度

液体が沸騰して気体に変化するときの温度を沸点という。

(1) **沸騰**…液体が加熱されて，内部からさかんに泡（気体）を出して沸き立つ現象。

(2) **蒸発**…液体が，その表面から気体になる現象。温度が高くなるほど激しく蒸発する。

(3) **沸点**…液体が沸騰して気体に変化するときの温度。

❶**純物質**（➡p.115）**の沸点**…物質によって決まった値を示す。

⇨物質を区別する手がかりになる。

物質の量や加熱のしかたには関係がなく，加熱している間は温度が一定である。

❷**沸点での物質の状態**…沸点では，物質は液体と気体が混じった状態になる。

❸**水の沸点**…100 ℃である。

⇨沸騰をしている間は100 ℃のまま。

くわしく 泡を集めて冷やすと

沸騰して出てきた泡を集めると気体が得られるが，この気体も冷えて沸点以下の温度になると，再び液体にもどってしまう。

生活 山頂ではご飯がおいしく炊けない？

山頂など標高の高い場所では，米を十分に加熱できず，ご飯をおいしく炊くことができない。これは，標高の高い場所では海面付近に比べて水の沸点が低いからである。

このような沸点の変化は，まわりの空気の圧力（大気圧）の大きさの変化によるものである。大気圧が大きいほど沸点は高くなる。標高の高い場所は大気圧が小さいため，沸点が低くなるのである。

圧力なべは，なべを密封して中の空気の圧力を上げることで沸点を上げ，高温で調理できるようにした器具である。

沸騰と蒸発のちがい

液体の水を小さな水の粒子の集まりと考えると，蒸発は液体の表面から少しずつ，水の粒子が気体となって飛び出す現象である。

水の蒸発は，つねに起こっている現象で，雨上がりのアスファルトに残った雨水や，洗濯したあとの衣服にふくまれる水は，その表面から蒸発して気体となり，乾くのである。

一方，沸騰とは水の粒子が液体の表面以外に，内部からもさかんに気体に変化する現象である。そのため，水が沸騰すると，内部からも激しく泡立つわけである。

いろいろな物質の融点と沸点

物質名	融点〔℃〕	沸点〔℃〕
鉄	1538	2862
塩化ナトリウム(食塩)	801	1485
ナフタレン	81	218
水銀	−39	357
メントール	43	217
パルミチン酸	63	360
水	0	100
エタノール	−115	78
酸素	−219	−183

重要実験

水とエタノールの沸点付近での温度変化

目的 水とエタノールの沸点付近での温度変化のようすを調べる。

方法 それぞれ図のような装置を組み立てて温度変化のようすをグラフで表す。

結果 水とエタノールの温度変化は，それぞれ下のグラフのようになる。

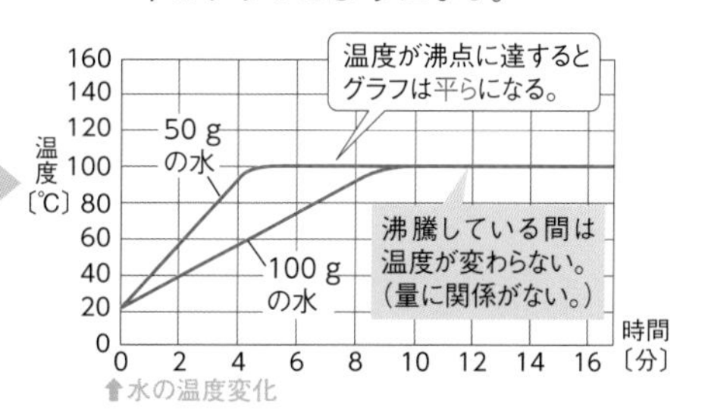

水の温度変化

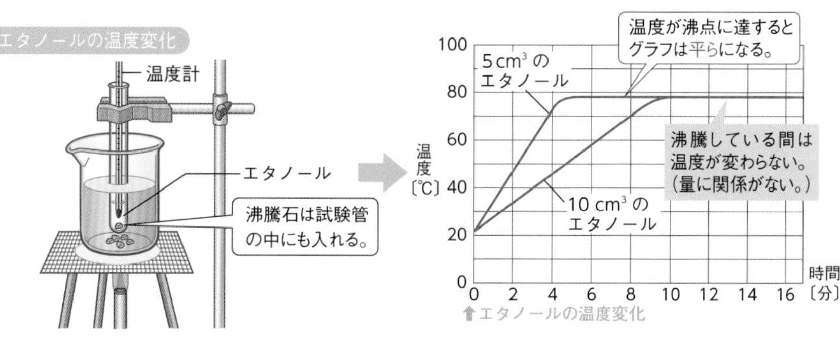

エタノールの温度変化

結論 水もエタノールも沸騰し続けている間は，加熱しても温度が上がらない。

(4) **純物質の液体を熱したときの温度変化**…液体を加熱すると温度が上昇(じょうしょう)するが，沸騰中は温度が変化しない。

⇨グラフが平らになる（横軸(じく)に平行）。

(5) **混合物(こんごうぶつ)の液体を熱したときの温度変化**…一般(いっぱん)に，混合物の沸騰する温度は時間とともに変化し，一定の値を示さない。

⇨グラフが平らにならない。

(6) **沸騰する温度による純物質と混合物の区別**

❶沸騰する温度（沸点）が一定で変わらない。⇨**純物質**

❷沸騰する温度が時間とともに変化する。⇨**混合物**

比較　純物質と混合物を熱したときの温度変化

純物質を熱する　水，エタノールそれぞれの温度変化

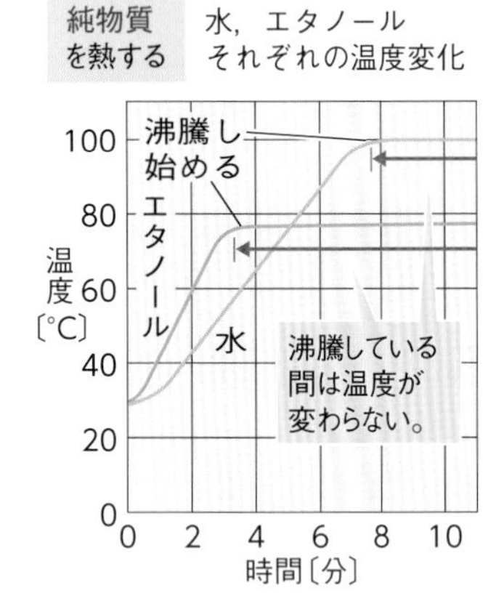

混合物を熱する　水とエタノールの混合物の温度変化

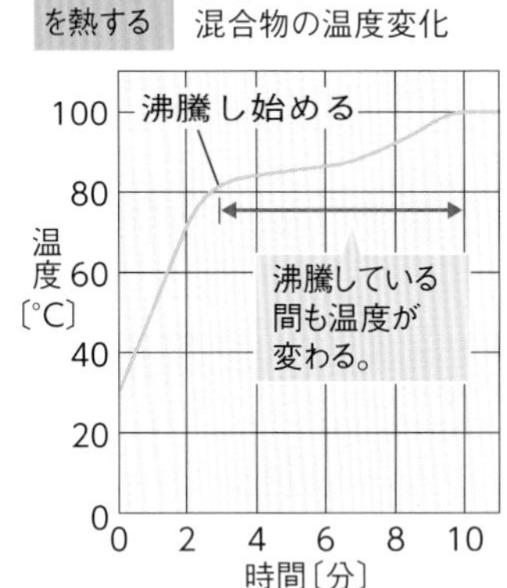

テストで注意　沸騰し始めたときの気体

混合物が沸騰し始めたときに先に気体となって出てくるのは，おもに沸点の低い物質であり，時間が経過するとともに沸点が高い物質の割合が多くなる。沸騰しているとき，混合物がそのままの割合で気体になっているわけではないことに注意する。

くわしく　沸点が変化するわけ

混合物が沸騰し始めると，沸点が低い物質が先に気体になって出ていき，物質の割合が刻々と変化する。そのため，沸点も時間とともに変化することになる。

発展　沸点が一定の混合物

水（沸点100 ℃）とエタノール（沸点78.3 ℃）を4.5：95.5の割合で混ぜた混合物は，沸点が78.2 ℃と一定になる。このように，混合物でも沸点が一定になることがある。

重要　水の状態変化と温度の関係

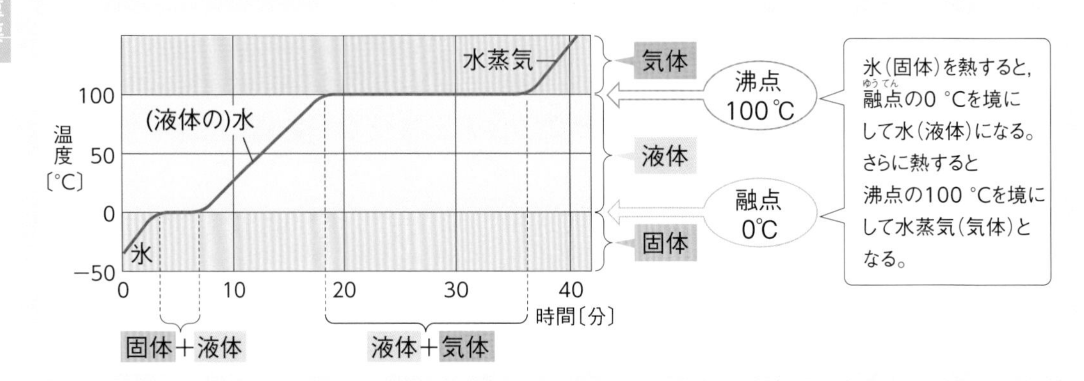

3 蒸留

混合物にふくまれる物質を，それぞれの沸点のちがいによって分離することを蒸留という。

(1) **蒸留**…液体を沸騰させ，出てくる気体を冷やして再び液体としてとり出す方法。蒸留によって物質を分けることができる。

(2) **水とエタノールの混合物の分離**（液体と液体の混合物）…沸騰が始まった直後は，沸点の低いエタノール（沸点約78℃）を多くふくむ気体が出てくる。これを集めて冷やすと，より純粋なエタノールが得られる。温度が高くなると，沸点の高い水（沸点100℃）を多くふくむ気体が出てくる。

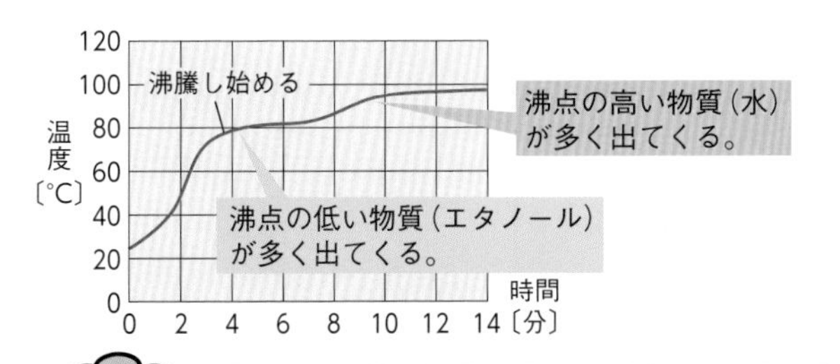

発展 蒸留水と飲料水

理科の実験などで用いる蒸留水は，水を蒸留して不純物をとり除くと得られる純粋な水である。そのため蒸留水には味がなく，飲んでもおいしく感じない。飲料水としては，二酸化炭素などの物質が少量とけこんでいる方がおいしく感じる。（蒸留水自体は有害なものではないが，実験などで使う蒸留水は衛生的な場所で安全に管理されているとは限らないので，口にしないこと）

くわしく 蒸留と分留

蒸留は，混合物からいらない物質をとり除き，純粋な液体を得ることを目的とする。これに対し，蒸留と同じ方法を使い，混合物をいくつかの成分に分けることを，特に分留という。

Column 石油（原油）の分留

エネルギー源として重要な原油を日本ではおもに中東諸国から輸入（輸入比率は年によってちがうが，中東からは約90％弱にのぼる）し，大型タンカーで，ホルムズ海峡やマラッカ海峡を通って運んできている。

輸入した原油は，右図のような蒸留装置（蒸留塔）で沸点のちがいを利用して，石油ガス，ガソリン，灯油，軽油，重油・アスファルトなどのさまざまな種類に分けてとり出している。これを分留という。

分留の方法は，まず加熱炉で約350℃に熱せられてできた気体が高さ約50メートルの蒸留装置の中に送りこまれる。次に，送りこまれた気体は，蒸留装置の中を上に向かって通過しながら冷やされるため，下段ほど沸点の高い成分が液体としてとり出され，最上部からは沸点の低い石油ガスがとり出される。

このようにしてとり出された物質は，燃料のほかにもプラスチック，化学繊維などいろいろな化学製品の原料として利用されている。

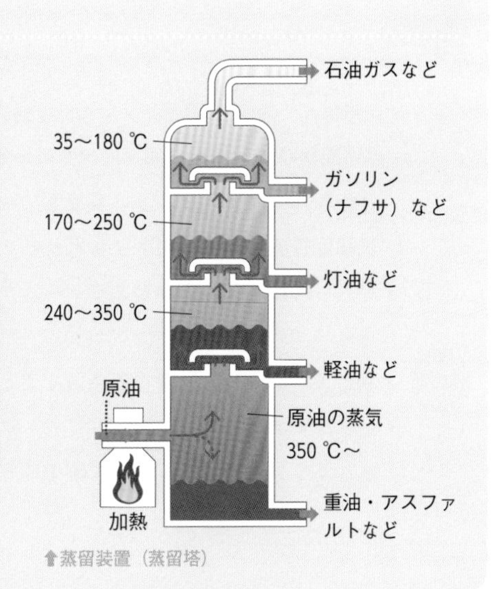

⬆蒸留装置（蒸留塔）

重要実験

水とエタノールの混合物の蒸留実験

▶動画 赤ワインの蒸留の実験

目的 水とエタノールの沸点のちがいを利用して，水とエタノールの混合物を蒸留し，得られた液体を調べる。

方法 ①右下の図のような装置をつくり，水 20 cm^3 とエタノール 5 cm^3 を混ぜて枝つきフラスコに入れ，加熱する。

②沸騰が始まったら，出てきた液体を順に試験管A，Bに約 3 cm^3 ずつとる。

③試験管A，Bにとったそれぞれの液体について，次のことをしてみる。

- においをかぐ。
- 塩化コバルト紙につける（水があると青色から赤色に変化する）。
- 液体にひたしたろ紙を蒸発皿におき，火をつける。

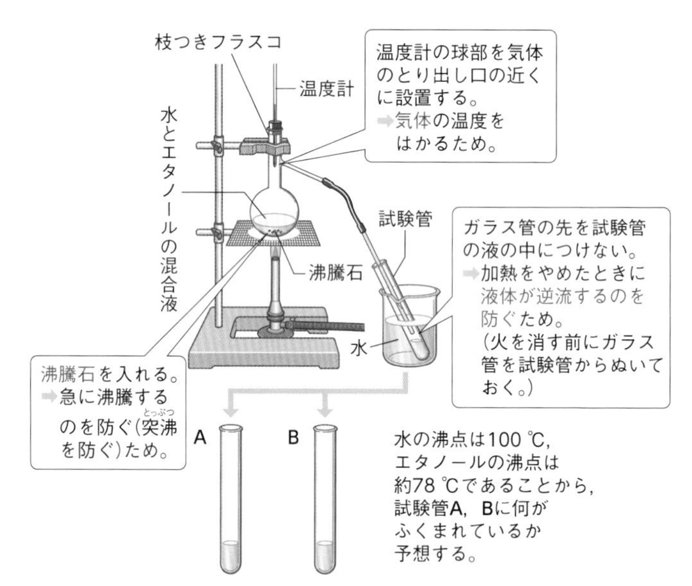

結果

液体	におい	塩化コバルト紙	火をつけたとき
試験管Aの液体	エタノールのにおいがする。	赤色に変化	火がつく。
試験管Bの液体	少しエタノールのにおいがする。	赤色に変化	火がつくが，すぐに消える。

- 試験管Aの液体にはBよりもエタノールが多くふくまれている。
- 試験管Bの液体にはAよりも水が多くふくまれている。
- どちらの試験管にも水とエタノールがふくまれている。

結論

- 水とエタノールの混合物を蒸留すると，はじめに沸点の低いエタノールが多く出て，あとから沸点の高い水が多く出てくる。
- 水とエタノールは，1回の蒸留では完全に分離することができない。

トレーニング　重要問題の解き方

状態変化するときの温度に関する問題

例題　固体のナフタレンを加熱して液体にした。右の図は，そのときの温度変化をグラフに表したものである。次のア～エの中で，固体と液体のナフタレンが混じっている状態はどれか。

ア　加熱を始めてから2分後の状態
イ　加熱を始めてから7分後の状態
ウ　加熱を始めてから12分後の状態
エ　加熱を始めてから17分後の状態

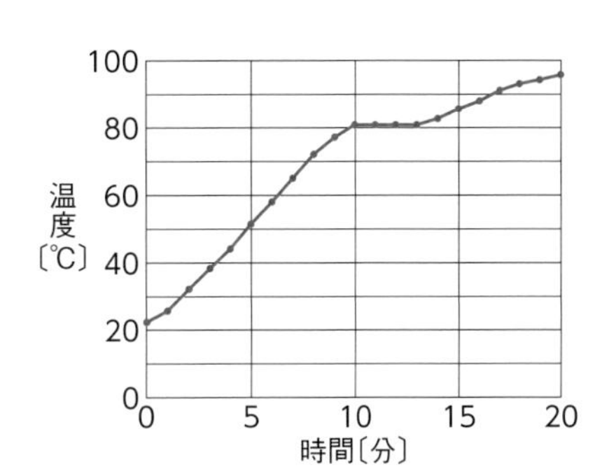

ヒント　融点や沸点では加熱し続けても温度は変わらず，それぞれ固体と液体，液体と気体が混じった状態であることを忘れずに！

固体と液体が混じっているのはどんなときか
融点より前の温度が上昇しているところでは，すべて固体の状態である。
融点のあとに温度が上昇しているところでは，すべて液体の状態である。
固体と液体が混じった状態になるのは，融点のときである。

融点では，グラフがどのようになるか
融点では，状態変化が終わるまで温度が変化しないため，グラフが平らになる。したがって，固体と液体が混じった状態になっているのは，グラフが平らになっている10～13分の間である。

答え　ウ

問題　上のナフタレンの温度変化を示すグラフで，ナフタレンがすべて液体である状態は，次のア～エのどれか。

ア　加熱を始めて2分後　　イ　加熱を始めて7分後
ウ　加熱を始めて12分後　　エ　加熱を始めて17分後

⇨答えはp.137の下

蒸留(じょうりゅう)に関する問題

例題 図1のような装置で，水とエタノールが等しい質量で混じった液体を蒸留した。そのときのフラスコ内の温度変化を測定した結果が図2のグラフである。このグラフで蒸留を開始してから30分後に出てきた液体は，次のうちどれに最も近いか。

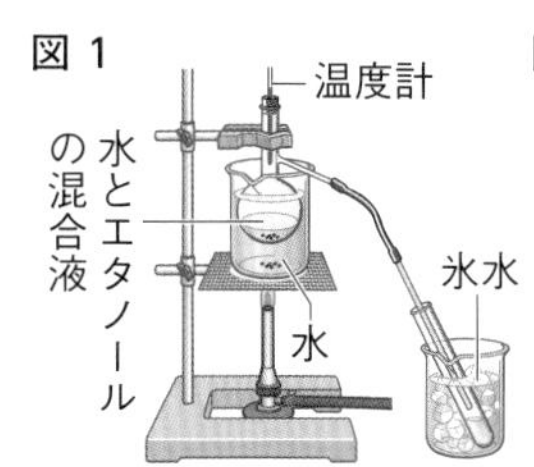

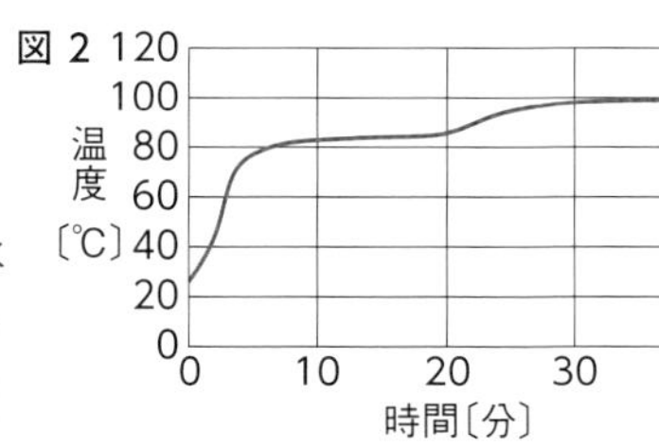

ア　エタノールだけ　　イ　エタノールに少量の水が混じったもの

ウ　水に少量のエタノールが混じったもの　　エ　水だけ

ヒント 温度によって，出てくる気体の成分がちがう。沸点(ふってん)の低い物質(ぶっしつ)から先に出てくることに注目する。

温度によってふくまれる成分はどう変わるか

エタノールの沸点は約78 ℃，水の沸点は100 ℃なので，エタノールの方が先に出てくる。しかし，２つの物質を完全に分離することはできない。右のグラフのように，温度が低いとき（A）はエタノールの方が多く，温度が高くなるにしたがって（B），水の割合が大きくなる。

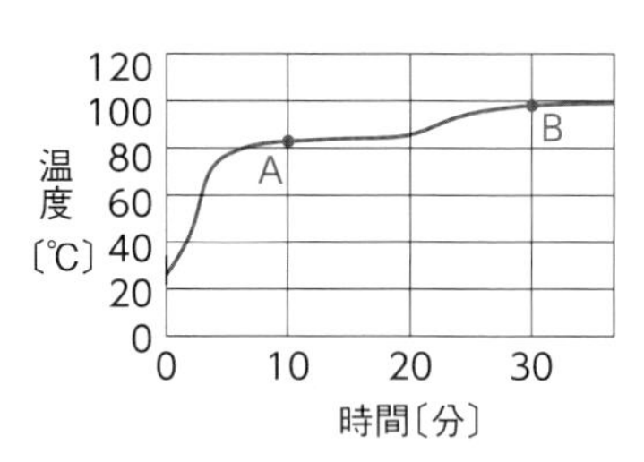

30分後の温度はどうか

30分後は，水の沸点である100 ℃近くになっている。したがって，水に少量のエタノールが混じった液体が出てくることがわかる。

答え ウ

問題 水とエタノールが１：１の割合で混じった混合物を蒸留した。この場合，混合物の温度が80 ℃のときに出てきた気体には，エタノールと水のどちらが多くふくまれているか。

⇨答えはp.137の下

チェック 基礎用語

次の〔　〕にあてはまるものを選ぶか，あてはまる言葉を答えましょう。

1 物質の状態変化

問題	解答
□(1) 物質が固体↔液体↔気体と変化する現象を〔　　〕という。	(1) 状態変化
□(2)〔 固体　液体　気体 〕は，形や体積がほぼ一定で変化しない。	(2) 固体
□(3)〔 固体　液体　気体 〕は，形は自由に変化するが，体積はほぼ一定である。	(3) 液体
□(4)〔 固体　液体　気体 〕は，形が自由に変化し，体積も変化しやすい。	(4) 気体
□(5) 状態変化が起こるとき，その物質の化学的な性質は，〔 変化する　変化しない 〕。	(5) 変化しない
□(6) 状態変化が起こるとき，質量は〔 変化する　変化しない 〕。	(6) 変化しない
□(7) 液体が気体に変化するとき，体積は〔 増加　減少 〕する。	(7) 増加
□(8) ふつう，液体が固体に変化するとき，体積は〔 増加　減少 〕する。	(8) 減少
□(9) 液体の水が，固体の氷に変化するとき，体積は〔 増加　減少 〕する。	(9) 増加

2 状態変化するときの温度

問題	解答
□(10) 固体がとけて液体に変化するときの温度を〔　　〕という。	(10) 融点
□(11) 液体が沸騰して気体に変化するときの温度を〔　　〕という。	(11) 沸点
□(12) 水などの液体がその表面から気体になる現象を〔　　〕という。	(12) 蒸発
□(13) 純物質の融点や沸点は〔 一定である　一定ではない 〕。	(13) 一定である
□(14) 混合物の融点や沸点は〔 一定である　一定ではない 〕。	(14) 一定ではない
□(15) 水の融点は〔　　〕℃であり，沸点は〔　　〕℃である。	(15) 0，100
□(16) 液体を熱して気体にし，その気体を冷やして再び液体にしてとり出すことを〔　　〕という。	(16) 蒸留
□(17) 水とエタノールの混合物の蒸留では，はじめに沸点の低い〔 水　エタノール 〕が気体として多く出てくる。	(17) エタノール

問題の解答 [p.135] エ　[p.136] エタノール

定期テスト予想問題 ①

時間 40分
解答 p.256

得点 /100

1節／いろいろな物質とその性質

1 右の図のように，石灰水(せっかいすい)を入れたびんの中で物質(ぶっしつ)Aと物質Bを燃やし，その変化を調べる実験を行った。物質A，Bはそれぞれ砂糖，食塩のいずれかである。これについて，次の問いに答えなさい。【5点×5】

(1) 物質Aは，とけながら燃えて黒くこげた。黒くこげたのは，物質Aが何をふくんでいるためか。〔　　　　〕

(2) (1)をふくむ物質を，一般(いっぱん)に何というか。〔　　　　〕

(3) (2)以外の物質を，一般に何というか。〔　　　　〕

(4) 物質Aを燃やしたあと，びんをよく振(ふ)ると，石灰水が白くにごった。これは何という物質が発生したためか。〔　　　　〕

(5) 物質Bは，加熱しても変化しなかった。物質Bは何か。〔　　　　〕

1節／いろいろな物質とその性質

2 名前のわからない物質A，物質Bがあり，その形と質量(しつりょう)を調べたところ，表1のようになった。これらの物質について，次の問いに答えなさい。密度(みつど)は，小数第2位を四捨五入して小数第1位まで求めなさい。【5点×5】

(1) 物質Aの密度はいくらか。〔　　　　〕

(2) 物質Bの密度はいくらか。〔　　　　〕

表1

	形	質量
物質A	一辺の長さが2cmの立方体	21.5 g
物質B	一辺の長さが4cmの立方体	57.6 g

(3) 水に浮(う)くのは物質A，Bのうちどちらか。〔　　　　〕

(4) 物質Aは，表2で示したいずれかの物質である。物質Aは何と考えられるか。〔　　　　〕

表2

物質名	ポリプロピレン	アルミニウム	鉄	マグネシウム
密度〔g/cm^3〕	約0.9	2.7	7.9	1.7

(5) 物質Aは電気を通しやすいか，通しにくいか。〔　　　　〕

2節／気体の性質

3 右の表は，二酸化炭素，酸素，水素，アンモニアの４種類の気体Ａ～Ｄについてまとめたものである。次の問いに答えなさい。【5点×6】

気体	におい	水に対するとけやすさ	火を近づけたときのようす	水溶液の性質
A	刺激臭	非常によくとける	火は消える	アルカリ性
B	なし	少しとける	火は消える	酸性
C	なし	ほとんどとけない	炎が大きくなる	
D	なし	ほとんどとけない	気体が燃える	

(1) うすい塩酸を加えると気体Ｄが発生する物質を，次のア～エから選べ。〔　　〕

ア　石灰石　　イ　二酸化マンガン　　ウ　亜鉛　　エ　塩化アンモニウム

(2) 気体Ａを発生させたとき，集める方法として最も適当なものを，図のア～ウから１つ選べ。〔　　〕

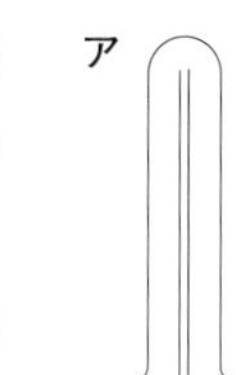

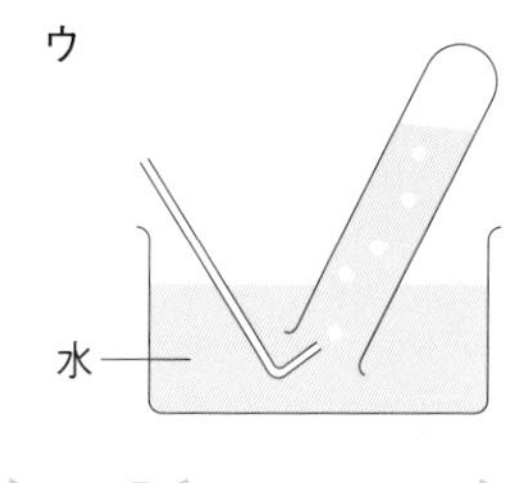

(3) 気体Ａ～Ｄはそれぞれ何か。

Ａ〔　　〕　Ｂ〔　　〕　Ｃ〔　　〕　Ｄ〔　　〕

3節／水溶液の性質

4 右の図は，塩化ナトリウム，ホウ酸，硫酸銅，硝酸カリウムが100 gの水にとける質量と水の温度の関係を示している。次の問いに答えなさい。【5点×4】

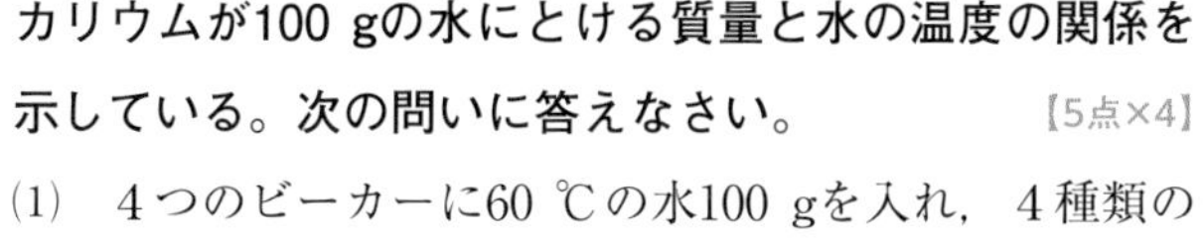

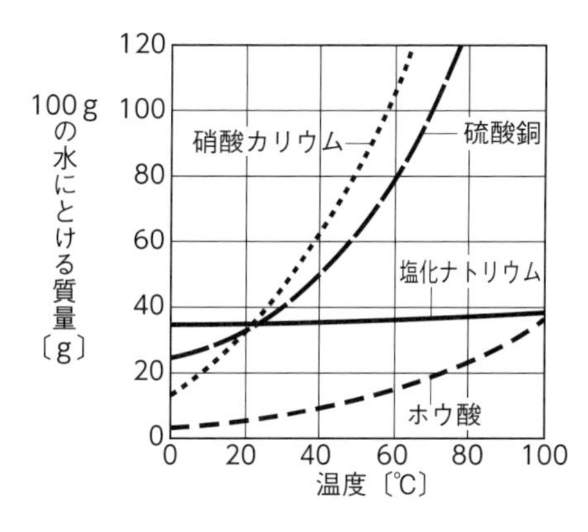

(1) ４つのビーカーに60 ℃の水100 gを入れ，４種類の固体をそれぞれ20 gずつ加えてかき混ぜた。そのとき，一部とけ残った固体は何か。〔　　〕

(2) 新たに，それぞれの物質を60 ℃の水100 gにとけるだけとかして飽和水溶液をつくった。これを20 ℃まで冷やすと，規則正しい形をした固体が現れたものがあった。このような固体を何というか。〔　　〕

(3) (2)で，最も多く固体が出てきた物質は何か。〔　　〕

思考 (4) (2)で，ほとんど固体が出てこなかった物質の固体をとり出すには，どのような方法が適しているか。簡単に書け。〔　　〕

定期テスト予想問題 ②

時間 40分
解答 p.257

得点　　/100

4節／状態変化

1 右の図は，物質の状態変化を示したものである。次の問いに答えなさい。　【5点×5】

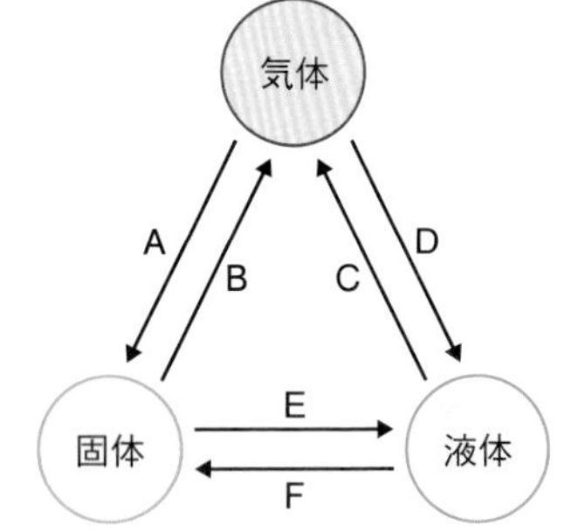

(1) 図のA～Fの矢印のうち，加熱を表しているものをすべて選べ。
〔　　　　〕

(2) 水やろうが液体から固体に状態変化するとき，その体積と質量はそれぞれどうなるか。次のア～ウから選べ。

ア　増加する。　イ　減少する。　ウ　変化しない。

①水　…体積〔　　〕　質量〔　　〕

②ろう…体積〔　　〕　質量〔　　〕

4節／状態変化

2 右の図のような装置で，水とエタノールをそれぞれ加熱した。下のグラフは，それぞれの温度変化を示したものである。次の問いに答えなさい。　【(3)完答，5点×5】

(1) グラフの平らになっている部分の温度を何というか。〔　　　　〕

(2) (1)の温度にあるとき，その物質はどのような状態になっているか。〔　　　　〕

(3) 水の温度変化を示しているのはグラフA，Bのどちらか。理由とあわせて書け。

グラフ〔　　〕　理由〔　　　　〕

(4) それぞれの液体の量を2倍にして同じ実験をした。(1)の温度はどのようになるか。〔　　　　〕

(5) それぞれの火を弱くして加熱した。(1)の温度はどのようになるか。〔　　　　〕

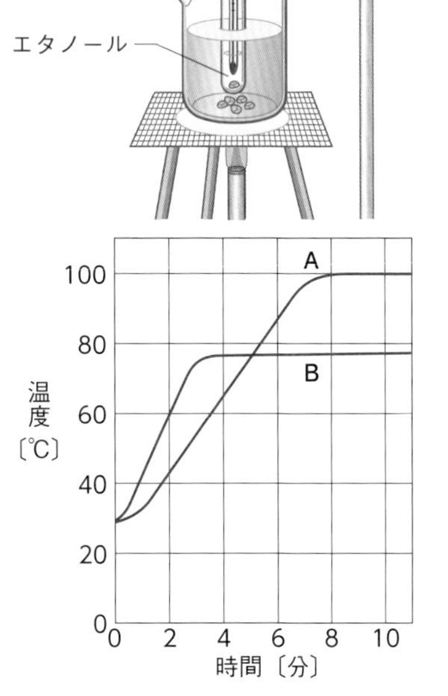

4節／状態変化

3 右のグラフは，水を熱したときの温度変化を表している。次の問いに答えなさい。 【5点×6】

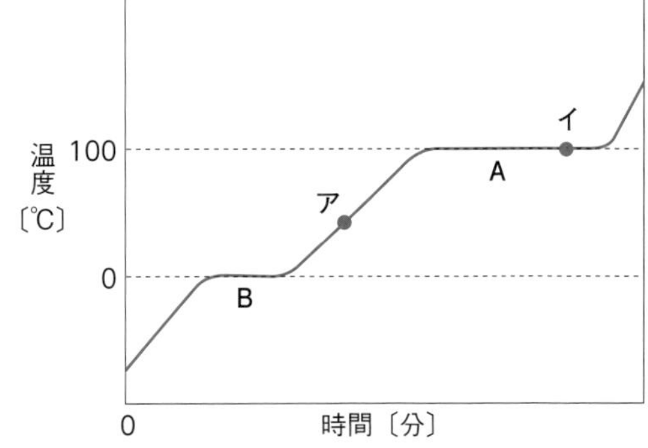

(1) グラフ中の水平部分Aの温度を何というか。

〔　　　　　　〕

(2) グラフ中の水平部分Bの温度を何というか。

〔　　　　　　〕

(3) グラフ中のア点，イ点で水の状態は次のa～eのどれか。

ア〔　　　　〕　イ〔　　　　〕

a すべて固体　b すべて液体　c すべて気体

d 固体と液体が混じっている。　e 液体と気体が混じっている。

(4) グラフから，水は純物質（じゅんぶっしつ）と混合物（こんごうぶつ）のどちらと考えられるか。理由とあわせて書け。

物質〔　　　　　　〕　理由〔　　　　　　　　　　　　　　　〕

4節／状態変化

4 水とエタノールを２：１の体積の割合で混合し，この混合液を図１のような装置で加熱した。加熱を始めてから４分後に沸騰（ふっとう）が見られ，試験管の中には液体がたまり始めた。図２はこの混合液の温度変化を表すグラフである。次の問いに答えなさい。

【5点×4】

図１　温度計　枝つきフラスコ　水とエタノールの混合液　沸騰石　試験管　水

図２　温度〔℃〕　時間〔分〕　A

(1) 液体を沸騰させて気体にし，それを冷やして再び液体にする方法を何というか。

〔　　　　　　〕

(2) 図１で，フラスコの中に沸騰石を入れるのはなぜか。

〔　　　　　　　　　　　　　　　〕

思考 (3) 図２で，Aの時間帯に試験管にたまった液体には，水とエタノールのうちどちらが多くふくまれているか。理由とあわせて書け。

物質〔　　　　　　〕　理由〔　　　　　　　　　　　　　　　〕

ドレッシングが２層に分かれる原因をさぐろう！

ドレッシングの中には，層状に分かれていて，直前によく振り混ぜて使うものがある。２層に分かれる原因は何か，それぞれの層が何でできているか，仮説を立てて実験で確かめてみよう。

疑問 今では食卓に欠かせないドレッシング。種類も豊富だが，どうしてドレッシングには２層に分かれるものがあるのだろうか。２層に分かれるドレッシングと，２層に分かれないドレッシングの原材料には，何かちがいがあるのだろうか。

資料 ドレッシングの原材料・おもな液体の密度の表

●ドレッシングA（２層に分かれるドレッシング）

ドレッシングAの原材料			
食用植物油	しょう油	オリーブ	調味料
タマネギ	砂糖	レッドピメント※1	甘味料
醸造酢	食塩	香辛料	水

※1 トウガラシの一種。

●ドレッシングB（２層に分かれないドレッシング）

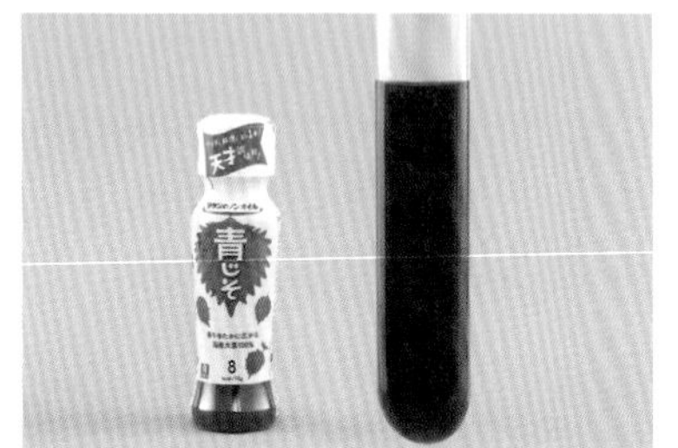

ドレッシングBの原材料			
青じそ	しょう油	梅肉	発酵調味料
オニオンエキス	糖類	かつおぶしエキス	酸味料
醸造酢	食塩	増粘多糖類※2	水

※2 いくつかの糖からなり，食品にとろみをつけるのに使用される。水にとける。

液体	密度〔g/cm^3〕	液体	密度〔g/cm^3〕
水	1.00	食用酢	1.01
植物油	0.91 ～ 0.92	しょう油	1.10 ～ 1.20

⬆おもな液体の密度

原材料には液体と固体のものがあるね。

ドレッシングの写真４点は©アフロ

考察　それぞれのドレッシングの液体成分の密度を比較する

おもな液体の密度の表を見ると，水と食用酢の密度はほとんど同じで，しょう油はそれより密度が大きく，植物油は小さいね。密度が大きいと重く，小さいと軽いから……。

ドレッシングAのおもな液体成分は，植物油，しょう油，酢，水なのに対して，ドレッシングBのおもな液体成分は，しょう油，酢，水である。植物油は水に比べて密度が小さいので，ドレッシングAでは植物油が上の層に分かれていると考えられる。

解説　水も油も，それぞれをつくる小さな粒子(分子という)が集まってできている。水をつくる粒子は油をつくる粒子に比べて，たがいに引き合って集まる力(表面張力)が強いため，水と油は混ざらずに分離する。その際，密度の小さい油が上の層，大きい水などが下の層になるように分かれる。

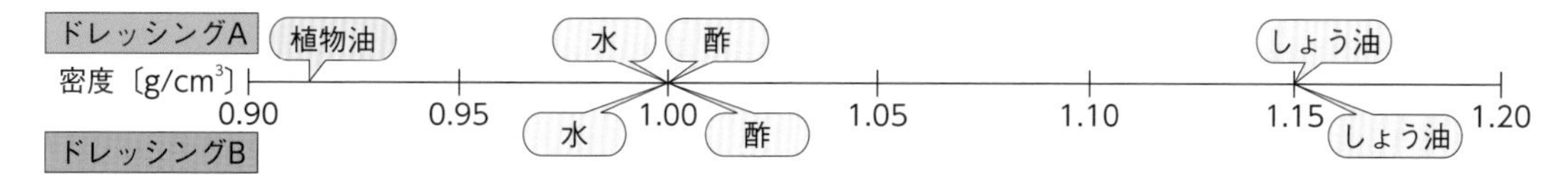

実験　実際に，水，植物油，しょう油，食塩などを混ぜてみる

水，植物油，しょう油，そのほかのうま味成分を混ぜて，オリジナルドレッシングをつくってみよう。できたドレッシングは２層に分かれるだろうか。

⬆ドレッシングを混ぜ合わせたようす

容器にドレッシングの原材料を混ぜてしばらく放置すると，どのようになるかを実験してみる。実際に２層に分かれた場合は，上の層の液体をとり出し，その密度をはかり，成分を考える。

解説　水にとける塩味(しょう油，食塩など)・酸味(酢など)と，油にとける香りや風味の両方がドレッシングのおいしさをつくっている。

また，野菜だけでは苦みが強いときに，油をふくんだドレッシングをかけると，苦みが減り，うま味が増すなどの役割がある。

※食用としてドレッシングをつくるときは，調理用の容器や器具を使用してください。

中学生のための
勉強・学校生活アドバイス

ファイリングのプロになろう

「桂太，どうしたの？　さっきから，何かさがしてる？」

「ん～～。この前の理科の授業で配られたプリントがなくてさ。次の小テストの範囲だから見ておこうと思ったんだけど。」

「荻原くん，いい心がけだね。……でもそのカバンのようすだと，さがし出すのにだいぶ時間がかかりそうだけど……。」

「ほんと……ぐちゃぐちゃだ。よかったらわたしのをコピーする？　理科の水溶液のプリントだよね？」

「まじ，ありがとう！　って，葵，そんなにきれいに整理してんの？」

「うん。配られたらすぐクリアファイルに入れるようにしてるんだ。そうしないとなくしちゃうし。」

「えらいね，今野さん。」

「この前の定期テストのときに，勉強を始める前にまずプリントをそろえるのにすごく時間がかかっちゃって……。」

「そういえばオレもそうだった……。」

「しまうところさえ決めて必ずそこに入れるようにすれば，あとでさがす手間もないし，すごく楽になったんだ。」

「その緑のクリアファイルに全部入れてんの？」

「これは理科用。社会のプリントはこっちの紫のクリアファイルに入れてるよ。」

「**教科ごとにクリアファイルの色を分けて使っている**んだね。」

「1年の最初の方に配られたやつもずっと持ってるのか？」

「ううん。**定期テストが終わったら，教科ごとに，また同じ色の新しいクリアファイルに入れる**ようにしてるよ。」

「なるほど。」

「古いプリントを入れたクリアファイルは，家の本棚に保管してあるの。」

「教科ごとの色のルールがあれば，前の範囲のプリントもさがし出しやすいよね。荻原くんもマネしてみたら？」

「……たしかに。ちょっと今からクリアファイル買ってきます…！」

3章

身のまわりの現象

1 光の進み方と反射

教科書の要点

1 光の進み方と反射

◎ **光源**から出た光は**直進**する。

◎ **反射**…光が物体の表面ではね返る現象。

◎ 光の**反射の法則**…**入射角＝反射角**の関係が成り立つ。

2 光の屈折と全反射

◎ **屈折**…光が異なる物質の境界面で折れ曲がって進む現象。

◎ 空気中→水中やガラス中に進むとき…**入射角＞屈折角**となる。

◎ 水中やガラス中→空気中に進むとき…**入射角＜屈折角**となる。

◎ **全反射**…光が物質の境界面ですべて反射する現象。

1 光の進み方と反射

光源から出た光は，空気中や水中などをまっすぐ進む。また，光は鏡などの物体の表面ではね返って進む。

(1) 光の進み方

❶ **光源**…太陽や電灯のように自ら光を出す物体。

❷ **光の直進**…光源が周囲を明るくするのは，光源から出た光は，とぎれることなく，四方八方にまっすぐに進むからである。ただし，太陽から出た光は，すべて平行に進むと考えてよい。

❸ **物体が見えるとき**

a **自ら光を出す物体（光源）の場合**…出た光を直接見ている。太陽，電灯，モニター画面など。

b **光を出さない物体の場合**…物体に当たってはね返って目に届いた光を見ている。**光の反射**（➡p.147）による現象。本などの物体，月など。

くわしく 光の直進の確認

光源から出た光が物体に当たってできる影や，線香のけむり・ほこりなどの小さな粒に当たったときにできる光の道すじで光の直進を確認できる。

⬆日光によるブラインドの影

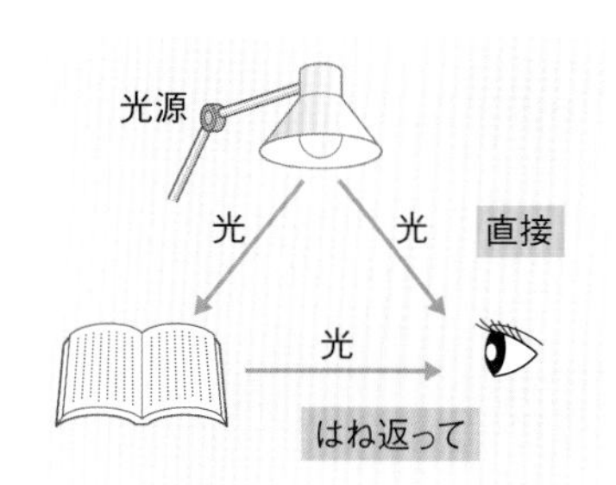

⬆物体が見える２つの場合

(2) 光と色

❶**白色光**…目に見える光がすべて混ざり合って白く見える光。太陽の光のように，複数の色の光が混ざり合うと白く見える。

❷**可視光線**…目に見える単色の光。赤色，だいだい色，黄色，緑色，青色，あい色，紫色など。

a 太陽の光などの白色光を，プリズムを通して分散すると，単色の光の帯として見ることができる。

b 雨上がりに見られる虹は，空気中に浮かぶ水滴によって光が分散されて色の帯として見える現象である。

❸**物体の色が見えるしくみ**…物体の色が見えるのは，物体の表面に当たった光の中で，多く反射された光の色が目に届くからである。例えば，物体が赤い色に見えるのは，赤い色をした光を多く反射するためである。

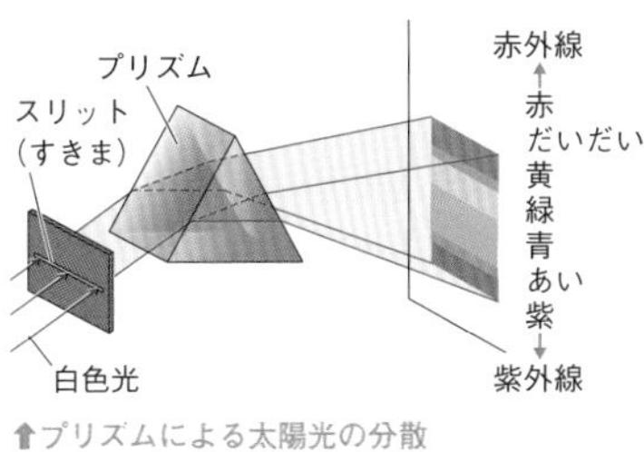

⬆プリズムによる太陽光の分散

❹**光の三原色**…赤色，青色，緑色の３色の光で，この3色すべてが混ざると白色になる。

(3) **光の反射**…光が物体に当たってはね返る現象。

❶**入射光**…物体に対して入ってくる光。

❷**反射光**…物体に当たって反射して出ていく光。

❸**入射角**…物体の面に垂直な線と入射光の間の角。

❹**反射角**…物体の面に垂直な線と反射光の間の角。

重要

❺**反射の法則**…光が反射するときは，つねに入射角と反射角は等しい。

反射の法則　入射角＝反射角

くわしく **赤外線と紫外線**

・**赤外線**…太陽光をプリズムで分けたとき，赤色の外側にくる光。目に見えない光で，ものをあたためるはたらきがある。

・**紫外線**…太陽光をプリズムで分けたとき，紫色の外側にくる光。目に見えない光で，日焼けを起こす原因となる。

紫外線　可視光線　赤外線

⬆太陽光のスペクトル（色の帯）　©アフロ

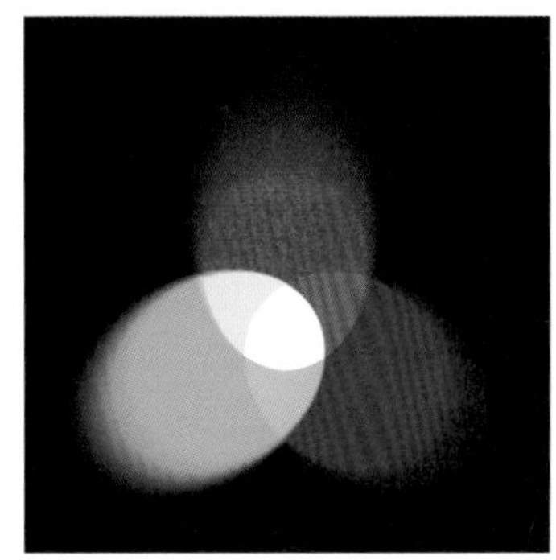

⬆光の三原色

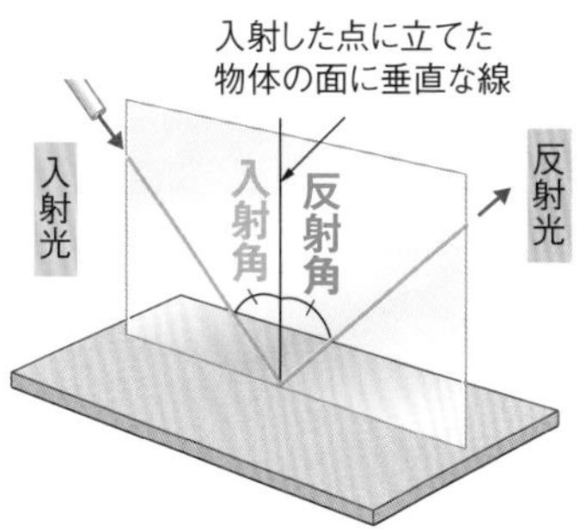

⬆入射角と反射角

光の反射の規則性を調べる実験

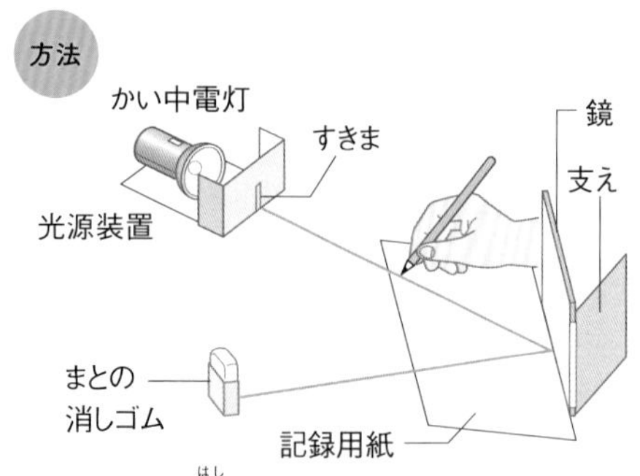

記録用紙の端に鏡を置き，光源装置の光を鏡で反射させてまとの消しゴムに当て，光の道すじを記録する。

①右の図のように記録できる。

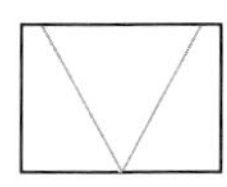

②入射した点を中心に
２つに折る。

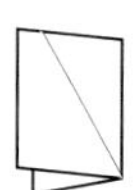

③すかして見ると，入射光と反射光が一致する。

④このことから，入射角＝反射角となることがわかる。

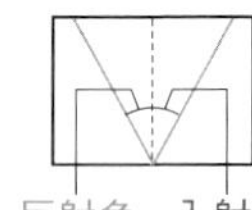

❻**鏡にうつる像**…鏡で反射した光は，鏡に対して対称な位置から出て目に届いたように感じる。

・**像**…鏡にうつっている物体。鏡の中に見える像の位置は，実際の物体と鏡に対して対称な位置にあるように見える。

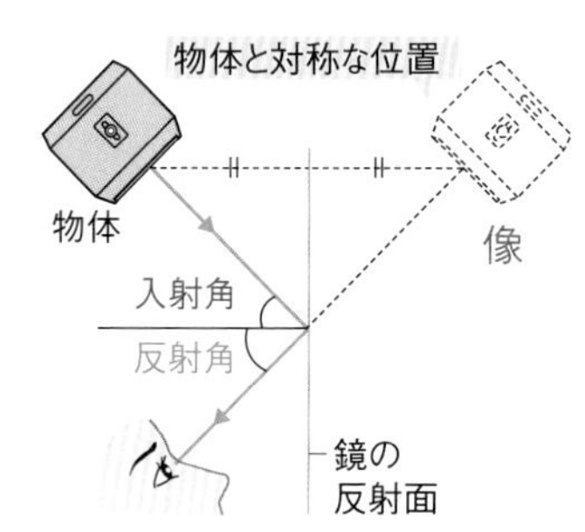

⬆鏡にうつる像と物体の位置関係

❼**乱反射**…物体の表面には，無数の小さな凹凸があるため，光がある向きから物体に当たっても，光は四方八方に反射する。そのため，物体はどの方向からも見える。このような反射を乱反射という。

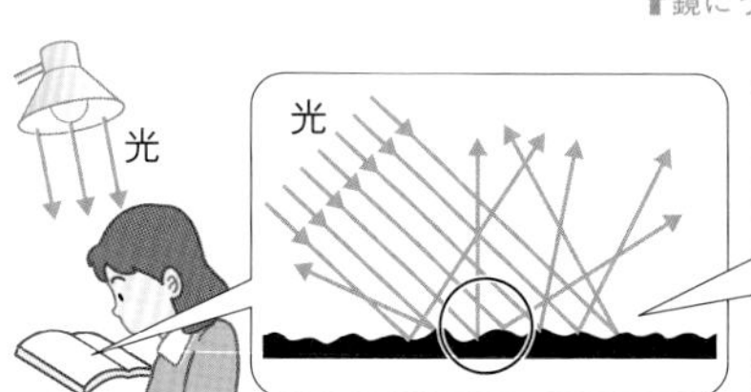

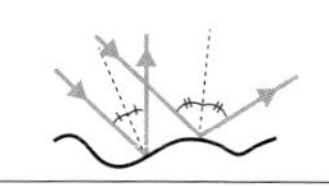

全身をうつすのに必要な鏡の大きさは？

鏡の前に立って全身をうつす場合，鏡の縦方向の大きさは，最小でどのくらいあればよいだろうか？　右の図のように，頭の上部から出た光が目に届く経路と，足の先から出た光が目に届く経路で反射の法則から考える。すると，身長の半分の大きさでよいことがわかる。

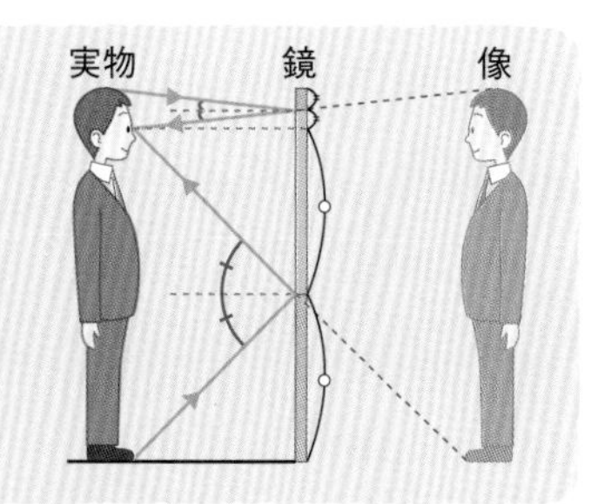

トレーニング　重要問題の解き方

鏡での光の反射の問題

例題 右の図のように，壁(かべ)に鏡がとりつけてある。鏡の前にはち植えの木が置いてあり，A君はついたての手前側にいる。このとき，A君が鏡にうつったはち植えの木を見ることができないのは，A君がア～エのどの位置に立ったときか。

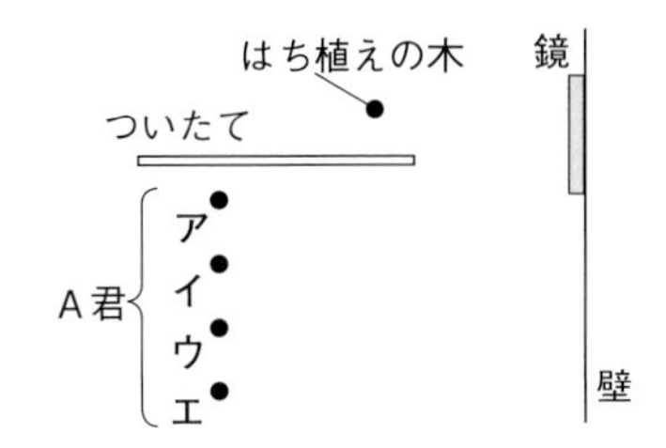

ヒント 鏡にうつったはち植えの木の像の位置と，A君の４つの位置をそれぞれ直線で結ぶ。このときできる直線と鏡の交点で反射した光が目に届く。

像ができる位置はどこか？　はち植えの木の点から鏡に垂直な線を引き，鏡の表面を境として対称な位置に像の点をかく。（はち植えの木の点から鏡の表面までの長さと，鏡の表面から像までの長さが等しい。）

鏡に反射した光の進み方を考える　はち植えの木から出た光の反射光は，像から出ているように進むので，像とア～エのそれぞれの点を結ぶ。

鏡を通らない線の意味を考える　すると，エと結んだ線だけは鏡を通っていない線になる。つまり，エには鏡で反射した光はこないので，はち植えの木が見えないのはエの位置である。

答え エの位置

問題 右の図のように直角になるように置かれた２枚の鏡に，矢印の方向から光を入射した。この光が２枚の鏡で反射したあとに通る点は，ア～エのどの点か。

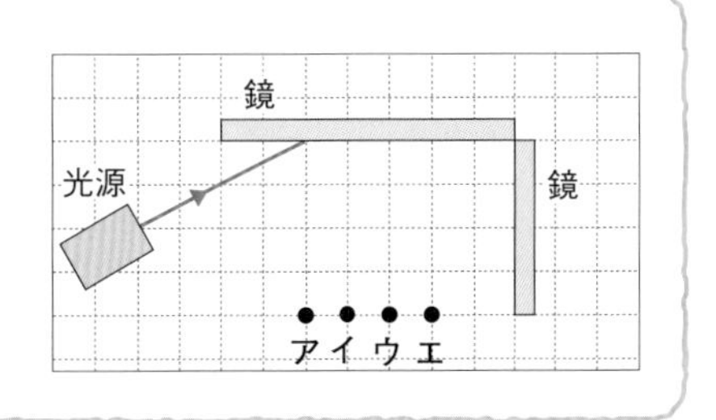

⇨答えはp.159の下

2 光の屈折と全反射

光は異なる物質に進むとき，境界面で折れ曲がったり，すべて反射したりして進む。

(1) **光の屈折**…光が，ある物質から異なる物質に進むとき，その境界で折れ曲がる現象。

❶**屈折光**…異なる物質の境界面で屈折して進む光。

❷**屈折角**…境界面に垂直な線と屈折光の間の角。

重要

❸**光の屈折の規則性**

・空気中→水中やガラス中に進む　**入射角＞屈折角**

・水中やガラス中→空気中に進む　**入射角＜屈折角**

※光は境界面で屈折してちがう物質中に進むが，光の一部は境界面で反射してもとの物質中にもどる。このときは，反射の法則にしたがって反射する。

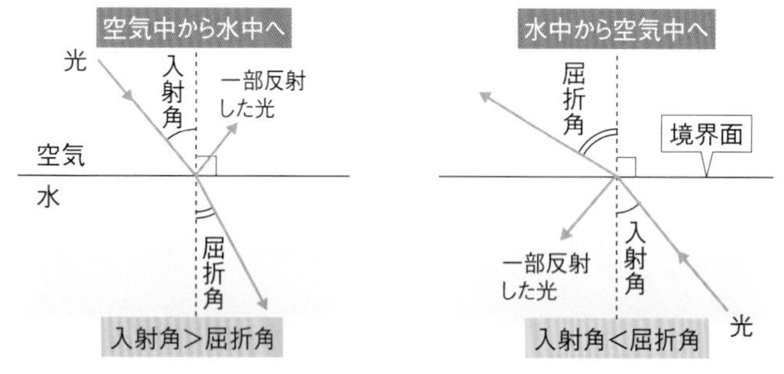

⬆光の屈折のしかた

(2) **全反射**…光が入射角より屈折角が大きくなるように進むとき，入射角が一定の角度をこえると，境界面ですべて反射する現象。例光が水中(ガラス中)→空気中へと進むようなときなど。

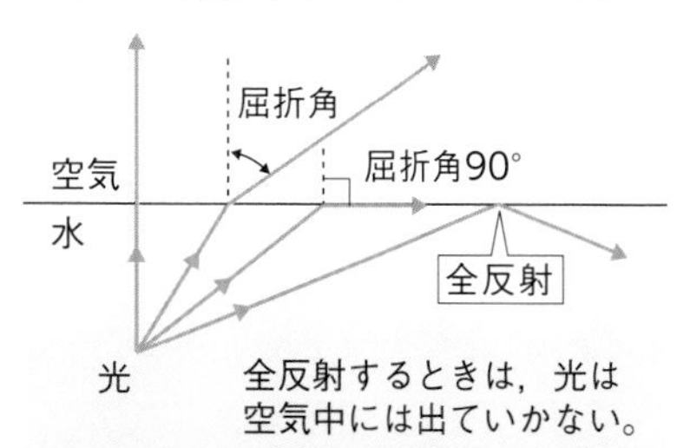

⬆全反射するときの光の進み方

⬆水面で全反射して見える金魚

くわしく　境界面に垂直に進む光・ななめに進む光

光が２種類の物質の境界面に対して垂直に進むとき，光は屈折しないでまっすぐに進む。

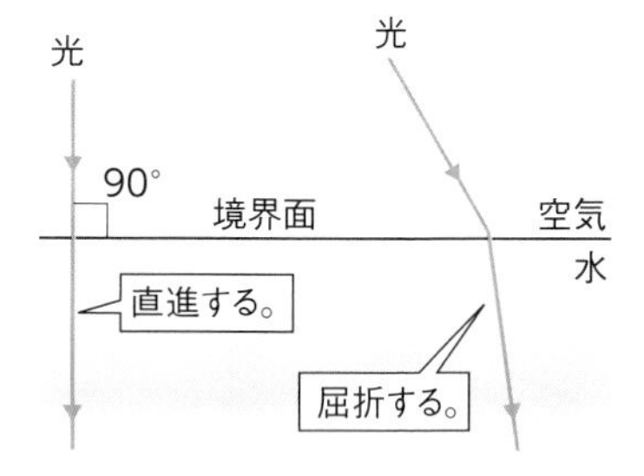

発展　屈折率

下の図のように円をかいた場合，AMとBNの長さの比で表される値$\left(\frac{AM}{BN}\right)$を屈折率という。屈折率が大きいほど，光は大きく曲がる。

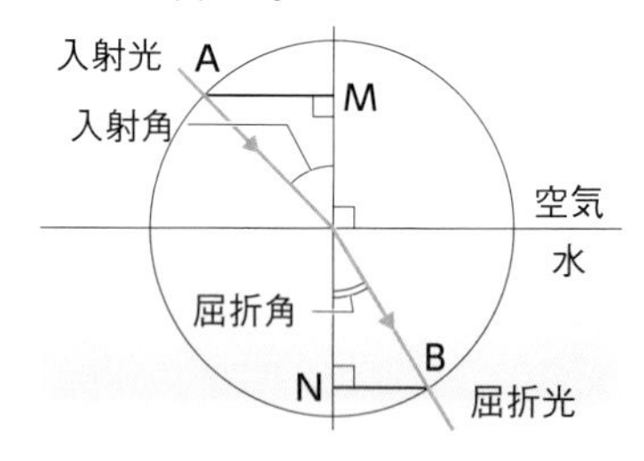

発展　臨界角

屈折角が90°となるときの入射角を特に臨界角という。臨界角は物質によって決まっている値である。

水の臨界角は約49°，ガラスは種類によってちがうが，約43°くらいである。

(3) 全反射の例

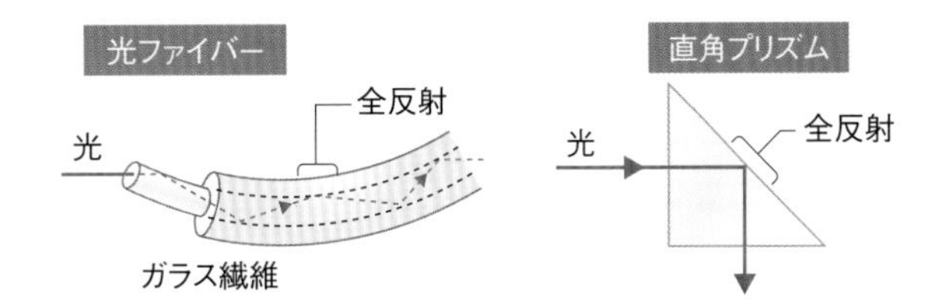

❶**光ファイバー**…ガラス繊維(せんい)などで，一端(いったん)から入った光を全反射させながら伝える。⇨内視鏡や通信回線などに利用。

❷**直角プリズム**…光の進路を変える。⇨双眼鏡(そうがんきょう)などに利用。

重要実験 光の屈折のしかたを調べる

目的 光が異なる物質に入射するとき，どのような道すじを通るのかを調べる。

方法 ①記録用紙の中心に，半円形レンズの平らな面の中心を合わせて置く。

②空気中からレンズの平らな面の中央に光を当て，光の進み方を記録する。このとき，入射角Aを0°，30°，60°に変えて調べる。

③レンズの半円側から光を当て，光の進み方を記録する。このとき，入射角Bを0°，30°，60°に変えて調べる。

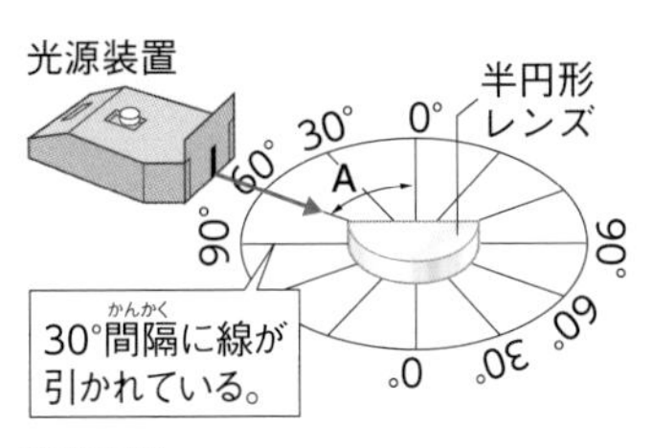

ポイント
半円形レンズを使うと，中心を通った光は円周のどこに当たっても直進するので，光の通った道すじがわかりやすい。

結果 A空気中→ガラス（半円形レンズ）

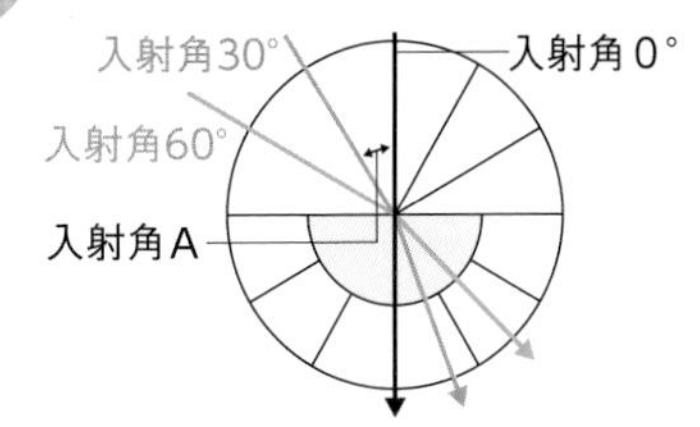

a 入射角が0°のときは，つねに光は直進した。

b 入射角が30°，60°のとき，光は空気とレンズの平らな境界面で屈折した。

⇨光は，境界面から離(はな)れるように屈折し，60°のほうが屈折角が大きい。

Bガラス中→空気

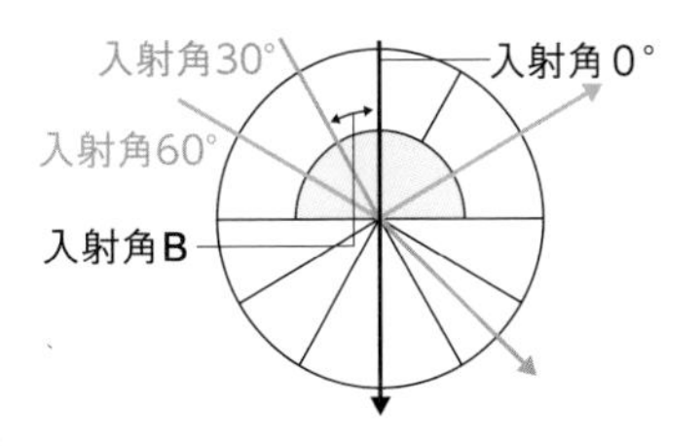

a 入射角が0°のときは，つねに光は直進した。

b 入射角が30°のとき，光は空気とレンズの平らな境界面で屈折した。

⇨光は，境界面に近づくように屈折した。

c 入射角が60°のときは，全反射した。

結論
・光が空気中からガラスの中へ進むとき⇨**入射角 ＞ 屈折角**
・光がガラスの中から空気中へ進むとき⇨**入射角 ＜ 屈折角**

2 凸レンズのはたらき

教科書の要点

1 凸レンズと焦点
- ◎**光軸**に平行な光が，凸レンズを通過後に集まる点を**焦点**という。
- ◎凸レンズの中心から**焦点**までの距離を**焦点距離**という。

2 実像と虚像
- ◎実際に光が集まってできる像が**実像**である。スクリーンにうつる。
- ◎光が集まらずに凸レンズを通して見える像が**虚像**である。

3 凸レンズでできる像
- ◎物体が焦点の外側…物体と上下・左右が逆向きの実像
- ◎物体が焦点の内側…物体と上下・左右が同じ向きの虚像

1 凸レンズと焦点

凸レンズは，光軸に平行な入射光を１点に集める性質がある。

(1) 凸レンズ

❶**凸レンズ**…中央が周辺よりもふくらんでいるレンズ。

❷**光軸**…凸レンズの中心と焦点を結ぶ直線。

❸**焦点**…凸レンズの光軸に平行に当てた光が，凸レンズを通過後に集まる１点。焦点は凸レンズの両側に１つずつある。

❹**焦点距離**…凸レンズの中心から焦点までの距離。

(2) 凸レンズを通る光の進み方

①光軸に平行な光
②凸レンズの中心を通る光
③焦点を通る光
光軸
焦点
凸レンズの中心
焦点距離
焦 点
①凸レンズを通過後，焦点を通る。
②直進する。
③凸レンズを通過後，光軸に平行に進む。

くわしく 凸レンズのいろいろ

下にいろいろな形の凸レンズを示したが，中央が周辺よりも厚ければどれも凸レンズである。つまり，一方が丸みを帯び，片方が平面でも凸レンズである。

逆に中央が周辺よりもうすいレンズを凹レンズという。

光は，レンズに入るとき，レンズを出るときの２度屈折している。

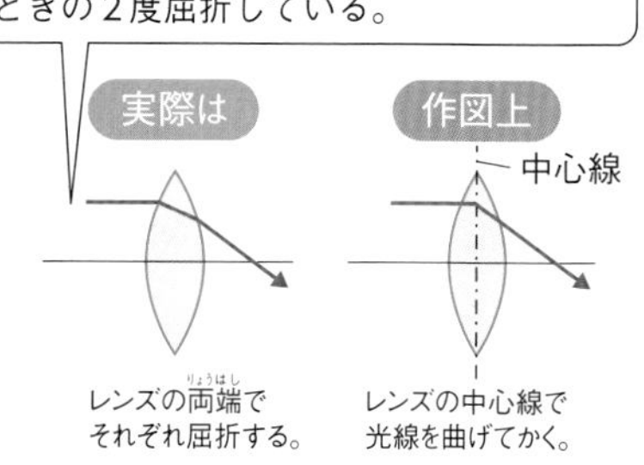

重要

❶**凸レンズの光軸に平行な光**…凸レンズで屈折して，通過後反対側の焦点を通るように進む。

❷**凸レンズの中心を通る光**…そのまま直進する。

❸**焦点を通って凸レンズに入る光**…凸レンズで屈折して，通過後光軸に平行に進む。

2 実像と虚像

近くにある物体と遠くにある物体では見え方が異なる。

⬆近くの物体を見たとき

⬆遠くの物体を見たとき

写真２点は©OPO／Artfactory

(1) 実像

❶**実像**…実際に光が集まってできる上下・左右が逆向き（倒立）の像。スクリーン上にうつすことができる。

❷**凸レンズによってできる実像**

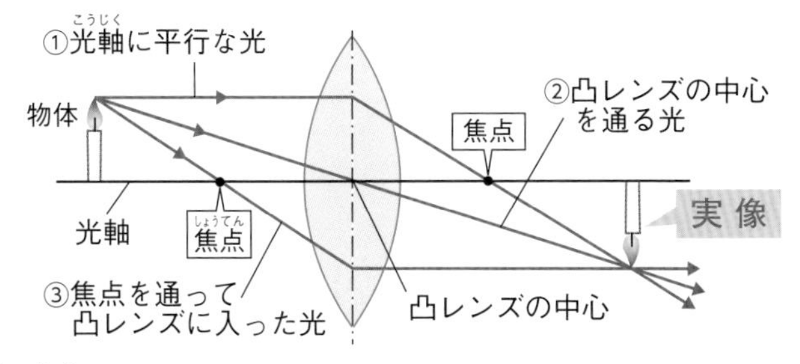

(2) 虚像

❶**虚像**…物体のないところから，光が出ているように見える見かけの像。上下・左右が同じ向き（正立）で，物体よりも大きな像。光が集まってできた像ではないため，スクリーン上にはうつせない。 **例** 鏡にうつった像，水中で屈折して見える像。

└→実際に光が集まってできる像ではない。

くわしく 見える像の変化

例えば，のばした左手に物を持ち，右手に虫めがねを持つ。最初，物と虫めがねを離しておき，虫めがねを通して左手の物を見ると，物が小さく逆さまになって見える。次に，右手の虫めがねをだんだん物に近づけると，ある距離のところで何が見えているかわからなくなるが，そこを過ぎると，物が実物の向きに大きく拡大されて見える。

くわしく 倒立実像

逆さまの向きのことを，実物の向き（正立）に対して「倒立」という。そのため，物体の向きと逆さまになっている実像のことを，倒立の実像，あるいは倒立実像という。

くわしく スクリーン上にできる像

左の図では，ろうそくの炎の先端から出ている光を代表してかいてあるが，実際にはろうそくのすべての部分から光が出ている。そのため，物体であるろうそくと同じ像がスクリーン上にできる。

思考 凸レンズの上半分をかくすとどうなる?

左の図で，凸レンズの上半分を黒い紙などでおおうと，どうなるだろうか。

①の光のような，凸レンズの上側を通る光はさえぎられてしまう。しかし，③のように凸レンズの下半分を通る光もあるので，実像はちゃんとできる。ただし，さえぎられる光がある分，像の明るさは暗くなる。

また，光軸に平行に入射する平行光線（太陽光など）の場合は，光が半分さえぎられて，像も半分になる。

❷凸レンズによってできる虚像

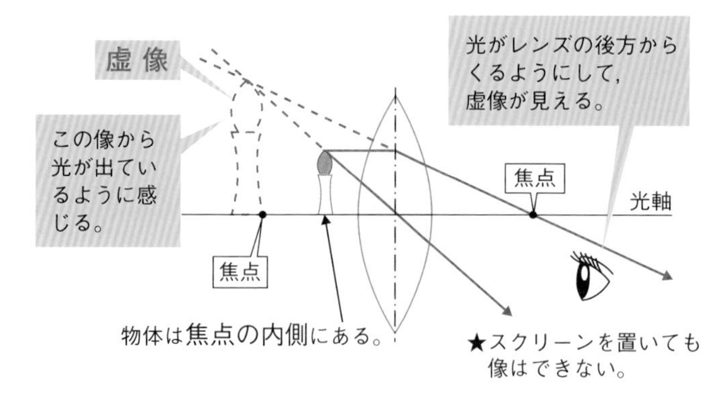

3 凸レンズでできる像

凸レンズによってできる像は，物体と凸レンズの位置関係によって５つの種類に分けられる。

❶物体が焦点距離の２倍より離れた位置にあるときにできる像

⇨物体より小さい，物体と上下・左右が逆向きの実像

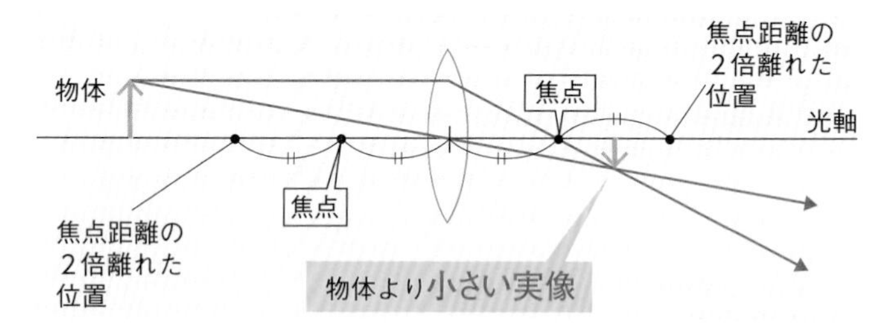

❷物体が焦点距離の２倍の位置にあるときにできる像

⇨物体と同じ大きさ，物体と上下・左右が逆向きの実像

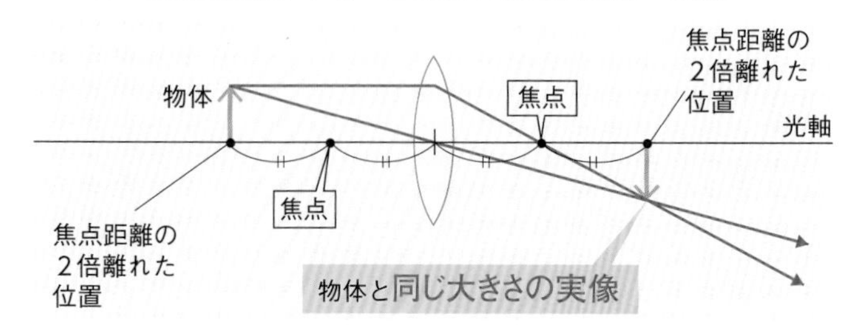

生活 目とカメラのしくみ

ヒトの目の水晶体（レンズ）は，凸レンズのはたらきをしていて，外の景色を網膜上に実像（小さな上下・左右が逆向きの実像）として結ばせている。

カメラのレンズは何枚かを組み合わせたものが多いが，全体としては１つの凸レンズとしてのはたらきをする。

カメラのレンズもヒトの目と同じように，凸レンズと撮像素子（フィルム）までの距離を調節して，物体の像を結ばせる。

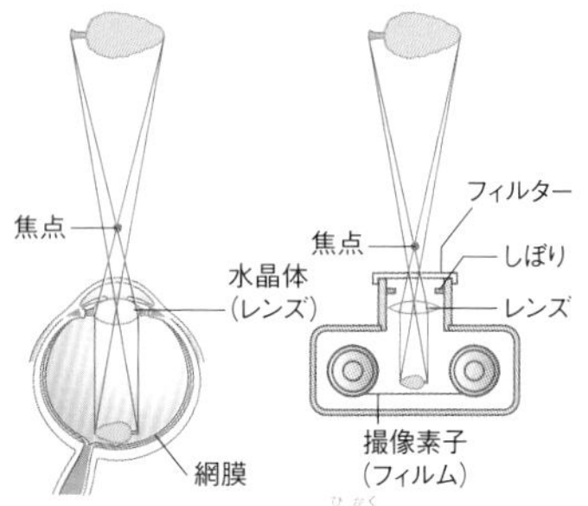

⬆目とカメラのしくみの比較

テストで注意 「物体と同じ大きさの像」に注目

物体が焦点距離の２倍の位置にあるときにできる実像の大きさは，物体の大きさと同じである。例えば，「凸レンズとスクリーンの距離が20 cmのとき，スクリーン上に物体と同じ大きさの像ができた。」という条件から，この凸レンズの焦点距離が10 cmであることがわかる。

❸物体が焦点距離の２倍から焦点の間にあるときにできる像

⇨物体より大きい，物体と上下・左右が逆向きの実像

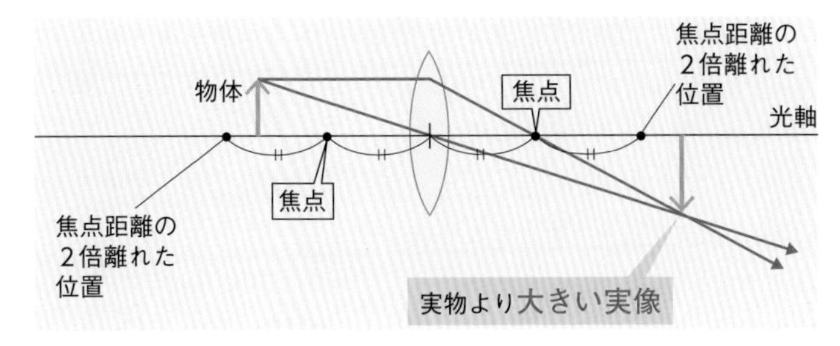

❹物体が焦点上にあるとき

⇨像はできない
└→光が１点に集まらないので像はできない。

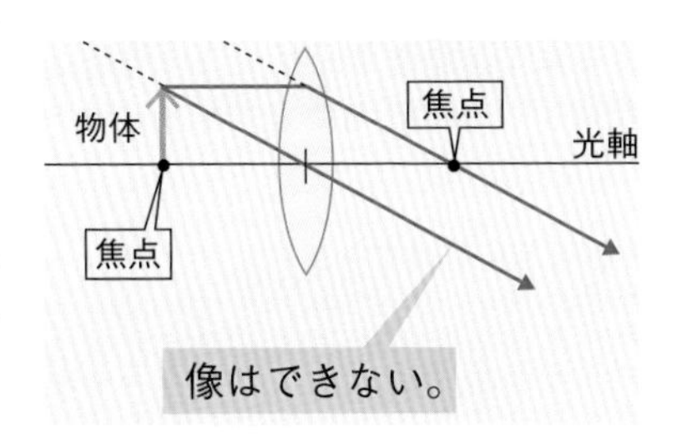

❺物体が焦点の内側にあるとき（凸レンズを通して見る）

⇨像を結ばせることはできない。凸レンズを通して物体を見ると，物体より大きい，上下・左右が同じ向きの虚像

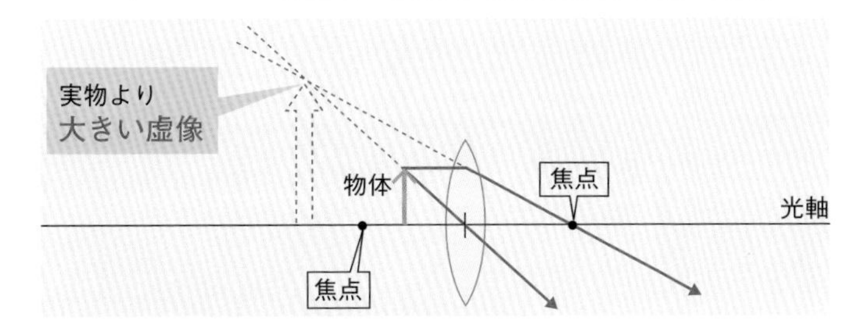

くわしく プロジェクターのしくみ

プロジェクターのレンズも凸レンズであり，映像をスクリーンに拡大してうつし出すことができる。凸レンズの焦点距離の２倍から焦点の間に光源があり，小さな物体から大きな実像を結ばせるしくみを利用している。

凸レンズはいろいろなところで利用されているね！

Column 望遠鏡で遠くのものが見えるしくみ

右のような望遠鏡（屈折式望遠鏡）では，焦点距離の長い対物レンズと焦点距離の短い接眼レンズに凸レンズを使っている。これで遠方の物体を観察した場合，対物レンズによってできた小さな上下・左右が逆向きの実像を，接眼レンズで拡大された虚像として見ている。

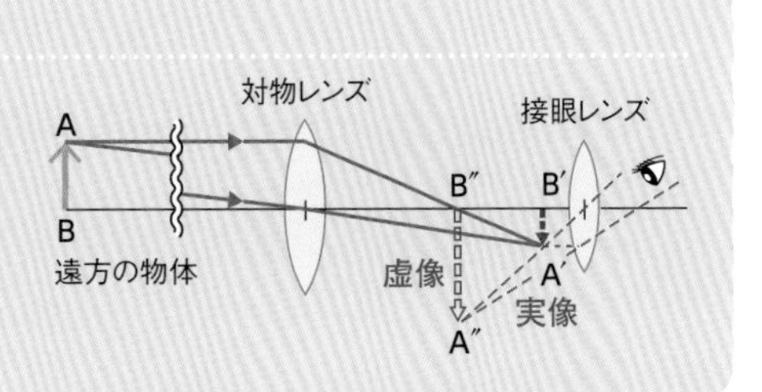

重要実験

凸(とつ)レンズによる像のでき方

目的 凸レンズによってできる像は，物体と凸レンズとの距離(きょり)が変化すると，どのようになるかを調べる。

方法
①日光や蛍光灯(けいこうとう)の光を凸レンズで焦点(しょうてん)に集め，凸レンズの焦点距離(しょうてんきょり)を求めておく。

②この凸レンズやスクリーン，電球をつけた物体などを光学台にとりつけ，実験装置を組み立てる。

注意 実験中，凸レンズの位置は動かさない。

③凸レンズから十分離(はな)れたところに物体を置き，スクリーンを動かしてスクリーン上に像をつくる。そのときの，物体と凸レンズの距離（a），凸レンズとスクリーンの距離（b），像の大きさと向きを記録する。

④aとbの距離を変えて，像の大きさと向きを記録する。

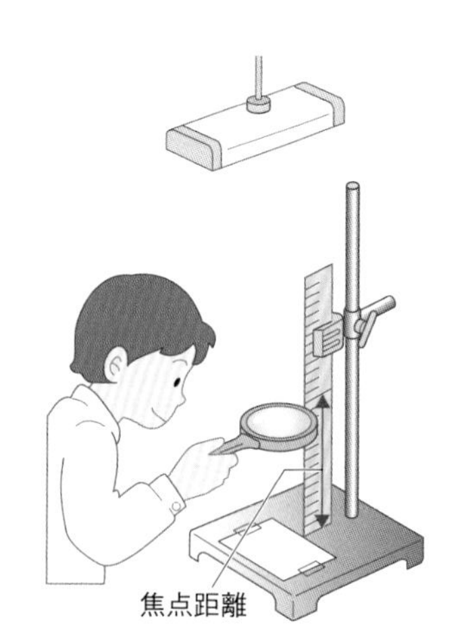

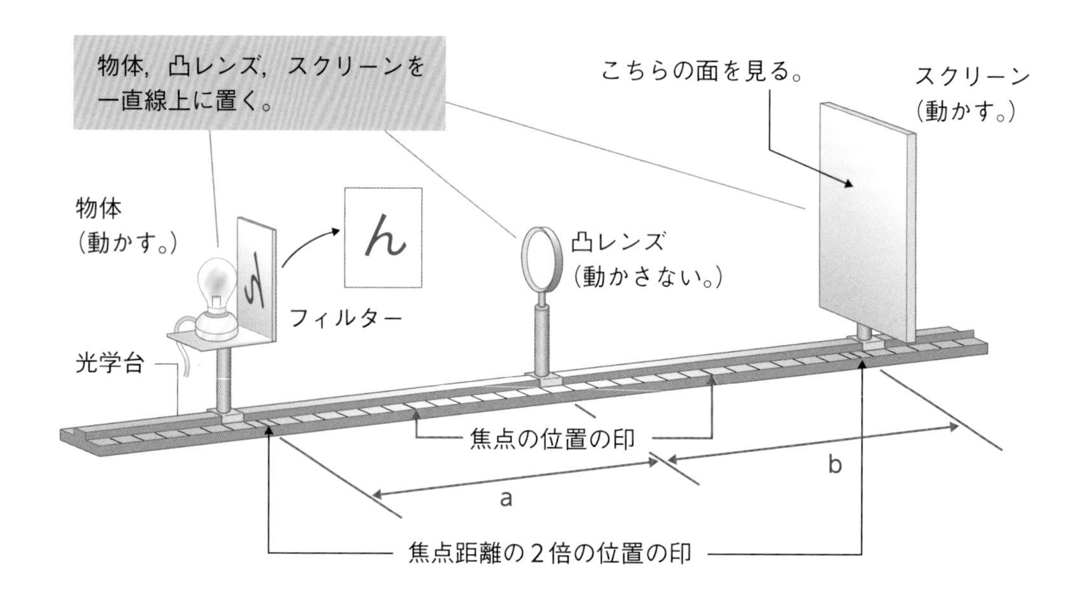

凸レンズでできる像

結果

物体の位置（a）	できる像の位置（b）	像の種類	像の向き	像の大きさ
❶焦点距離の2倍より離れている（焦点　焦点）	焦点と焦点距離の2倍の間	実像（じつぞう）	物体と上下・左右が逆向き	物体より小さい
❷焦点距離の2倍	焦点距離の2倍	実像	物体と上下・左右が逆向き	物体と同じ
❸焦点距離の2倍と焦点の間	焦点距離の2倍より離れた位置	実像	物体と上下・左右が逆向き	物体より大きい
❹焦点の位置	像はできない			
❺焦点距離より近い		虚像（きょぞう）	物体と上下・左右が同じ向き	物体より大きい

考察　凸レンズによる像のでき方

①**物体と上下・左右が逆向きの実像の見え方（大きさ）**…焦点距離の2倍の位置が境目（さかいめ）になる。

⇨焦点距離の2倍の位置では，物体と同じ大きさの像になる。

②**見える像が実像か虚像か**…焦点の位置が境目になる。⇨焦点の位置では像はできない。

結論

・物体が焦点の外側にあると物体と上下・左右が逆向きの実像ができる。また，像の大きさは，物体が焦点距離の2倍より離れると物体より小さく，焦点距離の2倍と焦点の間のときは物体より大きくなる。

・物体が焦点の内側にあると物体より大きな上下・左右が同じ向きの虚像が見える。

凸レンズを使った光の進み方の問題

例題 右の図のように，凸レンズに光が入った。この光は，凸レンズを通過したあと，どのように進むか。光の進む道すじを作図せよ。ただし，F，F′は，この凸レンズの焦点(しょうてん)である。

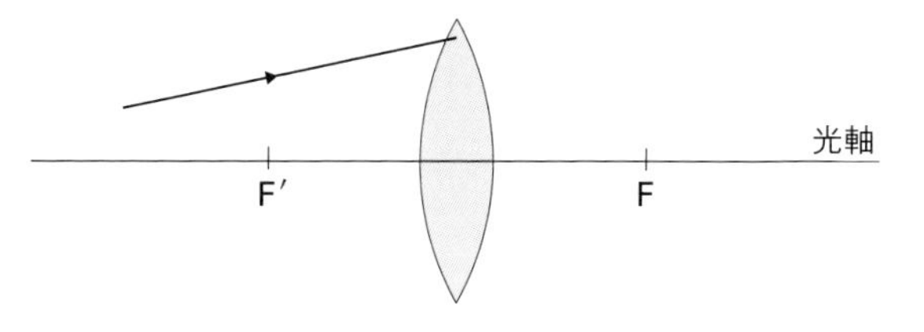

ヒント 1本の光線だけでは，凸レンズを通過後どう進むのかはわかりにくい。そこで，物体から出た光と考えてみることがポイント。

光線の左端(ひだりはし)に物体があるとして考える。

右の図のように，光線の左端に物体があり，物体の先端の点Pから光が出ていると考える。

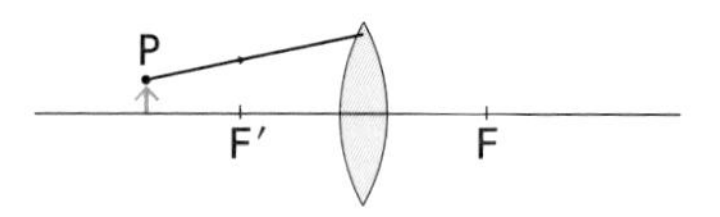

凸レンズでできる物体の像を考える。

点Pから光軸に平行な光とレンズの中心を通る光を作図し，物体の実像の先端の点P′を求める。

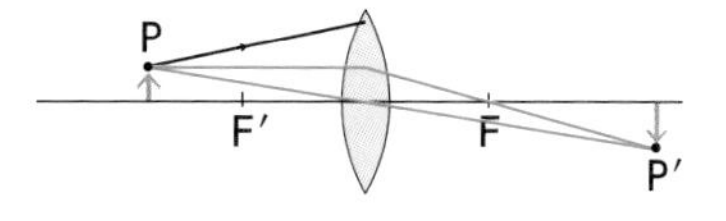

光線を点P′と結ぶ。

点Pから出た光は，すべて凸レンズを通過後点P′を通るはずなので，問題の光線と点P′を結ぶと，これが答えとなる。

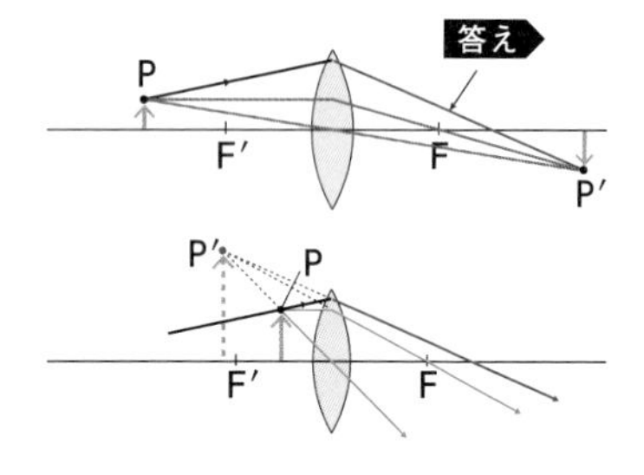

別解 点Pを，光線の左端ではなく，光線上で焦点の内側の適当な位置にとって，凸レンズによる虚像の位置を求め，虚像の点P′と与(あた)えられた光線の右端を結ぶことで，凸レンズを通過後の光線を作図することができる。

問題 右の図のように，凸レンズに入った光は，凸レンズを通過後，ア～カのどの点を通るか。ただし，FとF′はこの凸レンズの焦点である。

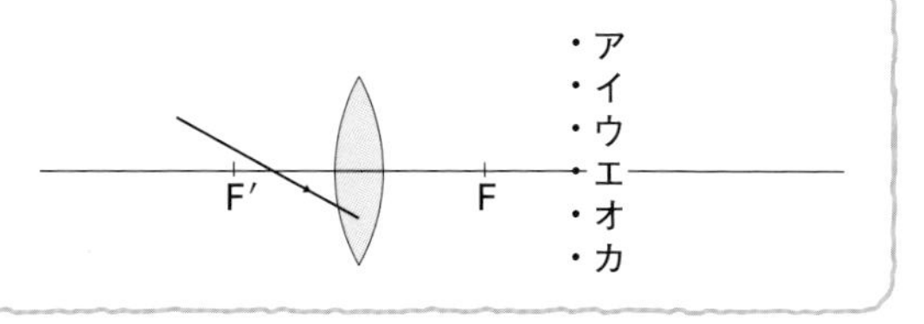

⇨答えはp.159の下

チェック　基礎用語　次の〔　　〕にあてはまるものを選ぶか，あてはまる言葉を答えましょう。

1 光の進み方と反射

解答

- □(1) 太陽や電灯のように，自ら光を出す物体を〔　　　〕という。　(1) 光源
- □(2) (1)から出た光は，〔 まっすぐ進む　曲がって進む 〕。　(2) まっすぐ進む
- □(3) 光が物体の表面ではね返る現象を光の〔　　　〕という。　(3) 反射
- □(4) 物体の面に垂直な線と入射光との間の角を〔　　　〕という。　(4) 入射角
- □(5) 物体の面に垂直な線と反射光との間の角を〔　　　〕という。　(5) 反射角
- □(6) 光が物体の表面で反射するとき，入射角〔 ＝　＜　＞ 〕反射角となる。　(6) ＝
- □(7) 光が異なる物質の境界面で折れ曲がって進む現象を光の〔　　　〕という。　(7) 屈折
- □(8) 光が空気中からガラス中に，境界面で屈折して進むとき，入射角〔 ＝　＜　＞ 〕屈折角となる。　(8) ＞
- □(9) 光が物質の境界面ですべて反射する現象を〔　　　〕という。　(9) 全反射

2 凸レンズのはたらき

- □(10) 中心部分がまわりよりもふくらんでいるレンズを〔　　　〕という。　(10) 凸レンズ
- □(11) (10)の光軸に平行に進む光が，凸レンズを通過後に集まる1点を〔　　　〕という。　(11) 焦点
- □(12) 凸レンズの中心から(11)までの距離を〔　　　〕という。　(12) 焦点距離
- □(13) スクリーン上にうつる像のように，実際の光が集まってできる上下・左右が逆向きの像を〔　　　〕という。　(13) 実像
- □(14) 実際には物体のないところから光が出ているように見える見かけの像を〔　　　〕という。　(14) 虚像
- □(15) (14)の像は，物体の大きさよりも〔 大きい　小さい 〕。　(15) 大きい
- □(16) (14)の像は，物体が〔 焦点の外側　焦点の内側　焦点上 〕にあるときで，像の向きは，物体と上下・左右が〔 同じ　逆 〕。　(16) 焦点の内側　同じ

1 音の伝わり方

教科書の要点

1 音を伝えるもの

◎**音源**(おんげん)…音を出している物体。周囲の物体に振動(しんどう)を伝える。

◎音を伝えるもの…音は固体・液体・気体の中を振動させながら**波**として伝わる。

2 音の速さ

◎音は空気中を**約340 m/s(秒速340 m)**で伝わる。

1 音を伝えるもの

音源(おんげん)から出た音は，波として固体・液体・気体中を伝わる。

❶**音源(発音体(はつおんたい))**…音を出している物体で，振動(しんどう)している。

❷**音を伝えるもの**…**固体・液体・気体**は，音源からの振動を次々と伝える。**例** 固体：金属，液体：水，気体：空気

⇨音を伝える物質がないと，音は伝わらない。

a 空気が音を伝えることの確認
(空気 → 気体)

…右の図のように，ゴムホースの途中(とちゅう)をにぎりしめてゴムホース内の空気をしゃ断すると，音が伝わらなくなる。

⬆空気が音を伝えることを調べる

b 水が音を伝えることの確認
(水 → 液体)

…右の図のような道具をつくって，水中に沈(しず)めた時計の音を聞くと，音が聞こえる。

⇨音は水中を伝わり，さらに筒(つつ)の中の空気中を伝わっている。

⬆水が音を伝えることを調べる

くわしく 音源の振動

音の出ているおんさを水につけると，下の写真のように水しぶきがあがる。音の出ていないおんさではこのようなことはない。このことからも，音源は振動していることがわかる。

また，音が出ているスピーカーにさわると，直接振動を感じることができる。

⬆おんさの振動　©OPO／Artefactory

⬆アーティスティックスイミング
(選手は水中のスピーカーからの音楽に合わせている。)

c 固体が音を伝えることの確認

…机や金属の手すり，コンクリートの壁(かべ)などに耳を当て，離(はな)れたところをたたいてもらうと，音が伝わって聞こえる。

⬆固体が音を伝えることを調べる

❸**空気中を伝わる音の波**… 音は空気が濃(こ)くなったりうすくなったりして伝わる。このように振動が伝わるようすを**音の波**という。音は音源の振動が物体の中を**波**として広がりながら伝わる。

⇨耳に届いた空気の振動は，耳の中の**鼓膜**(こまく)を振動させ，音として感じる。

ここに注目 空気中での音の伝わり方

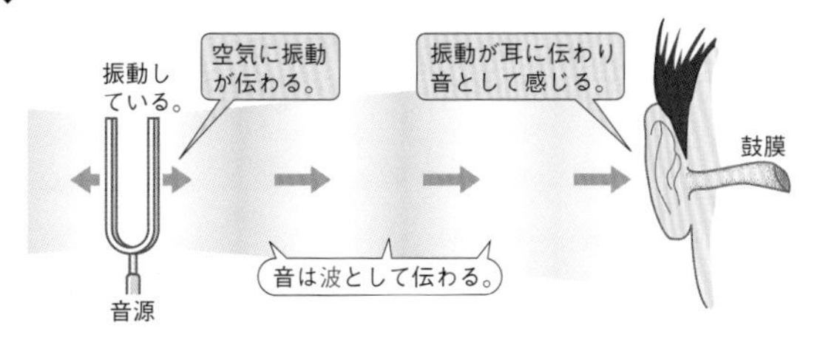

・上の図では，空気の振動のようすがおんさから左右に広がっているようにかかれている。
しかし，実際には，音の波はおんさを中心とした球面状に伝わっている。したがって，おんさのまわりのどこにいても音が聞こえる。

発展 音の波の種類

物体が振動して発生する波には「横波(よこなみ)」と「縦波(たてなみ)」という2種類がある。(➡p.167)

金属のような固体中は，縦波も横波も伝わる。一方，空気のような気体中や水のような液体中を伝わる波は縦波だけが伝わり，横波は伝わらない。

このことから，気体中・液体中・固体中を伝わることができる音の波は縦波ということがいえる。

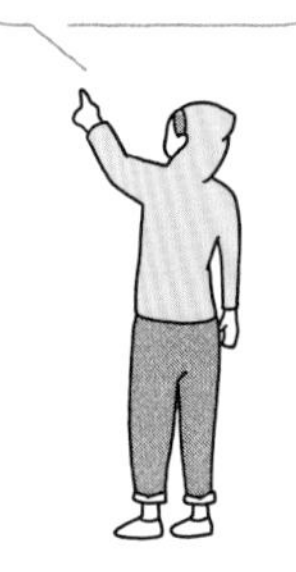

テストで注意 空気の振動

音を伝える空気は，その場で振動するだけで，移動はしない。これは，液体や固体も同じである。

Column 音の反射

生活

高い建物がたち並んだようなところで大声を出すと，音が反射して聞こえる。このような現象は，建物による反射以外にも，向かいの山で反射して聞こえるやまびこなどもある。山に登ったとき，「ヤッホー」と叫(さけ)ぶと，「ヤッホー」と返ってくる現象である。

また，音は天井(てんじょう)や壁などで反射する性質があるため，音楽ホールや講堂では，音の反射による遅(おく)れや強弱，伝わる方向などをシミュレーションして空間の設計や反射材の選定がされている。

ほかにも，運動会などで使うメガホンは，音を反射させてせまい方向に集め，出した声が相手に大きく聞こえるようなはたらきをしている。

重要実験

音を伝える物質を調べる

目的 音が空気中を伝わることを調べ，空気が少なくなると，音の伝わり方はどうなるかを調べる。

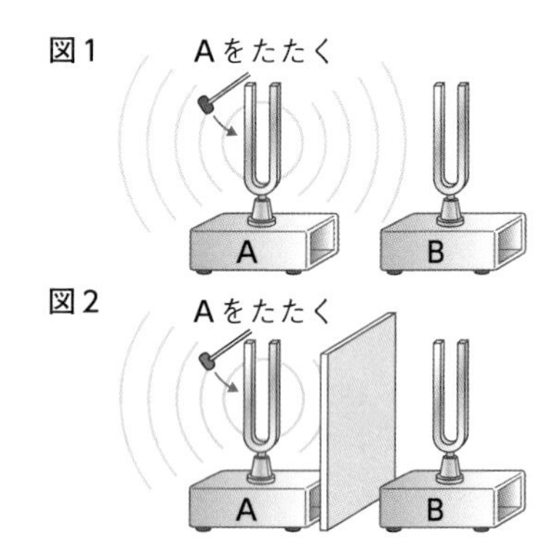

方法Ⅰ ①図1のように，おんさを2つ並べて一方のおんさをたたくと，もう一方のおんさも鳴り出すことを確かめる。（※2つのおんさは同じ高さの音が出るおんさを使う。）

②図2のように，2つのおんさの間に板を立てて，一方のおんさをたたいてみる。

結果Ⅰ ①図1で，Aのおんさをたたくと，やがてBのおんさも鳴り出した。

②図2で，Aのおんさをたたいても，Bのおんさは①のようには強く鳴らなかった。

発展 図1で，Aのおんさを鳴らして，しばらくしてAを指でおさえ，振動を止めてみる。

⇨Aの振動が止まっても，B自身が振動を続けていることがわかる。

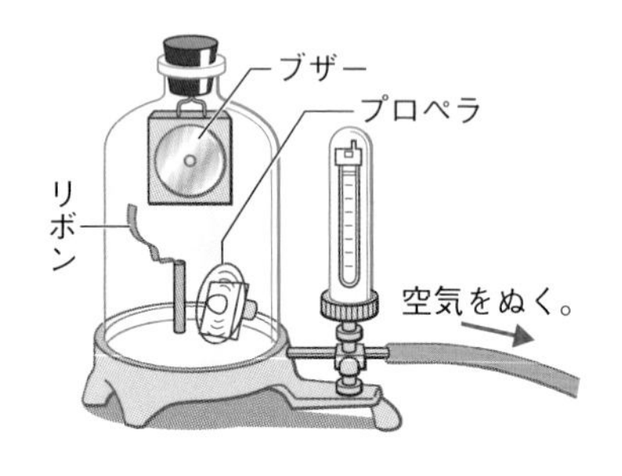

方法Ⅱ ①電動式のブザーを鳴らし続けて，容器の中の空気をぬいていく。⇨空気が少なくなってくると，プロペラの風でなびいていたリボンがたれてくる。

②ブザーの音の変化を調べる。

結果Ⅱ 空気が少なくなっていくと，ブザーの音がしだいに小さくなった。

結論 ・音が伝わるのは，音源（おんげん）の振動（しんどう）が空気を伝わるから。

図2のように途中（とちゅう）で空気の振動がさえぎられると，音は伝わりにくくなる。

・空気をぬいた容器の中など，振動を伝えるものがないところでは，音は伝わらない。

2 音の速さ

音は光ほど速く伝わらない。

❶**音の速さ**…音は空気中を**約340 m/s（秒速340 m）**の速さで伝わる。気温や音の伝わる物質によって音の速さは変化する。

❷**音の速さの求め方**

$$音の速さ〔m/s〕=\frac{音が伝わる距離〔m〕}{音が伝わる時間〔s〕}$$

❸**光の速さとのちがい**…光は1秒間に約30万km（30万km/s）の速さで伝わり，音の速さの約100万倍も速い。したがって，花火が光った場所や稲光が発生した場所と，見ている場所が離れているほど，音が聞こえるまでに時間がかかる。

a **花火**…花火を見てから，「ドーン」と音が聞こえる。

b **雷**…稲光が見えてから，「ゴロゴロ」と雷鳴が聞こえる。

❹**音の速さをはかる方法**…例ビデオカメラを利用する。

⇨打ち上げ花火が見えてから音を聞くまでの時間と，観測地点から花火までの距離を調べ，速さを求める公式を使って，音の速さを計算する。

重要実験 音の速さを調べる実験

方法 ①ビデオカメラで打ち上げ花火のようすを撮影する。

②ビデオカメラの，光が見えた時刻表示と，音が聞こえた時刻表示から，音が進むのにかかった時間を求める。

③地図を使って，撮影場所から打ち上げ花火までの距離を求める。

結果 300 mを0.88秒で伝わったとすると，

$$音の速さ=\frac{300〔m〕}{0.88〔s〕}$$
$$=340.9\cdots〔m/s〕$$

と求められる。

発展 気温と音の速さの関係

音の速さは，気温が高いほど速くなる。気温がt ℃のときの音の速さをV m/sとすると，

$$V=331.5+0.6t$$

という関係があることがわかっている。

くわしく いろいろな物質中での音の速さ

音の速さは，それを伝える物質によってちがう。

物質	速さ
空気	340 m/s
水	1500 m/s
鉄	5950 m/s
ガラス	5440 m/s
大理石	6100 m/s
水素	1269.5 m/s

生活 雷までの距離

稲光を見てから，「ゴロゴロ」という音を聞くまでが何秒かわかれば，雷までの距離を音の速さを求める式から計算することができる。稲光から音までが5秒のとき，340〔m/s〕×5〔s〕=1700〔m〕である。

⬆稲光

光が伝わる速さと音が伝わる速さはずいぶんちがうね。

2 音の大きさと高さ

教科書の要点

1 音の大きさ

◎ **振幅**…音源の振動の振れ幅。

◎ 音の大小…振幅が大きいほど，音は大きい。

2 音の高さ

◎ **振動数**…音源が1秒間に振動する回数。

◎ 音の高低…振動数が多いほど，音は高い。

1 音の大きさ

音には大きな音，小さな音があり，振幅の大小によって決まる。

❶ **振幅**…音源などの振動の振れ幅。
└→振動の中心からの幅

❷ 音の大小… 振幅の大小によって決まる。音源に加える力を変えると（強くたたく，強くはじくなど），振幅が変わる。

・大きな音… 振幅が大きい。

・小さな音… 振幅が小さい。

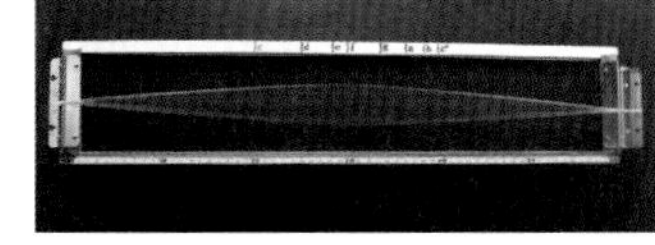

⬆振動して音を出しているモノコード
©アフロ

比較 音の大小と振幅

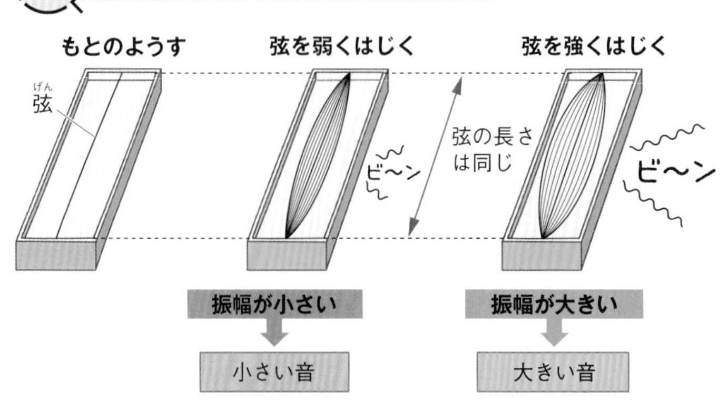

テストで注意 振幅とは

振幅は，静止状態の位置を基準として求めることに注意。

下の図のように振動の端から端までと考えないこと。

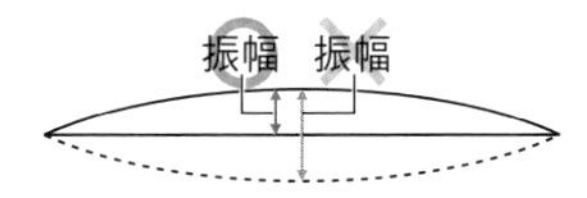

発展 音の大きさの単位

音の大きさの単位にはデシベル（記号dB）を用いる。デシベルとは，基準となる音の大きさからの程度のちがいを表す単位である。ふつうの会話の声の大きさは，60〜65デシベルぐらいである。

音の大きさ	ようす
120 dB	近くの雷鳴
110 dB	自動車のクラクション
100 dB	電車が通るガード下
90 dB	大声，犬の鳴き声
80 dB	ピアノの音
70 dB	掃除機の音
60 dB	ふつうの会話，チャイム
50 dB	静かな事務所
40 dB	図書館・静かな住宅地
30 dB	ささやき声

⬆音の大きさの目安

2 音の高さ

音には高い音，低い音があり，振動数の多少によって決まる。

(1) 音の高さ

❶**振動数**…音源が１秒間に振動する回数。単位はヘルツ（記号Hz）。

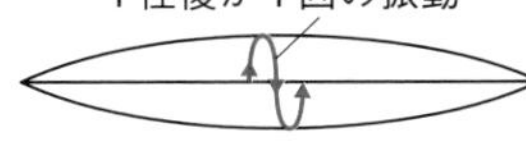

❷**音の高低**… 振動数の多い・少ないによって決まる。

・**高い音**… 振動数が多い。

・**低い音**… 振動数が少ない。

❸**高い音を出す方法（振動数を多くする方法）**

a 管楽器では，管を短くする。

b 弦楽器やモノコードでは，

・弦の長さを短くする。

・弦の太さを細くする。

・弦を強く張る。

⬆管楽器は，ピストンを指でおさえて振動する管の長さを短くし，高い音を出す。

ここに注目 弦と音の高さの関係

音の高さ	高い		低い
弦の長さ	短い	⟷	長い
弦の太さ	細い	⟷	太い
弦を張る強さ	強い	⟷	弱い

⬆弦楽器は弦を指でおさえて振動する弦の長さを短くし，高い音を出す。

くわしく いろいろな音の振動数

高い音・低い音は，音の振動数による。振動数が多いほど，高い音になる。

音源など	振動数〔Hz〕
ヒトが聞こえる声	20～20000
ヒトが出せる音	90～300
ピアノ（88鍵）	27.5～4186
コウモリが聞こえる音	1000～120000
コウモリが出せる音	10000～120000
イルカが聞こえる音	150～150000
イルカが出せる音	7000～120000

Column 音階とオクターブ 生活

音楽でもとになる「基準音」は440 Hzで，「ラ」の音である。これより１オクターブ低いラの音は220 Hz，逆に１オクターブ高いラの音は880 Hzとなる。このように，１オクターブとは，振動数の比が２：１になる２つの音の音程の幅のことをいう。

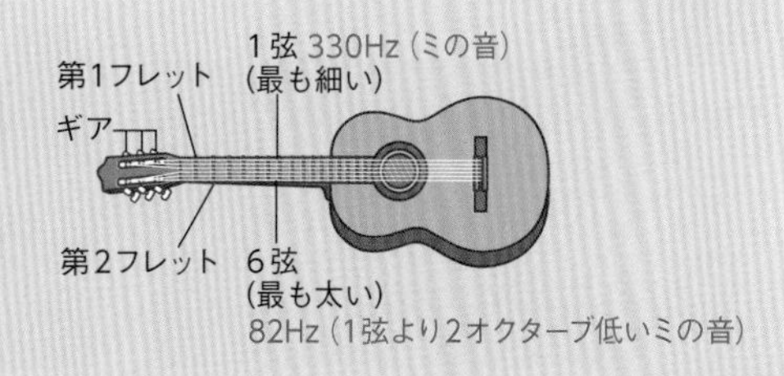

音階	ラ	シ	ド	レ	ミ	ファ	ソ	ラ	シ	ド	レ	ミ	ファ	ソ	ラ
振動数〔Hz〕	220	247	262	294	330	349	392	440	494	523	587	659	698	784	880

(2) オシロスコープで見た音のようす

❶オシロスコープ… 音の大小，高低を波の形で表す装置。

❷音の大小… 波の高さで表される。

⇨大きい音ほど高い波として表される。

❸音の高低… 波の間隔で表される。

⇨高い音ほど波の間隔はせまい。

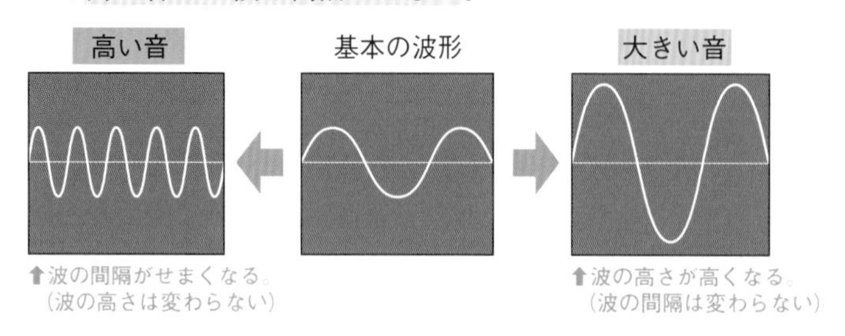

オシロスコープの横軸は時間を表している。波の間隔がせまいということは，一定時間の振動数が多い，つまり音が高いことを示している。

▶動画 音の波形

発展 音の波に関するいろいろな名前

・波の高さ…波の振動の中心から波の山までの距離。振幅にあたる。

・波長…波の1つの山から次の山（または1つの谷から次の谷）に相当する距離。

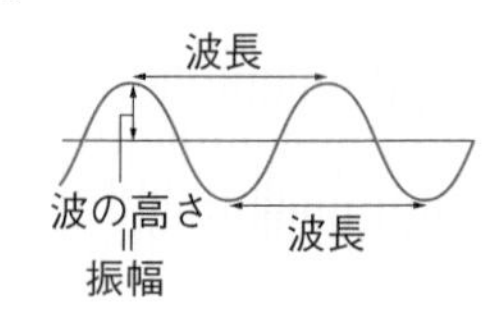

比較 音の大小と高低

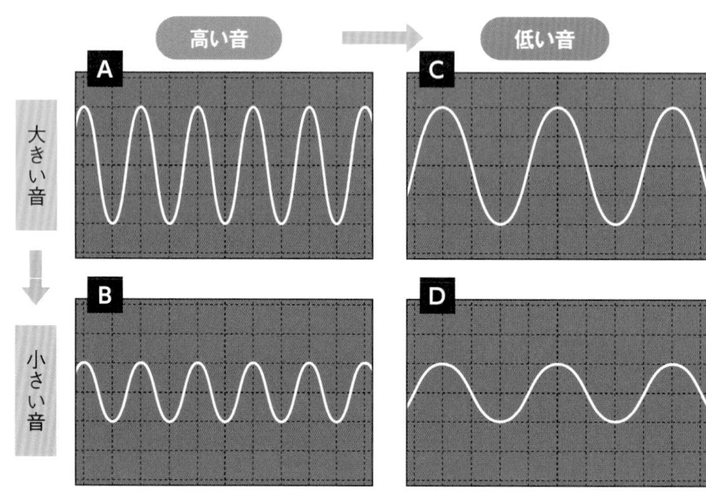

• A と C，B と D は波の高さ（振幅）が同じ ➡ 同じ大きさ

• A と B，C と D は波の間隔（振動数）が同じ ➡ 同じ高さ

になっている。

●音の大小

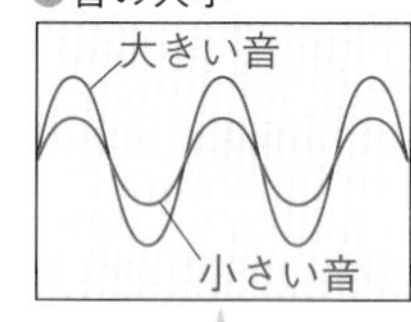

振動数が同じなので，同じ高さの音。

振幅がちがうので，音の大きさが異なる。

●音の高低

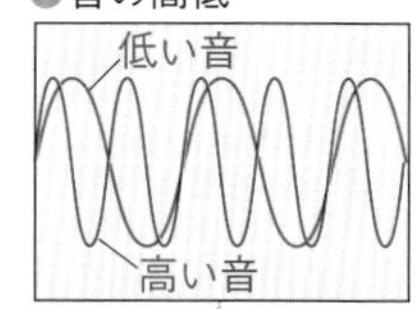

振幅が同じなので，同じ大きさの音。

振動数がちがうので，音の高さが異なる。

思考

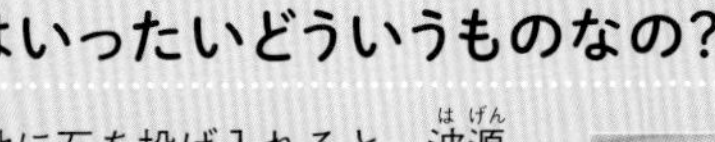

Column 波とはいったいどういうものなの？

木の葉が浮かんだ池に石を投げ入れると，波源（石が落ちた点）から波が同心円状に広がる。やがて，木の葉のところに波が到達するが，木の葉はその場で上下に振動するだけである。このとき，波の広がりとともに，水自体が移動しているのかどうか見た目にはわかりにくい。そこで，ロープや，のび縮みしやすい長いばねを使った例で考えてみる。

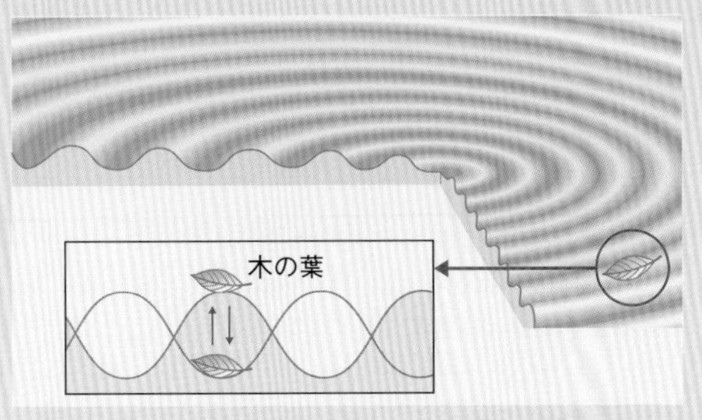

図1のように，ピンと張ったロープの1か所に目印のモールを結び，図2のようにロープの一方の端を，上下方向に振ってみる。すると，波ができて進んでいくが，モールはその場で上下に振れるだけで，モールやロープ自体が先に進むようなことはない。

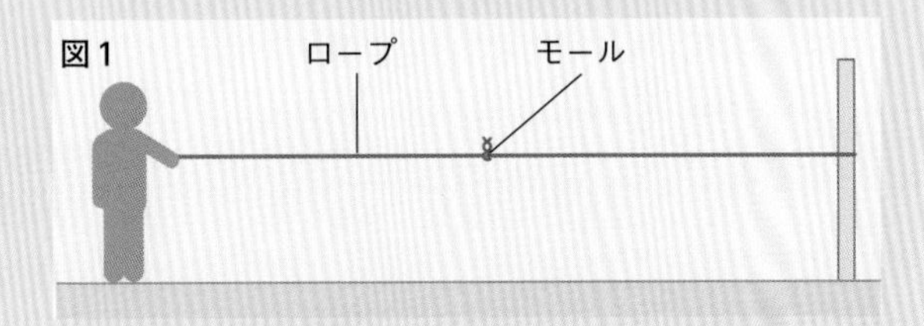

次に，図3のように，ばねの一方の端をばねの方向に沿って前後に振ってみる。すると，ばねが少しのびた部分（疎の部分）と少し縮んだ部分（密の部分）ができて波として進んでいくが，やはりモールはその場で前後に振れるだけで，モールやばね自体が先に進むようなことはない。

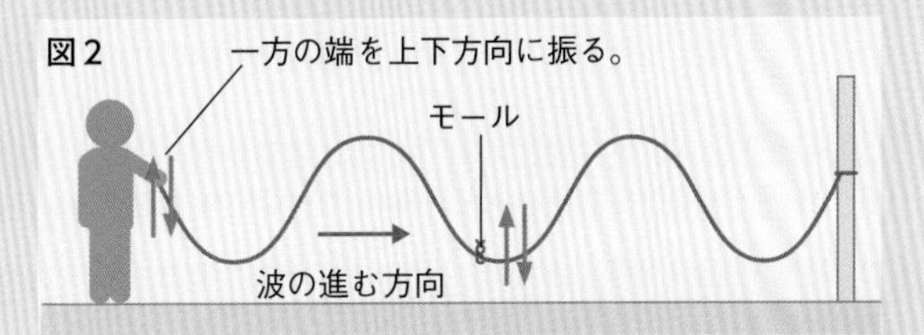

このように，「波」とは物質自身の移動はなく，振動だけが伝わっていく現象である。そして，図2のような波のことを**横波**，図3のような波のことを**縦波**（または**疎密波**）という。音は縦波として，気体中・液体中・固体中を伝わっていく。また，地震の振動も波として伝わっていくが，地震の波のうち，S波は横波，P波は縦波である（➡p.211）。

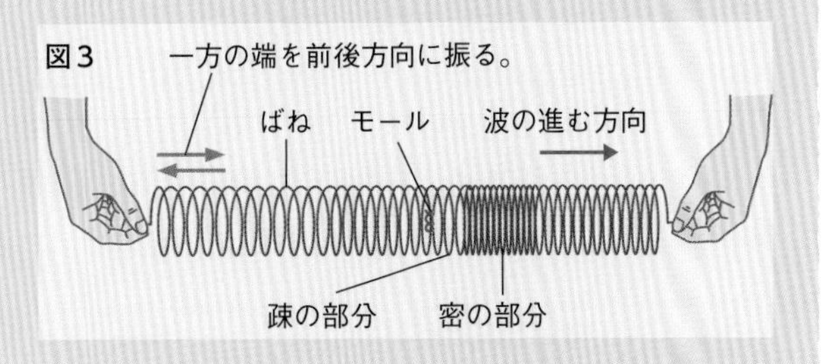

なぜ救急車のサイレンは，通り過ぎると音が低くなるの？

救急車が近づいてくるとサイレンの音が高くなるように聞こえ，そばを通り過ぎると急にサイレンの音が低くなったように聞こえる経験をしたことがあるだろう。なぜ，そのようなことが起こるのだろうか。

⬆救急車

救急車の場合，「ピーポー」と聞こえるサイレン音は，低音（770 Hz）と高音（960 Hz）をくり返したもので一定である。**図1**のように，音源（おんげん）（救急車のサイレンなど）が静止しているときは，一定の振動数（しんどうすう）で出される音の波面は，一定の間隔（かんかく）でまわりに伝わり観測者にも届く。つまり，波長（➡p.166）は一定である。ところが，音源が同じ振動数で音を出しながら動き出すと，**図2**のように，音源の前方では出された音の波面を追うように次の波面が出されるため，観測者に届くまでにだんだんと波面の間隔がつまってくる。これは波長が短く変化することを表している。波長が短くなるということは，一定時間の振動数が多くなることになり，音は高くなる。

例えば，観測者が止まっていて，救急車が秒速17 m（≒時速60 km）で進むとき，音源（17 m/s）は出した音（340 m/s）の波長を95％に縮めながら進んでいると考えられる。

その一方で，音源の後方を考えると，前方の場合とは逆に，音の波面の間隔がだんだん広くなり，これは波長が長く変化することを表している。波長が長くなるということは，一定時間の振動数が少なくなることになり，音は低くなる。このような理由で，サイレンの音の高さがちがって聞こえるのである。

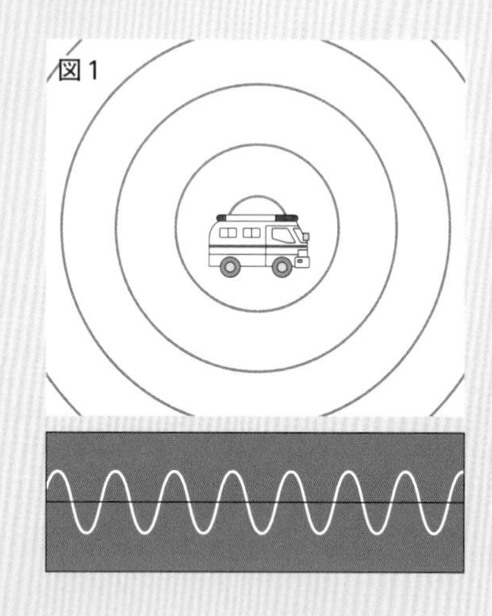
図1

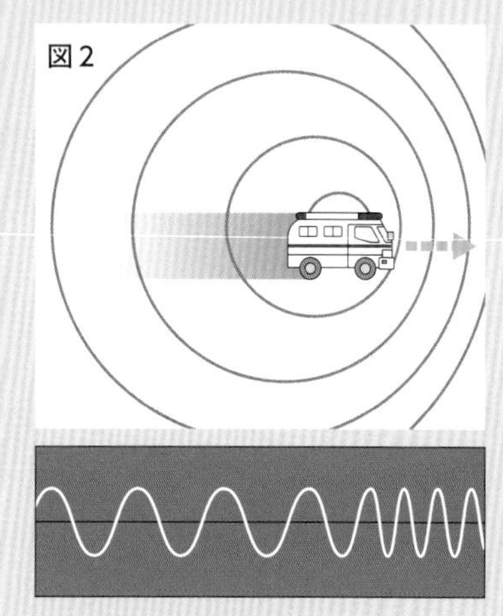
図2

この例は，音源が移動して観測者が静止していた例であるが，観測者が移動して音源が静止している場合でも同じような現象が起こる。自分（観測者）が電車に乗っていて，踏切（ふみきり）（音源）を通過するとき，踏切に近づくにつれて警報機（けいほうき）の音が高くなるように聞こえ，踏切を過ぎると警報機の音が低くなるように聞こえる。

このように，音源と観測者のいずれか，または両者が動いているとき，音源から出る音の振動数が一定でも，聞こえる音の高さがちがって聞こえる現象を**ドップラー効果**という。

音の高低に関する問題

例題 右の図のようなモノコードを使って，音を出す実験を行った。矢印の位置の弦(げん)をはじくとき，音を高くするにはどのようにしたらよいか。ア～カからあてはまるものをすべて選べ。

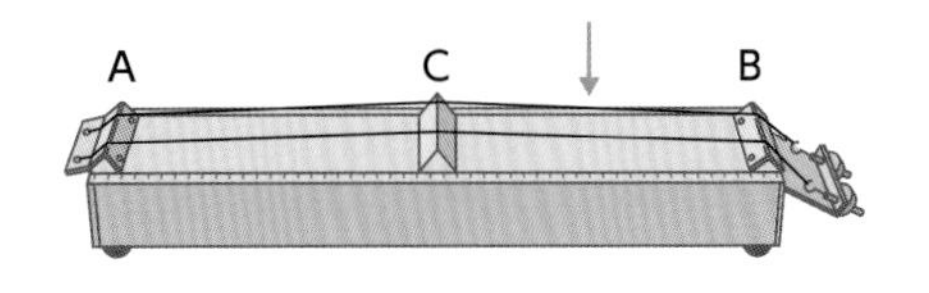

ア　弦を太いものに変える。　　イ　弦を細いものに変える。
ウ　弦をはじく力を大きくする。　　エ　弦をはじく力を小さくする。
オ　Cの位置をAに近づける。　　カ　Cの位置をBに近づける。

ヒント 音源（この場合は弦）の振動(しんどう)のようすがどのようになったときに，音の高さが変わるかを，音の大きさが変わるときと区別して考えることがポイント。

弦をはじく力を変えたときは？

弦をはじく力を変えると，右の図のように，弦の振幅(しんぷく)が変わる。弦の振幅が大きいと音は大きく，振幅が小さいと音は小さい。しかし，音の高さは変わらないので，ウとエはあてはまらない。

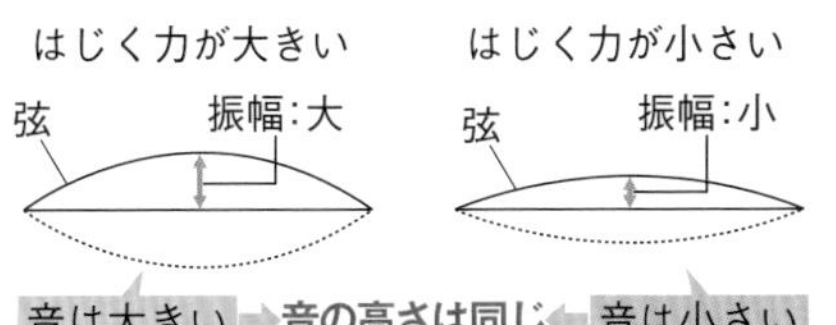

弦の太さや長さと音の高さの関係を考える

音の高さは，音源の振動数(しんどうすう)によって変わる。弦を細くすると振動数は多くなって音は高くなり，また，弦を短くしても振動数は多くなって音は高くなる。

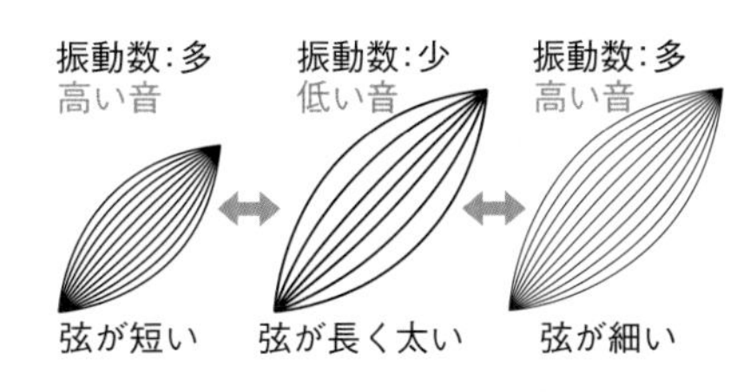

答え イ，カ

問題 上の図のモノコードで，弦の太さやはじく部分の長さを変えずに，弦を張る強さを少し弱めた場合，音の高さはどうなるか答えよ。

⇨答えはp.170の下

Column 音を利用した検査

生活

ヒトが聞くことができる音の範囲は約20 Hz～20000 Hzで，これよりもさらに振動数が多い音を**超音波**という。コウモリは超音波を利用する動物で，自分で発した超音波が反射してくる音を聞き分け，物体までの距離や大きさをはかることで暗闇でも飛び回ることができる。

わたしたちも，漁船が魚の群れをさがすための魚群探知機や，医療用の超音波診断装置などで超音波を利用している。超音波診断装置はエコーともよばれるが，特に妊婦の検診や内臓の検査に用いられる。超音波診断装置の進歩はめざましく，鮮明な三次元の画像で胎児の姿などを見ることができるようになっている。

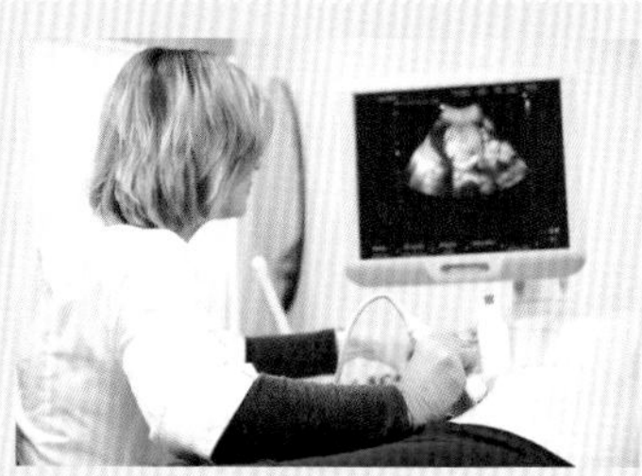

⬆胎児の超音波写真

チェック 基礎用語

次の〔　　〕にあてはまるものを選ぶか，あてはまる言葉を答えましょう。

1 音の伝わり方

問題	解答
□(1) 音を出している物体を〔　　〕または発音体という。	(1) 音源
□(2) 音を出している物体は，〔　　〕している。	(2) 振動
□(3) 音の振動は，固体・液体・気体の中を〔　　〕として伝わる。	(3) 波
□(4) 音は水中を〔 伝わる　伝わらない 〕。	(4) 伝わる
□(5) 音は空気中を約〔 340　3400 〕m/sで進む。	(5) 340

2 音の大きさと高さ

問題	解答
□(6) 音の振動の振れ幅を〔　　〕という。	(6) 振幅
□(7) 音源が1秒間に振動する回数を〔　　〕という。	(7) 振動数
□(8) モノコードの弦を強くはじくと，振幅が〔 大きく　小さく 〕なるため，〔 大きい　小さい 〕音が出る。	(8) 大きく 大きい
□(9) モノコードの弦を短くしてはじくと，振動数が〔 多く　少なく 〕なるため，〔 高い　低い 〕音が出る。	(9) 多く 高い

問題の解答 [p.169] 低くなる。

1 いろいろな力とそのはたらき

教科書の要点

1 力のはたらき
◎物体の形を変える。
◎物体の動き（速さや向き）を変える。
◎物体を持ち上げたり，支えたりする。

2 いろいろな力
◎物体どうしがふれ合ってはたらく力
…**垂直抗力**(すいちょくこうりょく)，**弾性力**(だんせいりょく)，**摩擦力**(まさつりょく)。
◎物体どうしが**離**(はな)れていてもはたらく力
…**重力**(じゅうりょく)，**磁力**(じりょく)，**電気力**。
◎**重力**(じゅうりょく)…地球が中心に向かって物体を引く力。

1 力のはたらき

理科で力という用語は，次の❶～❸のどれかのはたらきをすることを意味している。

❶**物体の形を変えるはたらき**…物体に力を加えると，物体の形が変わったり，物体がこわれたりする。

❷**物体の動きを変えるはたらき**…静止している物体に力を加えると，物体が動き始める。あるいは，動いている物体に力を加えると，物体が止まったり，動きの向きや速さが変わったりする。

❸**物体を持ち上げたり，支えたりするはたらき**…地球上のすべての物体は地球によって引っ張られているので下に落ちる。したがって，物体が落ちないように支えている場合には，物体に上向きの力を加えている。物体を持ち上げる場合も同じである。

くわしく **物体の変形の種類**

物体に力を加えたときの変形の種類には，のび・ちぢみ・たわみ（曲がること）・ねじれなどがある。

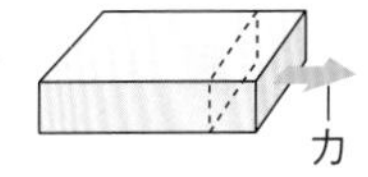

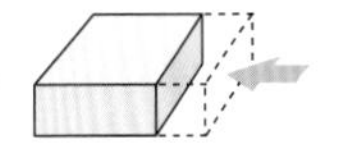

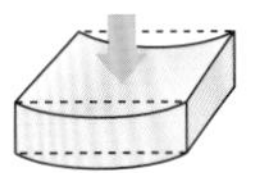
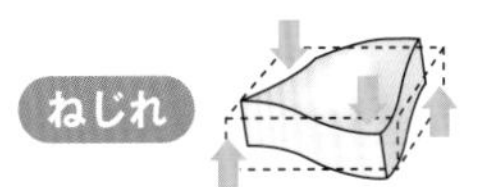

ここに注目 力の3つのはたらき

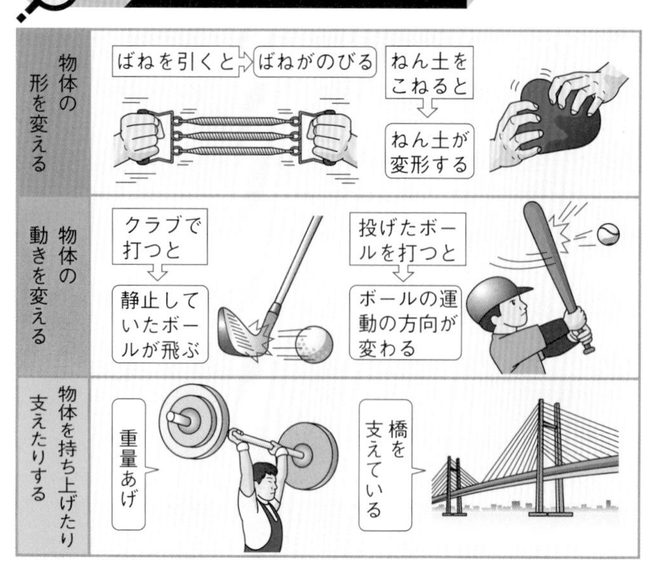

くわしく ばねののび・縮み

ばねは，両端(りょうたん)を引くとのび，両端を押(お)すと，ある程度縮む。ばねが縮むのも物体が変形したことになる。ばねのこのような性質を弾性(だんせい)（➡p.173）という。

2 いろいろな力

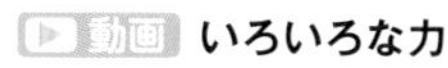

動画 いろいろな力

力には物体どうしがふれ合ってはたらく力と，離(はな)れていてもはたらく力がある。

(1) **物体どうしがふれ合ってはたらく力**…力を加えている物体とその力を受けている物体とが，たがいにふれ合ってはたらく。弾性(だんせい)の力，摩擦(まさつ)の力，手で物体に加える力などがある。

❶**垂直抗力(すいちょくこうりょく)**…物体と面が接しているとき，物体は接している面から垂直の向きに力を受ける。例 机に置いた本を，机の面が垂直に押(お)し返す力，斜面(しゃめん)上に置いた物体を，斜面が垂直に押し返す力 など

中3では **斜面上の物体にはたらく垂直抗力**

斜面上の物体にも，斜面に垂直な方向に垂直抗力がはたらいている。

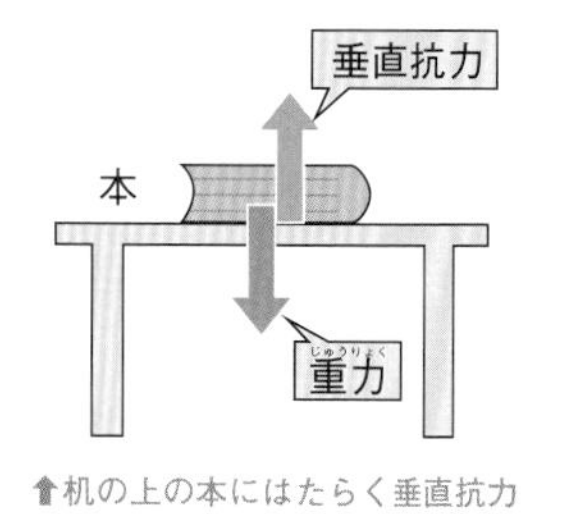

⬆机の上の本にはたらく垂直抗力

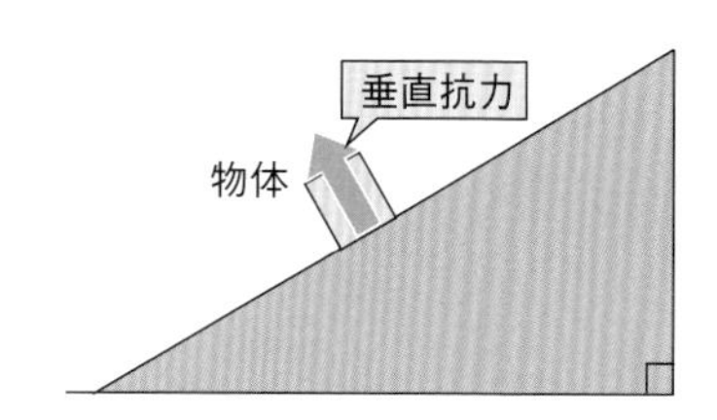

❷弾性力（弾性の力）…外から力を受けて変形した物体が，もとにもどろうとして生じる力。 例 ばね，輪ゴム，弓 など

力は，加えた力と同じ大きさではたらく。

❸摩擦力（摩擦の力）…２つの物体が，ふれ合っている面に沿って動くのをさまたげようとする力。 例 自転車のブレーキ，スノーチェーン，指サック，ラケットのグリップ など

ざらざらした面の上では，物体を動かしにくいが，つるつるしたなめらかな面では物体を動かしやすい。
（なめらかな面→摩擦力が小さい。）

(2) **物体どうしが離れていてもはたらく力**…力を加えている物体とその力を受けている物体とが，たがいに離れていてもはたらく。磁力，電気力，重力などがある。

❶**磁力（磁石の力）**… ２つの磁石の極どうしの間，磁石と鉄との間にはたらく力。

a 極どうしの間…同極どうしを近づけると反発し，異極どうしを近づけると引き合う。

b 磁石と鉄の間…磁力が強い磁石ほど，磁石と鉄（くぎなど）の間にはたらく力は大きい。

⬆磁石の同極どうしの反発　©OPO

⬆磁石に引きつけられた鉄のクリップ

くわしく **物体どうしがふれ合ってはたらく力**

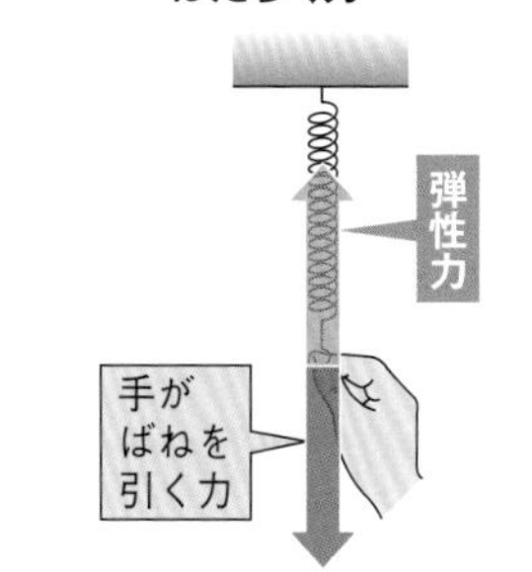

復習 **磁石のN極とS極**

方位磁針で
・北をさす極⇨N極
・南をさす極⇨S極

摩擦力はない方がよい？

生活

物体を動かすことをさまたげる悪者のような印象の摩擦力であるが，もし摩擦力がなければわたしたちの生活は成り立たない。

まったく摩擦力がなければ，机や棚にわずかな傾きがあると，のせている物はすべて落ちてしまうし，くぎやねじなどもすぐにぬけてしまい，家具や建物などはばらばらになってしまう。摩擦力がなければ，氷の上にいるときよりもさらに立っていることさえ難しくなる。

⬆自転車のブレーキは摩擦力を利用している

❷**電気力（電気の力）**…プラスチックとナイロンの布をこすり合わせたときなどに生じる静電気など，電気の間にはたらく力。＋の電気と－の電気があり，同種の電気どうしは反発し，異種の電気どうしは引き合う。

❸**重力**…地球が中心に向かって物体を引く力。

・重力は，地球の中心に向かってはたらく。⇨地球上のどこでも「鉛直方向の下向き」となる。

・重力は，地球上のすべての物体にはたらく。

・重力は，地面から離れていてもはたらく。

発展　静電気力

布でこすった定規を細く出した水道の水に近づけると，水は電気力で定規に引きつけられて曲がる。

©コーベット

比較　いろいろな力

	力	定義	例
ふれ合ってはたらく力	垂直抗力	物体が接した面から垂直に受ける力	机の上の物体を机が支える
	弾性力	変形した物体がもとにもどろうとする力	ばね・ゴムがのびてもどろうとする
	摩擦力	ふれ合った物体どうしが，動きをさまたげる力	自転車がブレーキで止まる
離れていてもはたらく力	磁力	磁石の極どうしや磁石と鉄の間ではたらく力	鉄が磁石に引きつけられる
	電気力	＋の電気と－の電気などの間ではたらく力	静電気に引きつけられる
	重力	地球が物体を引っ張る力	物体が下に落ちる

⬆重力

重力は，物体が地面にふれていなくてもはたらくね。

Column　万有引力

イギリスのニュートン（1642～1727年）は，木からリンゴが落ちるようすを見て，重力を発見したといわれている。

ニュートンは，地球とリンゴなどすべての物体の間にたがいに引き合う力「引力」がはたらくと考えた。これを万有引力という。

重力は万有引力の一種で，地球が地球上の物体を引く力によって生じている。

重力と反対に，地球上の物体が地球を引く力も存在するが，地球が非常に重いので，その動きを見ることはできない。

⬆ニュートン

2 力の大きさと表し方

教科書の要点

1 力の大きさ

◎ばねののびと力…ばねののびは，ばねに加えた力の大きさに**比例**する。(**フックの法則**)

◎力の単位…**ニュートン**(記号N)で表す。

1Nは約100 gの物体にはたらく重力(じゅうりょく)の大きさ(重さ)に等しい。

2 力の表し方

◎**作用点**(さようてん)(力のはたらく点)，**力の大きさ**，**力の向き**で表す。

3 重力(じゅうりょく)と質量(しつりょう)

◎重さ…物体にはたらく重力の大きさ

◎**質量**…物体そのものの量

1 力の大きさ

力の大きさは，ばねののびを利用して測定することができる。

(1) ばねののびと力

重要 **❶ばねののびと力の関係**…ばねに力を加えると，ばねはのび，加える力が大きいほど，ばねののびは大きくなる。

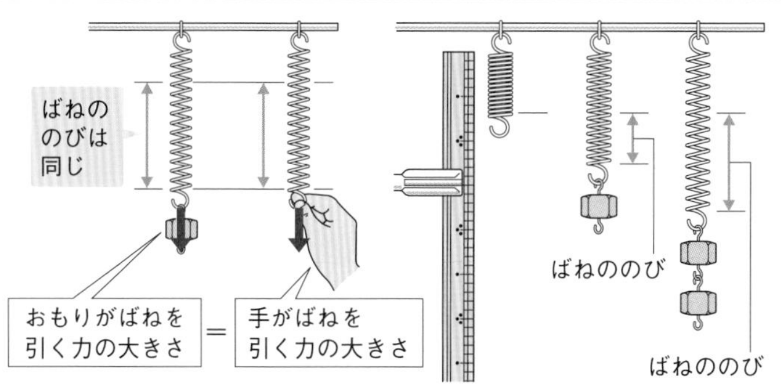

右のばねののびが左と同じになるように手でばねを引いたとき，手がばねを引く力の大きさは，おもりがばねを引く力の大きさに等しい。

ばねにはたらく力が大きくなるほど，ばねののびも大きくなる。

くわしく 重さ

「重さ」とは，物体にはたらく重力(じゅうりょく)の大きさのこと。

左の図のように，手でばねに力を加えて引いても，おもりをつり下げても，ばねはのびる。このことは，おもりの重さもばねを変形させるはたらきをするということであり，ふつう使う「重さ」という言葉は，力の一種を表していることになる。

ものの重さは，ばねののびではかることができるね。

重要

❷**フック の法則**…ばねののびは，ばねに加えた力の大きさに比例する。

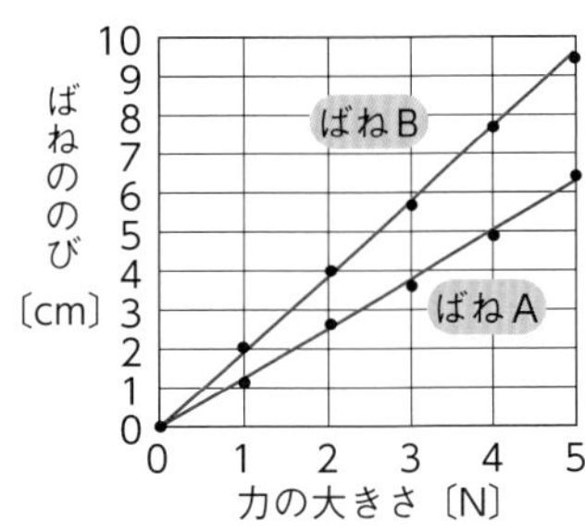

⬆ばねののびと力の関係
（種類によって，ばねののび方はちがう。）

❸**力の大きさをはかる道具**…ばねの変形の大きさが，加えた力の大きさに比例することを利用して力の大きさをはかる計器には，次のようなものがある。

a ばねばかり

下向きに力を加えたときに正しい目盛りを示す。

b 上皿台ばかり

下向きに押す力の大きさをはかるのに都合がよい。

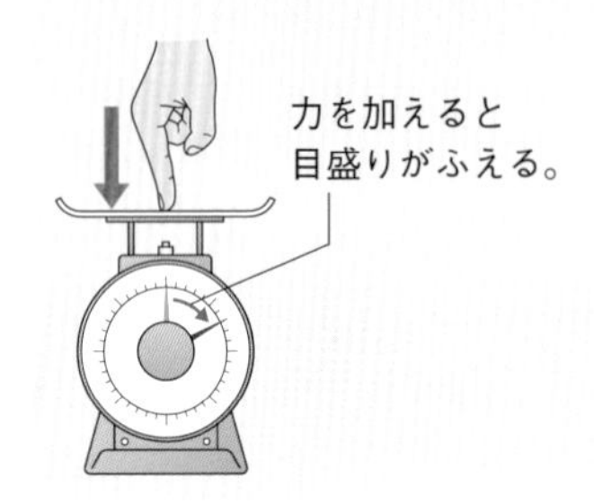

横向きの力をはかる場合は，滑車（かっしゃ）を使って力の向きを変え，ばねばかりを垂直にして使うと，正確な値が読みとれる。

滑車

(2) **力の大きさの単位**… **ニュートン**（記号**N**）

1 Nは，地球上で約100 gの物体にはたらく重力の大きさと同じ。

⇨地球上で約250 gの物体にはたらく重力＝2.5 N

⇨地球上で約1 kgの物体にはたらく重力＝10 N

くわしく **力の大きさとは?**

ばねばかりや上皿台ばかりに手で加える力の大きさは，同じ目盛りを示すときのおもりにはたらく重力の大きさと同じと考えられる。そのため力の大きさは100 gの物体にはたらく重力の大きさをもとに比べることができる。（正確には100 gの物体にはたらく重力の大きさは約0.98 Nであるが，中学では1 Nとしてあつかう。）

トレーニング 重要問題の解き方

ばねののびを求める問題

例題 あるばねに0.5 Nの重力がはたらくおもりをつるしたときの，ばねののびは12.5 cmであった。このばねに，0.3 Nの重力がはたらくおもりをつるした場合，ばねののびはいくらか。

ヒント ばねののびと力の大きさが比例することから計算する。

0.5 Nで12.5 cmのびることから，0.1 Nあたりでは，12.5÷5＝2.5〔cm〕のびることになる。したがって，つるすおもりが0.3 Nだから，2.5×3＝7.5〔cm〕

答え 7.5 cm

別解 求めるばねののびをx cmとすると，0.3：x＝0.5：12.5 という関係が成り立つ。これより，

x＝12.5×0.3÷0.5＝7.5〔cm〕

重要実験　力の大きさとばねののびの関係を調べる

目的　加えられた力の大きさを知るために，ばねののびと力の大きさの関係を調べたり，ばねの強さによるのびのちがいを比べてみたりする。

方法　①ばねAを使って，右の図のような装置を組み立てる。最初にものさしの0 cmの位置と指針を合わせておく。

②おもりをつるし，ばねののびの長さをはかる。⇨おもりの数をふやして，それぞれのときのばねののびをはかる。

③強さのちがうばねBを使って，ばねAのときと同じように調べる。

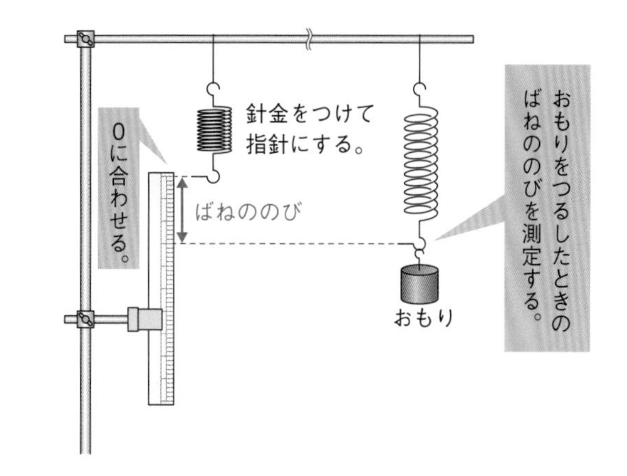

結果　結果は下の表のようになり，グラフにすると右のようになった。（おもり1個は30 g）

おもりの個数〔個〕	0	1	2	3	4	5
力の大きさ〔N〕	0	0.3	0.6	0.9	1.2	1.5
ばねAののび〔cm〕	0	1.1	2.1	3.4	4.5	5.5
ばねBののび〔cm〕	0	2.1	4.0	6.2	8.4	10.6

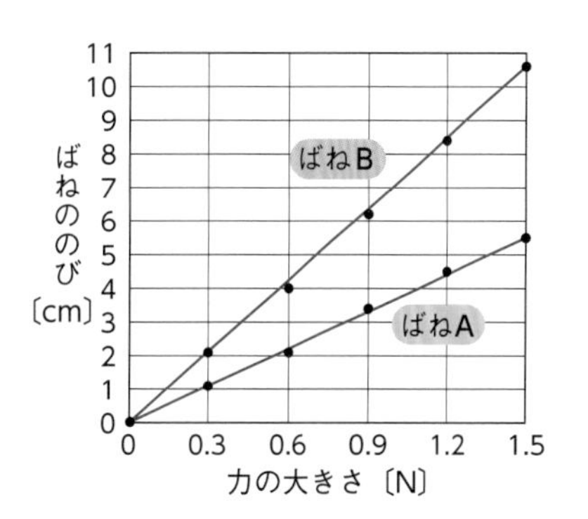

考察　①結果のグラフが原点を通る直線であることから，ばねにはたらく力の大きさとばねののびは比例することがわかる。

②ばねにはたらく力の大きさが同じでも，ばねの種類がちがうとばねののびは異なる。

> 比例関係を表している。
> ※比例のグラフの確認点
> ❶グラフの原点の数値は，縦軸（たてじく），横軸とも0であること。
> ❷グラフの目盛りが等間隔（とうかんかく）であること。

結論
・ばねにはたらく力の大きさとばねののびは**比例する**。
・ばねののびる割合は，ばねの種類によって異なる。

グラフのかき方

実験結果をグラフに表すことはよくある。グラフに表すと，測定値の変化のようすや規則性，２つの測定値の関係もわかりやすくなる。そのために，正しいグラフのかき方をマスターしよう。

❶ 横軸と縦軸を決める。

グラフの横軸に変化させた量，縦軸にそのために変化した量をとる。

例「ばねにはたらく力の大きさ」と「ばねののび」の関係をグラフに表すときの軸

ばねののび〔cm〕
変化した量
変化させた量
力の大きさ〔N〕

❷ 目盛りを決める。

測定値の最も大きい値が入る範囲を定め，等間隔に目盛りをとる。

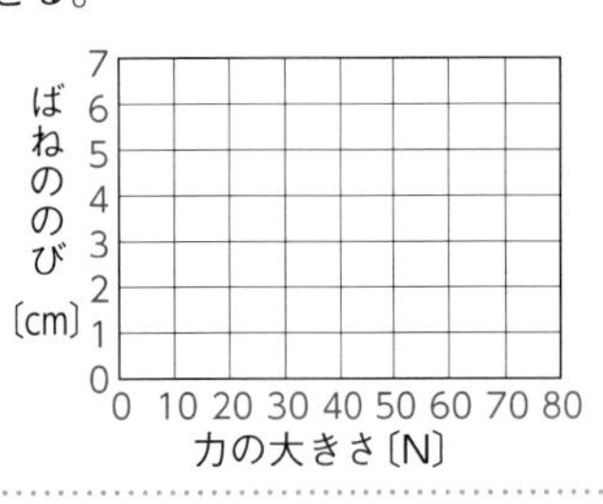

❸ 測定値をかきこむ。

線を引いたときにかくれない程度の，小さな●や×で測定値を記入する。

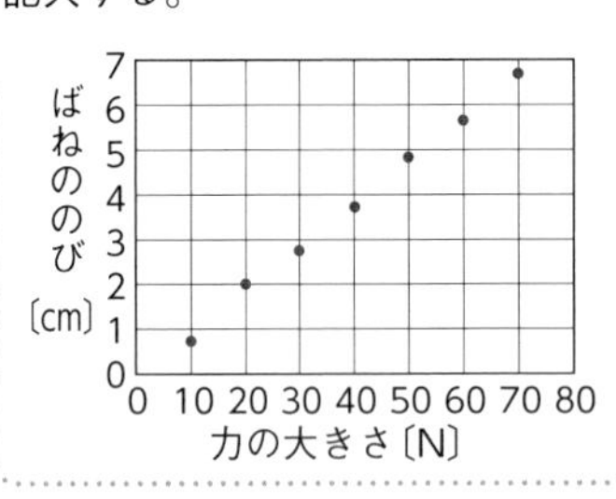

❹ グラフの線を引く。

すべての測定点のなるべく近くを通り，点が線の上下に平均して散らばるように直線を引く。

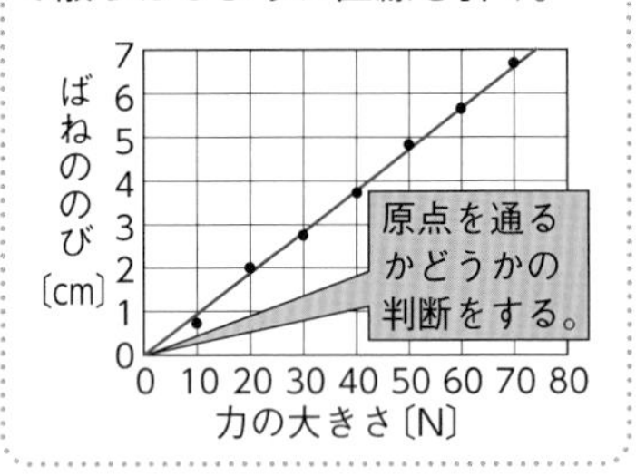

❺ 直線にならないグラフもある。

①点の並び方が直線か曲線かを判断する。

②曲線と判断したら，多くの点やその近くを通るなめらかな曲線を引く。⇨点と点を結ぶ折れ線グラフにはしない。

※時間の経過とともに変化する量を示すときは，折れ線グラフが適する。

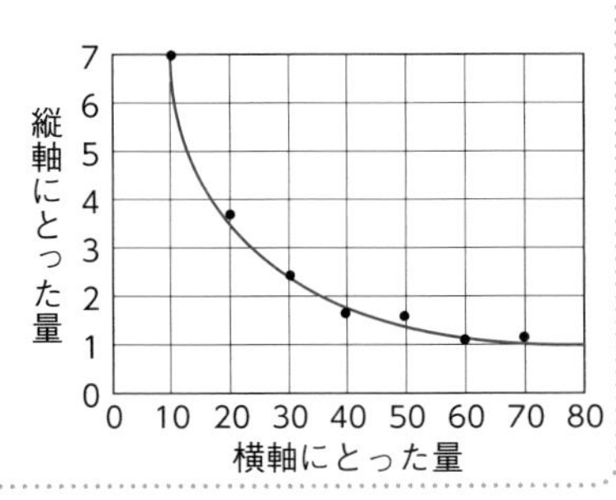

くわしく　誤差

ある量を測定して得られた測定値と，その量の真の値との差を誤差という。測定値と真の値の間には，必ずいくらかの誤差がある。誤差が生じるのは，測定する装置や方法などによる場合もあれば，測定値を読みとるときの個人差などによる場合もある。測定を複数回行って平均値をとるのは，なるべく誤差を小さくするためである。

2 力の表し方

力は矢印を使って，力の大きさ，力の向き，力がはたらく点を表す。

(1) **力の３要素**… 力のはたらきは，力の大きさ・力の向き・作用点(さようてん)の３つによって決まる。この要素が変わると，力のはたらきは変わる。

❶**力の大きさ**…物体に加える力の大きさがちがうと，力のはたらきがちがう。 例ばねを引く力の大きさが大きいと，ばねが大きくのびる。粘土(ねんど)を大きな力で押(お)すと大きく変形する。

❷**力の向き**…物体に加える力の向きがちがうと，物体の動きがちがう。 例力の大きさは同じでも，向きを変えると，動く向きが変わる（図①）。

❸**作用点**…物体に力がはたらいている点のことを作用点という。作用点がちがうと，物体の動きがちがう。例物体に同じ向きの同じ大きさの力を加えても，図②の左の物体はまっすぐ，右の物体は回転するように動く。

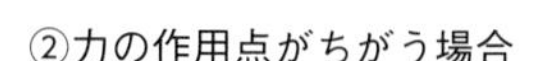

①力の向きがちがう場合

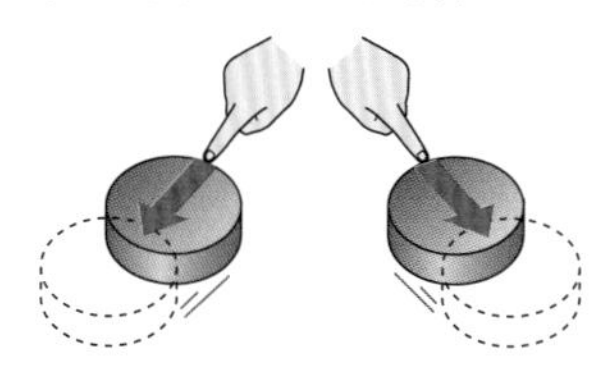

②力の作用点がちがう場合

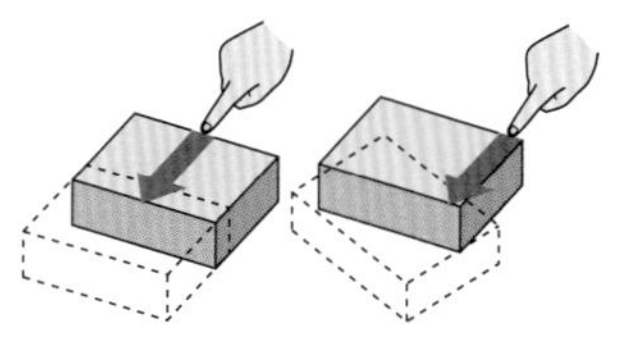

(2) **力の図示のしかた**…矢印を用いる。

重要

❶**力の大きさ**

…矢の長さで表す。

矢の長さは，力の大きさに比例させてかく。

❷**力の向き**

…矢の向きで表す。

❸**作用点**…矢の根元で表す。

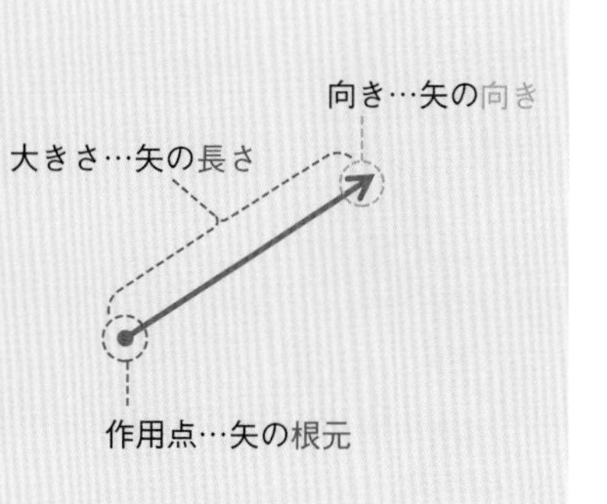

復習 小学校で習った作用点

「てこのはたらき」の学習で，棒からものに力がはたらく位置のことを「作用点」ということを学習した。

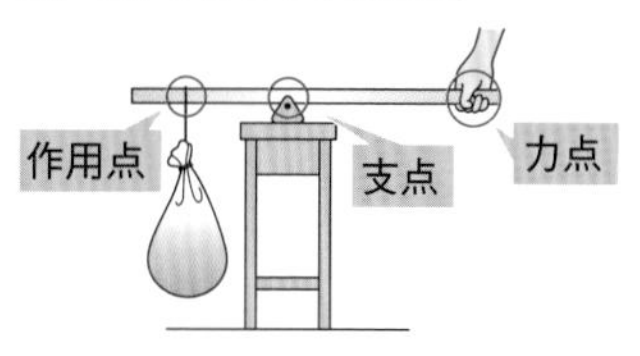

ところで，てこの棒について考えると，「力点」では手で棒を押すなどして力を加えているので，棒にとっては力がはたらいている点でもあるから，力の作用点ともいえる。

また，「支点」でも棒を支えるために，棒に力がはたらいており，やはり力の作用点ともいえる。

てこの学習での「作用点」という用語は，てこの３点（支点・力点・作用点）の１つであり，力の３要素の「作用点」とはちがうので，整理して理解しよう。

くわしく １Ｎを１cmで表すときの例

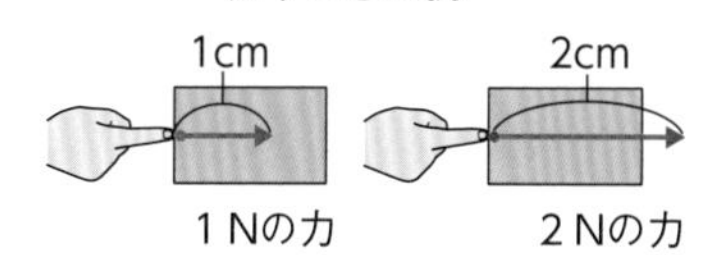

力の大きさは矢の長さで表すから，力の大きさが２倍になれば，矢の長さを２倍にして表すんだね。

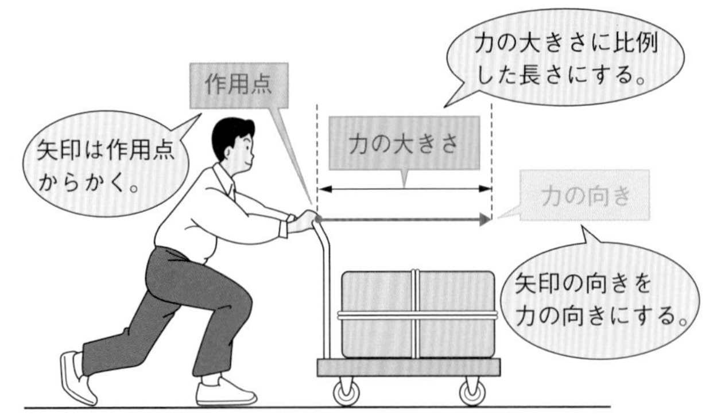

(3) **力のよび方**… 力は，記号をつけてよぶ。例えば，右の図の力は，力OFまたは，力Fとよぶ。

(4) **力の作用線**… 力の方向を，力の作用線という。右の図では，直線XYが，この力の作用線である。

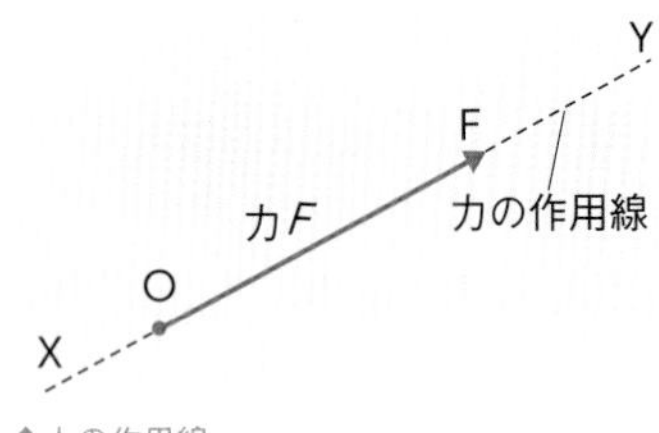

⬆力の作用線

(5) **物体にはたらく力や重力（じゅうりょく）の表し方**

a 物体を押す力を１本の矢印で代表させる。

b 物体にはたらく重力を１本の矢印で代表させる。

a 面の中心から
１本の矢印をかく。

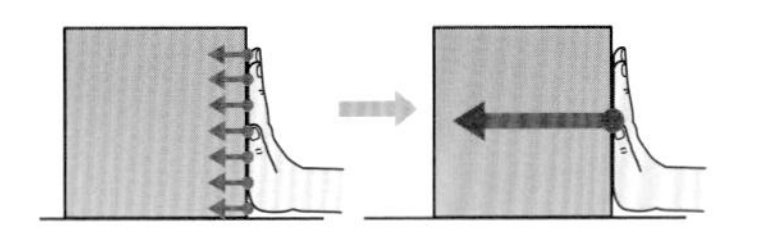

b 物体の中心から
１本の矢印をかく。

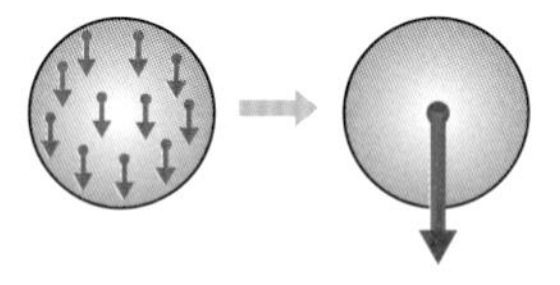

(6) **作用点の移動**… 力の作用線上で，力の大きさと向きを変えずに作用点を移動させても，力のはたらきは変わらない。また，滑車（かっしゃ）（定滑車）を通すと，力の大きさは変えずに，力の向きだけを変えることができる。

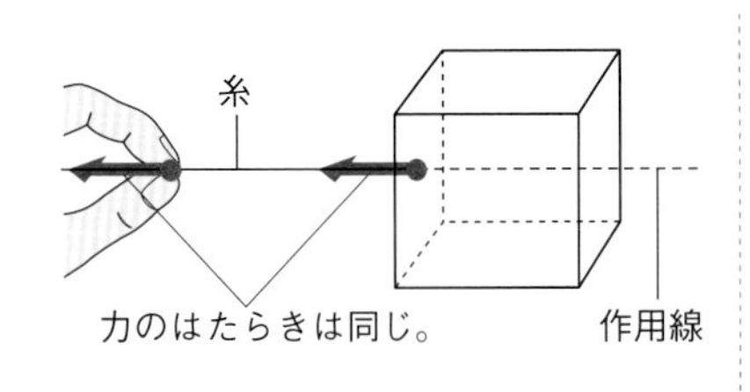

⬆作用点の移動と力のはたらき

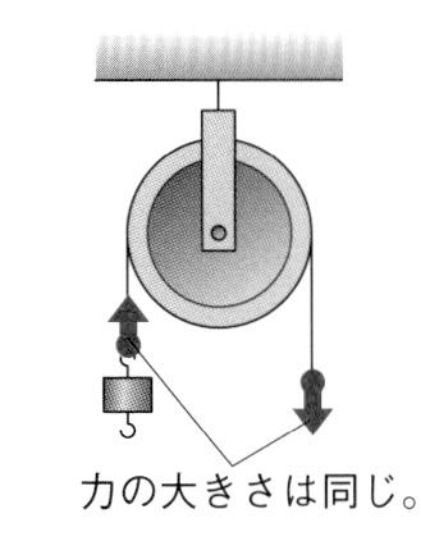

⬆滑車を通した力

くわしく 重力の作用点（さようてん）

左の図bの重力については，物体のあらゆる部分にはたらいている力であるため，代表して，１点を作用点として，その点に１つの力がはたらいているとして表すことができる。そのような作用点を**重心（じゅうしん）**という。つまり，重心は重力が集中している点とみなすことができる。

力の矢印の作図

例題 次に示した力を，力の表し方にしたがって矢印で表せ。ただし，方眼の1目盛りの幅（はば）は0.5 cmとし，力の矢印は10 Nの力を1 cmの長さで表すものとする。

(1) 図1に手が物体を右向きに10 Nで押す力

(2) 図2に手がひもを下向きに15 Nで引く力

ヒント 作図のポイント

①物体にはたらく力を明確にする。
②物体にはたらく作用点を決める。
③物体にはたらく力の向きを考える。
④力の大きさに比例した長さの矢印をかく。

図1

図2

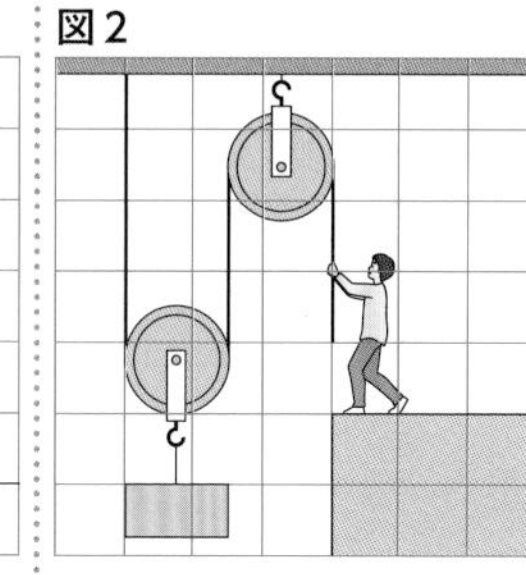

(1) ①物体にはたらく力は，手が物体を押す力。
②作用点は手と物体の接点。
③物体にはたらく力の向きは，右向き。
④力の大きさは10 Nだから，長さが1 cmの矢印をかく。

(2) ①物体にはたらく力は，手がひもを引く力。
②作用点は手がひもを握（にぎ）っている点。
③物体にはたらく力の向きは，下向き。
④力の大きさは15 Nだから，長さが1.5 cmの矢印をかく。

答え 右の図のとおり。

(1) 作用点は，手と物体の接点
矢印の向きは右向き
矢印の長さは1 cm（2目盛り分）

(2) 作用点は，手がひもを握（にぎ）っている点
矢印の向きは下向き
矢印の長さは1.5 cm（3目盛り分）

図1

図2

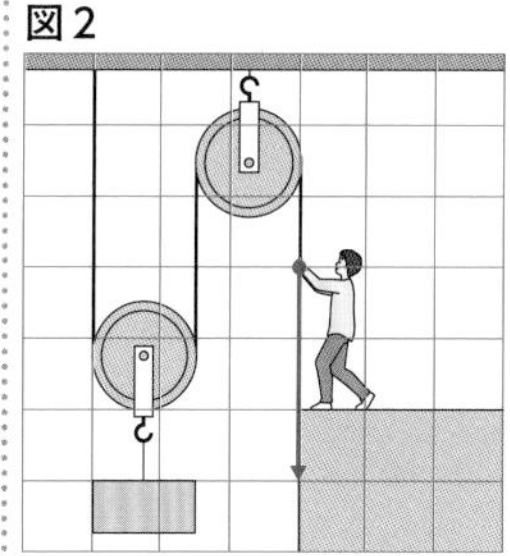

Column 不規則な形をした物体の重心はどこ？

生活

正方形や長方形など，規則正しい形の物体の重心は，対角線の交点であるが，不規則な形の物体の重心はどこになるのだろうか。

右の図のように，異なる2点A，Bで物体をつるしたとき，2本の重力の作用線の交点が重心になる。

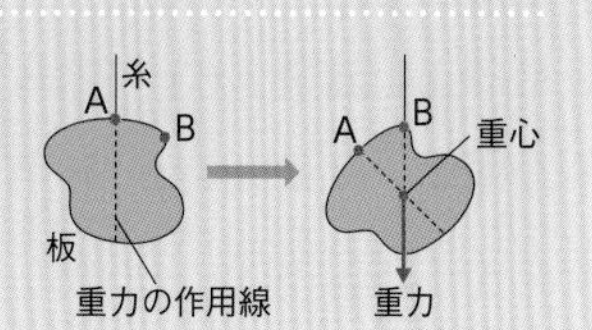

3 重力(じゅうりょく)と質量(しつりょう)

重力は場所によって変わるが，質量は場所が変わっても変わらない。

(1) **重さ**…物体にはたらく重力の大きさのこと。**重力**は，はかる場所によって変わる。⇨月面上では，重力は地球の約６分の１なので，月での**重さ**は地球の約６分の１になる。

❶**重力の単位**…**ニュートン**（記号**N**）
└→重力は「力」の一種なので，ニュートンを用いる。
１Nは，質量が約100 gの物体にはたらく重力の大きさ。

❷**重力のはかり方**…重力はばねばかりではかることができる。

(2) **質量**…物体（物質）そのものの量のこと。質量は，物質の基本的な量である。⇨質量は，物体（物質）の状態やそれがある場所，温度などが変わっても変化しない。

❶**質量の単位**…**グラム**（記号**g**），**キログラム**（記号**kg**）など。
└→1 kg = 1000 g

❷**質量のはかり方**…上皿てんびんの左右の皿にのせた，物体と分銅の**重力**がつり合うとき，その分銅の**質量**を基準にして物体の**質量**とする。

比較 **重力の大きさと質量**

	重力の大きさ	質量
性質	はかる場所によって変化する	変化しない
単位	N	g・kg
はかり方	ばねばかり	上皿てんびん

(3) **重力の大きさと質量の関係**…物体の重力の大きさは，同じ場所で測定したとき，物体の質量に比例する。

▶**地球上**⇨**質量**100 gの物体にはたらく**重力**は，１N。

▶**地球上**⇨**質量**200 gの物体にはたらく**重力**は，２N。

▶**月面上**⇨**質量**100 gの物体にはたらく**重力**は，$\frac{1}{6}$N

▶**月面上**⇨**質量**200 gの物体にはたらく**重力**は，$\frac{2}{6}\left(=\frac{1}{3}\right)$N。

生活 **「リンゴの重さ100 g」はまちがい?**

日常生活では，よく「リンゴの重さは100 g」などというが，正確には誤(あやま)りで，「リンゴの質量は100 g」が正しい表現である。重さは物体にはたらく重力の大きさのことなので，「重さ」という言葉を使うならば「リンゴの重さは地球上では１N」などとするのが正しいことになる。

発展 **質量を決めるもの**

かつては下の写真のような「国際キログラム原器」というもので１kgが定義されていた。この物体は，直径，高さともに約39 mmの円柱形で，白金90％，イリジウム10％の合金でつくられている。

しかし，この国際キログラム原器の質量がごくわずかながら減少する事態が生じたため，2019年５月20日より，光子(こうし)（光の粒子(りゅうし)）のもつエネルギーと振動数(しんどうすう)の比例関係を表す比例定数の「プランク定数(h)」を「6.62607015×10^{-34}Js（ジュール秒）」として定め，この値をもとに１kgが定義された。

©OPO
⬆国際キログラム原器

重さと質量のちがいをおさえておこう！

地球上と月面上での質量と重力

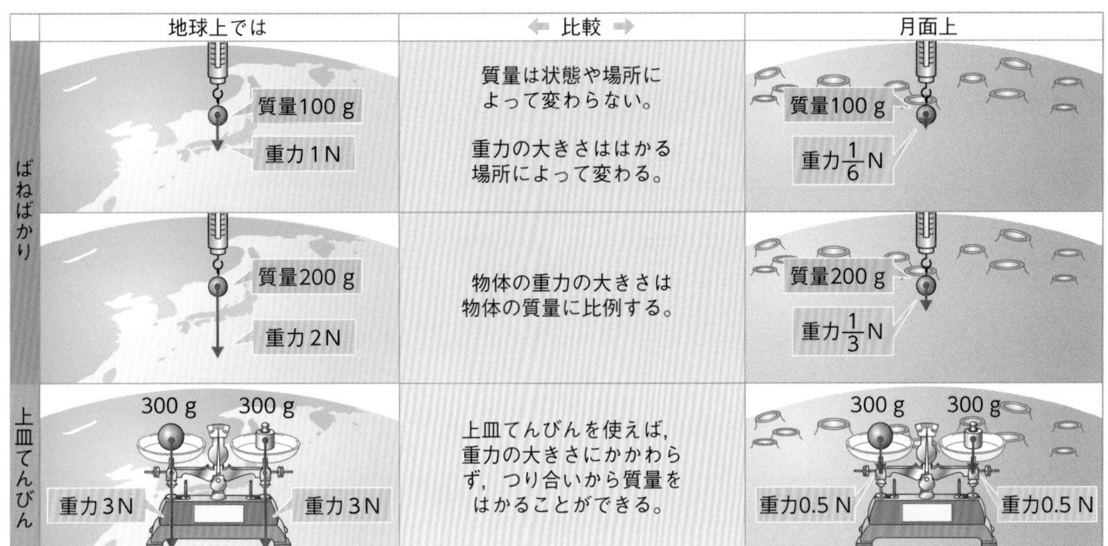

	地球上では	⇐ 比較 ⇒	月面上
ばねばかり	質量100 g 重力1N	質量は状態や場所によって変わらない。 重力の大きさははかる場所によって変わる。	質量100 g 重力$\frac{1}{6}$N
	質量200 g 重力2N	物体の重力の大きさは物体の質量に比例する。	質量200 g 重力$\frac{1}{3}$N
上皿てんびん	300 g　300 g 重力3N　重力3N	上皿てんびんを使えば，重力の大きさにかかわらず，つり合いから質量をはかることができる。	300 g　300 g 重力0.5 N　重力0.5 N

無重力（無重量）状態とは?

地球上では手に持った物体を離すと必ず下に落ち，なめらかな（摩擦のない）面上に置かれた物体は，面が少しでも傾いていると低い方に向かって動いていく。これは，地球上ではすべての物体につねに重力がはたらいているからである。

ところで，地球の上空約400 kmの宇宙空間を国際宇宙ステーションが周回している。ステーション内で宇宙飛行士やいろいろな小物が空中をふわふわと浮遊している映像は有名だが，そのとき宇宙飛行士や小物には重力がはたらいていないのであろうか。

提供：JAXA/NASA

地球の重力は，地球の中心から物体までの距離が大きくなるほど小さくなる。しかし，宇宙ステーション自体や，内部の人や物体にはたらく重力は0ではない。宇宙ステーションが地球のまわりの軌道を一定の速さで周回（円運動）しているとき，宇宙ステーションには地球向きの重力と，地球の外側に向かってはたらく遠心力という力がはたらいて，その力がつり合ってたがいの力のはたらきを打ち消し合ったようになっている。そのために重力がはたらいていないように見えるのである。このような状態を無重力状態（あるいは無重量状態）という。無重力状態では，地球上と同じようには「上向き」「下向き」という言葉は使えないといえる。

3 2力のつり合い

教科書の要点

1 2力のつり合い

◎ 1つの物体に2つの力がはたらいていても，その物体が静止しているとき，2つの力はつり合っている。

◎ **2力のつり合いの条件**

①2つの力は，**同一直線上**にある。

②2つの力は，**大きさが等しい**。

③2つの力は，**向きが反対**である。

1 2力のつり合い

1つの物体に2つ以上の力が加わっても物体が動かないときは，加えた力はつり合っている。

(1) **2力のつり合い**…1つの物体を，2人で両側から引き合うときのように，力がはたらいているにもかかわらず，物体が動かないとき，2力は**つり合っている**という。

重要

(2) **2力のつり合いの条件**…1つの物体に，2つの力が加わっていて物体が動かないでつり合っているとき，その2つの力は同一直線上にあり，大きさは等しく，向きは反対にはたらく。

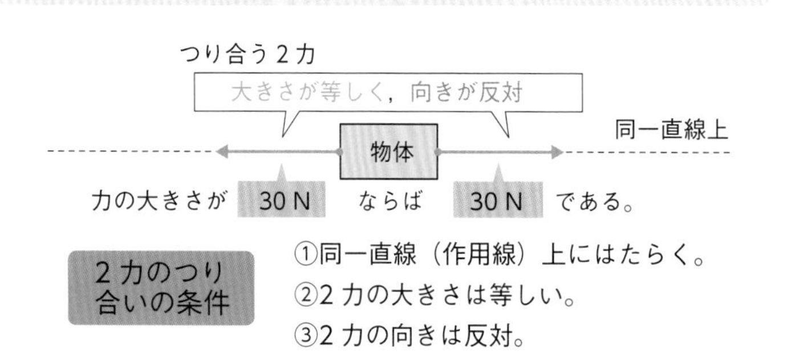

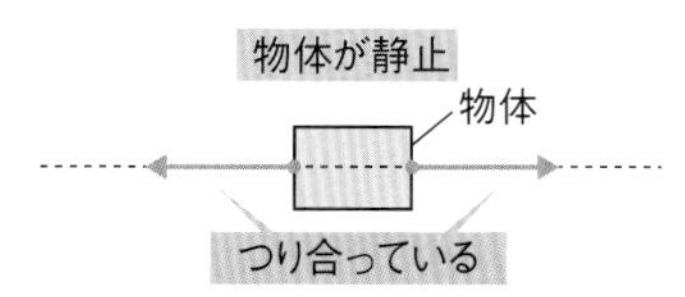

⬆2力のつり合い

くわしく 2つ以上の力のつり合い

中3では **力の重ね合わせ**

物体の1つの点にはたらく2つ以上の力は，1つの力で表すことができる。この力を合力（ごうりょく）といい，合力を求めることを力の合成という。

(3) **2力のつり合いの例**…2力がつり合っているとき，2力のうちの1つがわかると，もう1つの力を見つけることができる。

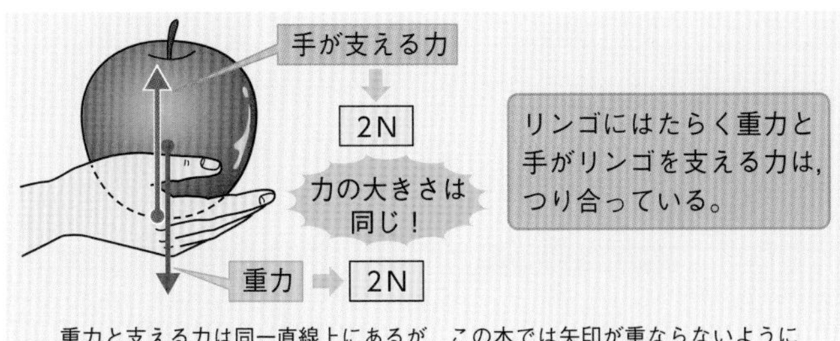

重力と支える力は同一直線上にあるが，この本では矢印が重ならないようにずらしてかいている。

❶**重力**(じゅうりょく)**とつり合う力**…机の上に置いた本や，ばねにつるしたおもりなどが静止しているのは，その重力とつり合う力がはたらいているためである。

a **垂直抗力**(すいちょくこうりょく)(➡p.172)…机の上の物体には，机の面から物体に垂直抗力がはたらき，重力とつり合う。

b **弾性力**(だんせいりょく)**（弾性の力）**(➡p.173)…ばねにおもりをつるすと，おもりにはたらく重力とつり合う弾性力がはたらく。

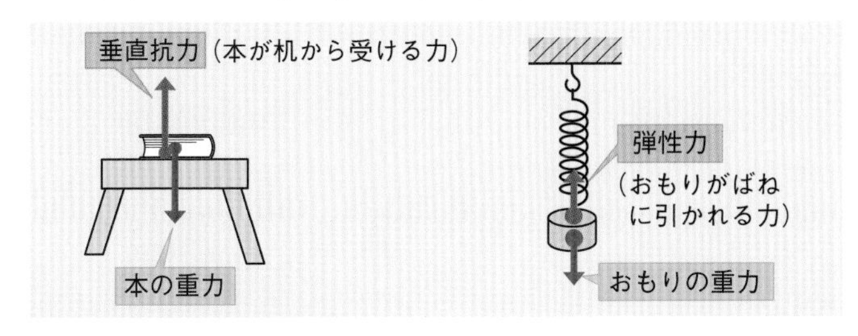

❷**加えた力とつり合う力**…机の上などにある本に力を加えても本が動かないことがあるのは，加えた力とつり合う力がはたらいているためである。

c **摩擦力**(まさつりょく)(➡p.173)…物体どうしがふれ合っているとき力を加えると，物体に加えた力と逆向きに摩擦力がはたらく。

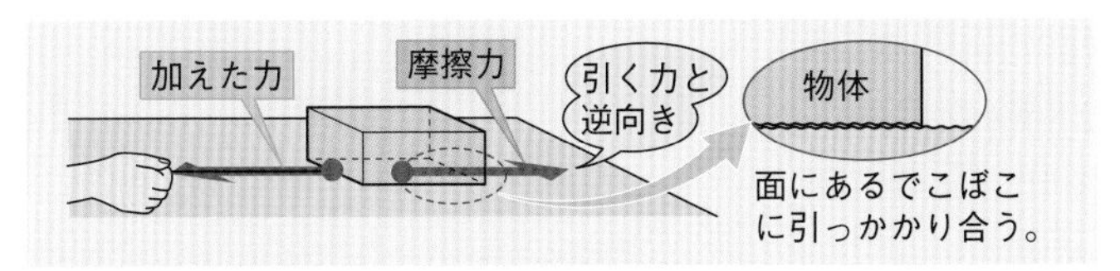

テストで注意　ばねばかりの目盛りは?

ばねばかりを，下の図のように2本，3本とつないで，下のばねばかりを20 Nの大きさで引くと，①～③のはかりは，それぞれ何Nを示すだろうか。（ばねばかりの重さは考えない）

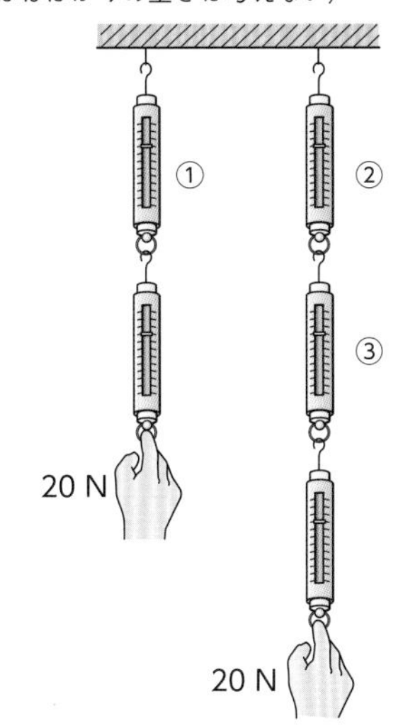

②のばねばかりには，20＋20＝40〔N〕の力がはたらいているとかんちがいしないこと。①，②，③のばねばかりは，どれも20 Nを示す。

中3では　2つの物体にはたらく力

つり合っている2力は，1つの物体にはたらくが，中3で学習する作用(さよう)・反作用(はんさよう)の2力は，2つの物体の間ではたらく力である。左上の図の重力と垂直抗力は，どちらも「本」にはたらく2力であるが，正確にはそれぞれ対となる反作用が存在していると考えられる。

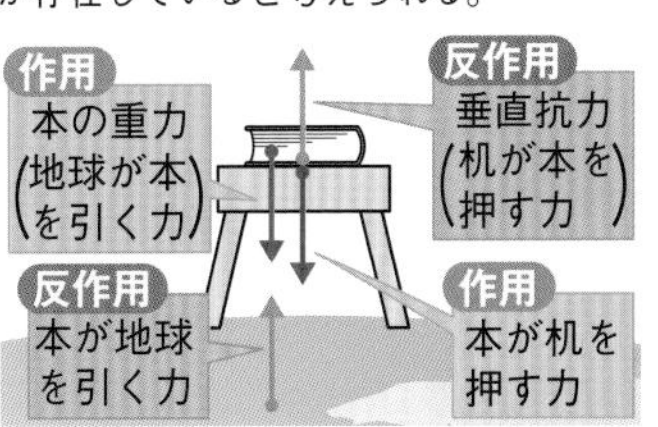

2力のつり合いの条件

目的 厚紙に2つのばねばかりをかけて両側から引き，1つの物体にはたらく「2力がつり合うときの条件」を調べる。

方法 ①図1のように，厚紙に2つのばねばかりをかけて両側から引き，厚紙が動かないときの2つのばねばかりの目盛りを比べる。

②図2のように，厚紙を手で押(お)さえ，片方を引く力を大きくする。手を離(はな)すと厚紙やばねばかりの目盛りがどうなるかを見る。

③図3のように，厚紙を手で押さえ，ななめに引き合う。手を離すと厚紙がどうなるかを見る。

図1

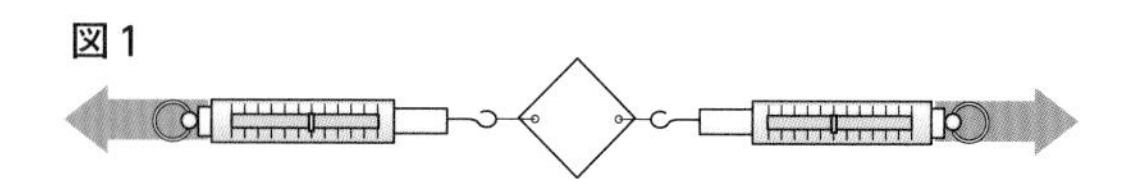

図2

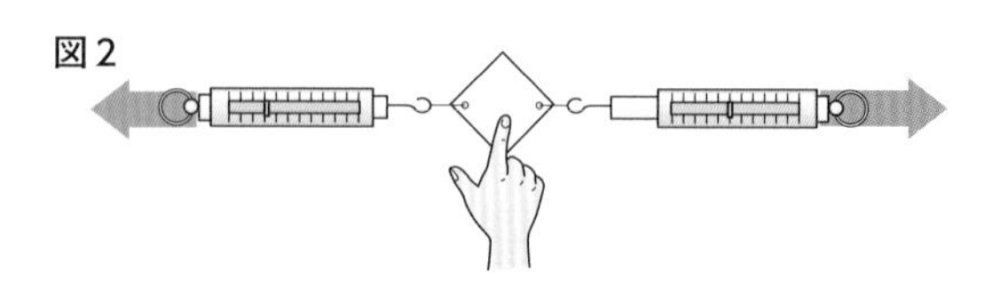

図3

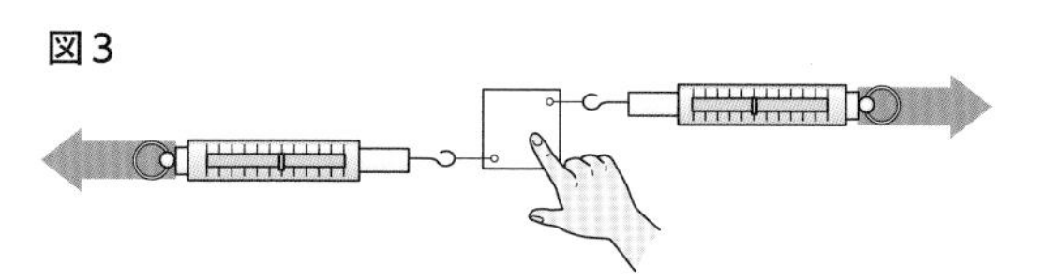

ポイント ばねばかりは，この実験のように水平にして使うと値が小さくなってしまう。そこで右の図のようにあらかじめおもりを使って補正値を求めておき，実験の値に加算する。

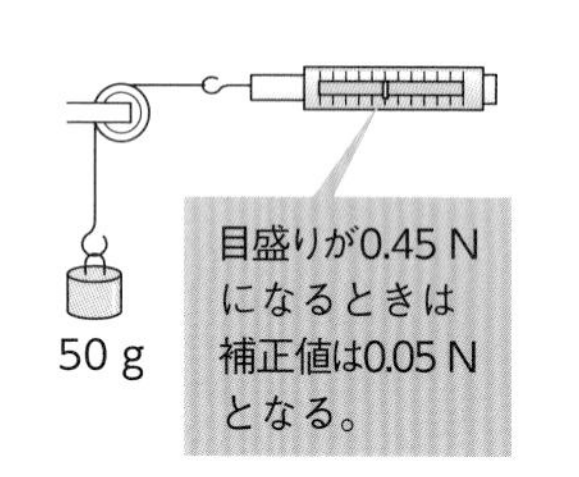

結果 ①図1のとき，2つのばねばかりの目盛りは等しい。

②図2のとき，厚紙は引く力が大きい方へ動いて止まる。⇨2力はつり合っていない。
止まったときの2つのばねばかりの目盛りは等しい。⇨2力はつり合っている。

③図3のとき，厚紙は回転する。⇨2力はつり合っていない。
2つの穴が一直線上になるところで止まる。⇨2力はつり合っている。

結論 **2力がつり合うときの条件**
- 2力が**同一直線上**にある。
- 2力の大きさが**等しい**。
- 2力の向きが**反対**である。

チェック 基礎用語 次の〔　　〕にあてはまるものを選ぶか，あてはまる言葉を答えましょう。

1 いろいろな力とそのはたらき

□(1) 物体に力を加えると，物体が曲がったり，伸縮したりするように，力には物体の〔　　〕を変えるはたらきがある。

□(2) 運動している物体に力を加えたときのように，力には物体の速さや向きなどの〔 大きさ　動き 〕を変えるはたらきがある。

□(3) 力には物体が落ちようとするときに〔　　〕はたらきがある。

□(4) 物体が接している面から垂直に受ける力を〔　　〕という。

□(5) 外から力を受けて変形した物体がもとにもどろうとして生じる力を〔　　〕という。

□(6) 2つの物体が，ふれ合っている面に沿って，たがいにその動きをさまたげようとする力を〔　　〕という。

□(7) 2つの磁石の極どうしにはたらく力を〔　　〕という。

□(8) 2つの物体がこすれたときに生じる静電気など，電気の間にはたらく力を〔　　〕という。

□(9) 地球が中心に向かって物体を引く力を〔　　〕という。

2 力の大きさと表し方

□(10) ばねののびは，加えた力の大きさに比例する。これを〔　　〕の法則という。

□(11) 力のはたらきを矢印で表すとき，力の大きさは矢の〔　　〕で表し，向きは矢の向き，〔　　〕は矢の根元で示す。

□(12) 物体がもっているそのものの量を〔　　〕といい，上皿てんびんではかることができる。

3 2力のつり合い

□(13) 1つの物体にはたらく2つの力がつり合っているとき，2つの力は同一直線上にあり，それぞれの力の〔　　〕は等しく，向きは〔 同じ向き　反対向き 〕である。

解答

(1) 形
(2) 動き
(3) 支える
(4) 垂直抗力
(5) 弾性力（弾性の力）
(6) 摩擦力（摩擦の力）
(7) 磁力（磁石の力）
(8) 電気力（電気の力）
(9) 重力
(10) フック
(11) 長さ
作用点
(12) 質量
(13) 大きさ
反対向き

定期テスト予想問題 ①

時間 40分
解答 p.257

得点　／100

1節／光の性質

1 光の進み方について述べた下の文章で，〔　　〕にはあてはまる言葉を，（　　）には右の図を参考にしてａ～ｆの記号を入れなさい。

【4点×5】

図1　光　空気　水　a　b　c

図2　d　e　f　空気　水　光　A

空気中から水中に光が進むとき，一部は境界面で〔　ア　〕し，一部は水中に〔　イ　〕して進む。このときの光の進路は，**図１**の（　ウ　）のようになる。

逆に，光が水中から空気中に進むときの光の進路は，**図２**の（　エ　）のようになる。また，**図２**の角度Ａがある大きさ以上になると光はすべて反射（はんしゃ）し，空気中に出ていかなくなる。この現象を〔　オ　〕という。

ア〔　　　　〕　イ〔　　　　〕　ウ〔　　　　〕　エ〔　　　　〕　オ〔　　　　〕

1節／光の性質

2 下の図のような装置を用いて，凸（とつ）レンズによる像（ぞう）のでき方を調べた。表は，その結果を表したものである。次の問いに答えなさい。

【6点×7】

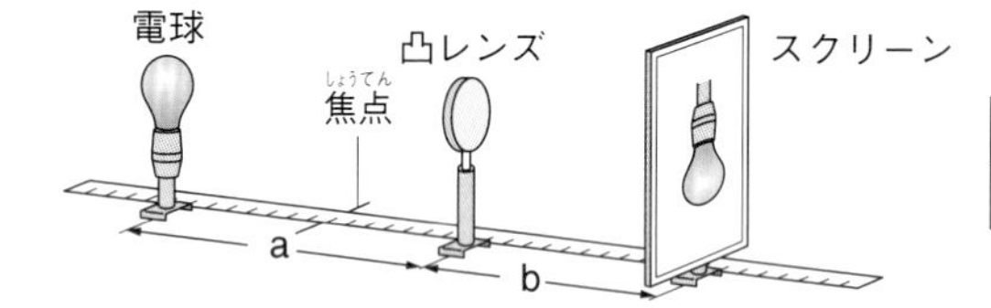

×印：像はできなかった。

aの長さ〔cm〕	60	50	40	30	20
bの長さ〔cm〕	43	50	67	150	×

(1)　ａの長さが20 cmのとき，スクリーンに像ができなかったのでスクリーンをはずして凸レンズをのぞくと電球の像が見えた。

①　このような像のことを何というか。　〔　　　　〕

②　①の像は，実物の電球と比べて，像の大きさと上下の向きはどうなるか。

像の大きさ〔　　　　〕　像の上下の向き〔　　　　〕

(2)　この実験に使った凸レンズの焦点距離（しょうてんきょり）は何cmか。　〔　　　　〕

(3)　実物の電球と同じ大きさの像がスクリーン上にできるのは，ａが何cmのときか。

〔　　　　〕

(4)　ａが30 cmのとき，実物の電球と比べて，スクリーン上にできる像の大きさと上下の向きはどうなるか。　像の大きさ〔　　　　〕　像の上下の向き〔　　　　〕

2節／音の性質

3 **右の図のように，モノコードを使って音の性質を調べた。これについて，次の問いに答えなさい。なお，弦A・Bは同じ太さである。** 【5点×4，(3)完答】

(1) 弦A，Bをはじいたとき，高い音が出るのはどちらか。

〔　　　　〕

(2) 弦Aのことじを動かして，3種類の音を出し，それぞれの音をオシロスコープで波形に表した。最も高い音の波形を表しているのは，右の図の**ア**～**ウ**のどれか。

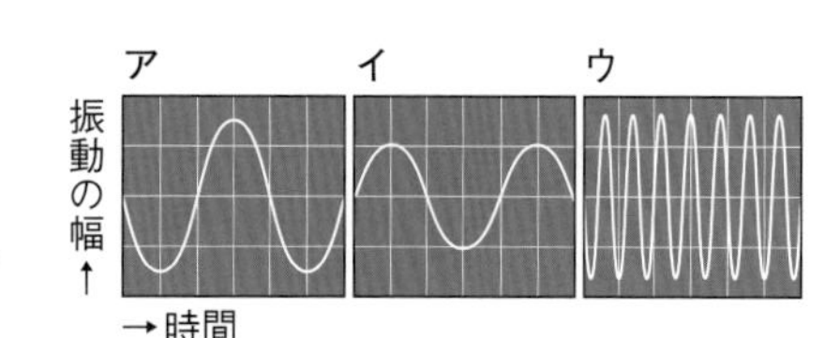

〔　　　　〕

(3) 弦Bをはじいたときの音を高い音にしたいとき，どのようなことをすればよいか。次の**ア**～**カ**からあてはまるものをすべて選べ。ただし，弦の長さは変えないものとする。〔　　　　〕

ア　弦をはじく強さを強くする。　　**イ**　弦をはじく強さを弱くする。

ウ　弦の太さを太くする。　　**エ**　弦の太さを細くする。

オ　弦の張り方を強くする。　　**カ**　弦の張り方を弱くする。

(4) 弦をはじくとき，弦の振動の何が大きくなるほど音が大きくなるか。〔　　　　〕

2節／音の性質

4 **音の性質について，次の問いに答えなさい。** 【6点×3】

思考 (1) 右の図1のような装置の中にブザーを入れ，容器の中の空気をぬきながらブザーを鳴らし続ける実験を行った。空気をぬいていくにつれて，ブザーの音はどのように変化するか簡単に書け。

〔　　　　〕

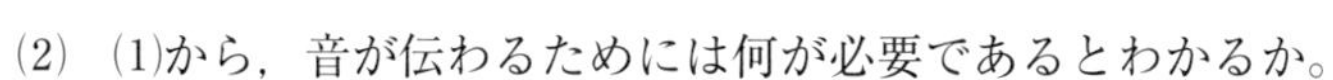

(2) (1)から，音が伝わるためには何が必要であるとわかるか。

〔　　　　〕

(3) 右の図2のように，300 m離れたA地点とB地点の間で，ピストルの音がトランシーバーから聞こえたときにストップウォッチをスタートさせ，空気を伝わってきた音が聞こえたとき，ストップウォッチを止めた。そのとき，ストップウォッチは0.88秒を示していた。この場合，音が空気中を伝わる速さは何m/sか。小数第1位を四捨五入して整数で求めよ。なお，トランシーバーはピストルの音を瞬時に伝えるものとする。

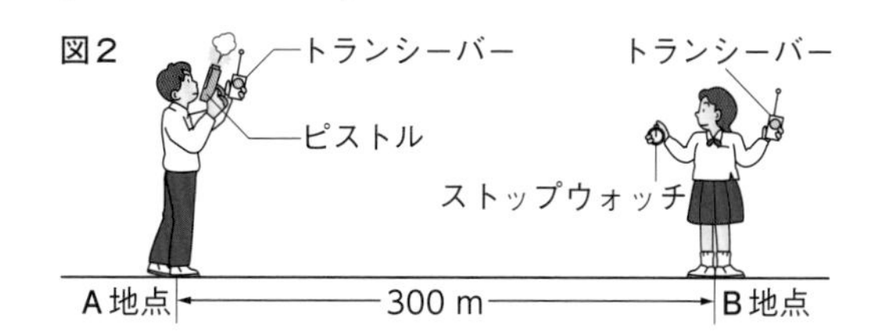

〔　　　　〕

3章／身のまわりの現象

定期テスト予想問題 ②

時間 40分
解答 p.258

得点　／100

3節／力のはたらき

1 右の図のように，天井からおもりを糸でつるした。図の１目盛りの幅は0.5 cmとし，ここでは４Nの力を１cmの長さで表すこととする。次の問いに答えなさい。 【(3)3点×3，ほか7点×2】

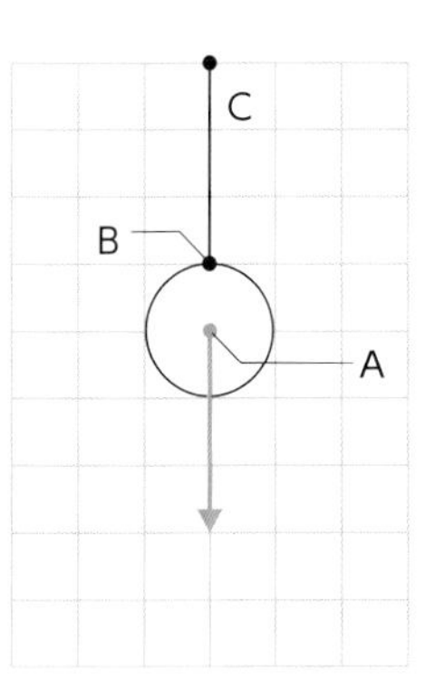

(1) 図中の矢印は何の力を表しているか。 〔　　　〕

(2) 図中の矢印の力の大きさは何Nか。 〔　　　〕

(3) 糸がおもりを引く力を作図したい。A～Cのどれを作用点として，上下左右のどちら向きに，何cmの矢印をかけばよいか。

作用点〔　　　〕 向き〔　　　〕 長さ〔　　　〕

3節／力のはたらき

2 １個20 gのおもりとばねを使って，ばねののびについて調べた。次の問いに答えなさい。なお，100 gの物体にはたらく重力の大きさを１Nとする。 【7点×5】

(1) ばねにつるすおもりの数をふやしながら，ばねののびをはかると，下の表のようになった。これより，ばねにはたらく力の大きさとばねののびの関係を表すグラフをかけ。横軸の数値も書くこと。

おもりの数〔個〕	0	1	2	3	4	5	6
ばねののび〔cm〕	0	2	4	6	8	10	12

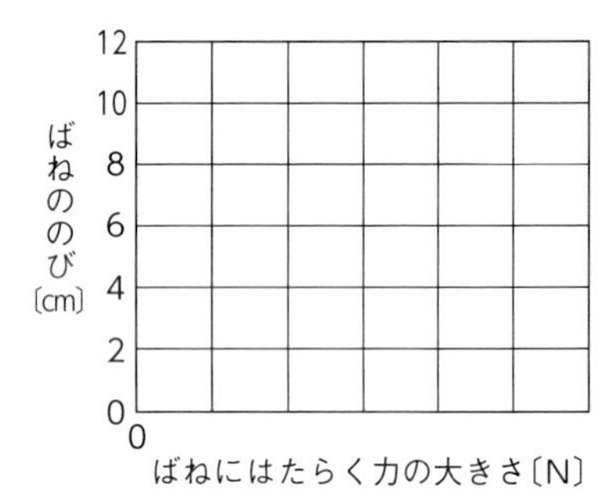

(2) おもりをつるしたばねは，もとにもどろうとしておもりに力をおよぼす。このように，変形した物体がもとにもどろうとして生じる力を何というか。 〔　　　〕

(3) このばねに10 gのおもり３個と30 gのおもり２個をつないでつるした。

① ばねにはたらく力の大きさは何Nか。 〔　　　〕

② ばねののびは何cmになるか。 〔　　　〕

(4) (3)と同じばねに同じおもりをつるした状態で，月面上でばねののびを測定したとすると，ばねののびは何cmになるか。ただし，月面上での重力は，地球上での重力の$\frac{1}{6}$とする。

〔　　　〕

3節／力のはたらき

3 図のように，質量600 gの物体に糸をつけてつるすと，物体は静止した。次の問いに答えなさい。ただし，100 gの物体にはたらく重力の大きさを１Nとする。 【7点×3，(2)完答】

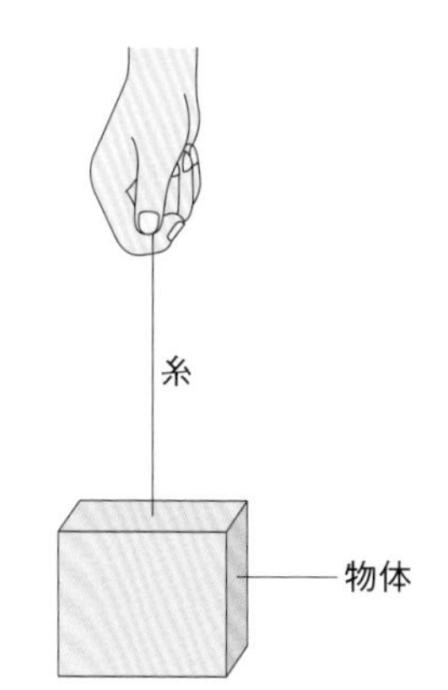

(1) 物体に２つの力がはたらき，それらがつり合っているとき，２つの力がつり合うために必要な条件は３つある。「２つの力が同一直線上にある。」「２つの力の向きが反対である。」のほかの条件は何か。「大きさ」という語を用いて，書きなさい。

〔　　　　〕

(2) 次の文中の ① ， ② にあてはまる語を，それぞれ書きなさい。

> 物体は２つの力がはたらいて静止している。そのうちの１つの力は，地球が物体を引く ① であり，もう１つは，①とつり合っている ② である。

①〔　　　　〕 ②〔　　　　〕

(3) (2)の①の力の大きさは何Nか。 〔　　　　〕

3節／力のはたらき

4 次のア～エは，１つの物体を２つのばねばかりA，Bで引いている状態を示している。この状態から指を離(はな)すとどのようになるか。次の問いに答えなさい。 【7点×3】

ア

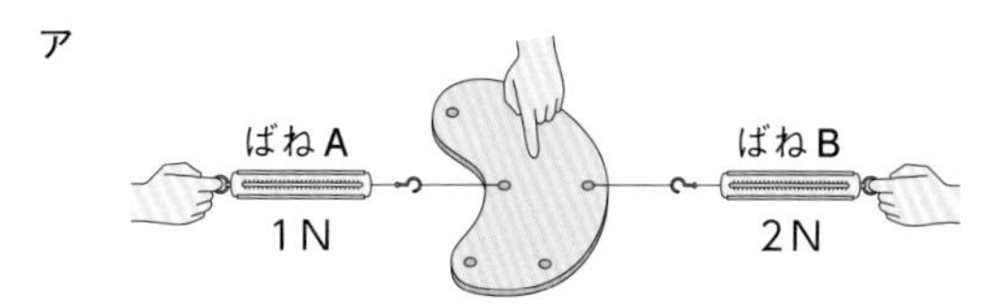

イ

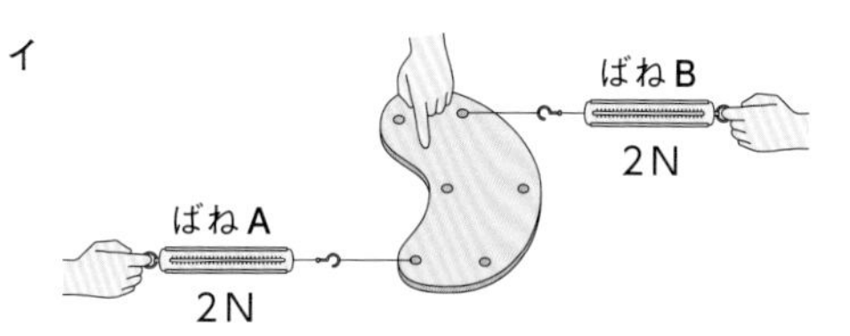

ウ

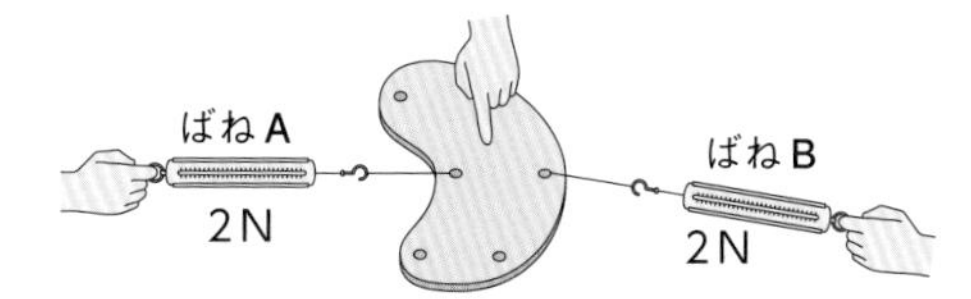

エ

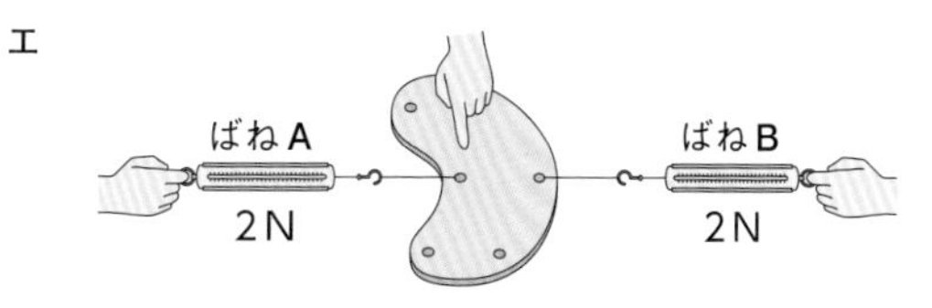

(1) ばねののびは，ばねに加えた力に比例する。この法則を何というか。

〔　　　　〕

(2) 指を離したとき，物体がつり合って動かないものはどれか。ア～エから選べ。 〔　　　　〕

(3) (2)において，ばねAが物体を引く力を５Nにしたとき，ばねBが物体を引く力を何Nにすればよいか。

〔　　　　〕

ピアノのペダルにはどんな役割があるの？

音の正体は音源や空気の振動であり，音の大小や高低は振幅や振動数で決まることを学んだ。ここでは，学校にあるグランドピアノのしくみを考えてみよう。

疑問　ピアノは鍵盤を押すとそれぞれの音階の音を出す。その1つ1つの鍵盤からはどのようにして音が生まれているのだろうか。また，ピアノについているペダルにはどのようなはたらきがあるのだろうか。

⬆グランドピアノ
©アフロ

資料　ピアノが音を出すしくみとペダルのはたらき

1つの鍵盤を押すとハンマーが下から3本の弦をいっせいにたたいて音が出る。

左と下のピアノの写真2点は©アフロ

それぞれのペダルを踏むと
①シフト（ソフト）ペダル：音の響きが弱くなる（音量が小さくなる）
②ソステヌートペダル：ペダルを踏む前に鳴らした音だけが響く
③ダンパーペダル：音が長く響く

考察1 シフトペダルを踏むと音量が小さくなる理由を考える

シフトペダルを踏むと，すべての鍵盤のハンマーが弦に対していっせいにずれていたよ。これが音が小さくなる理由に関係しているのかな？

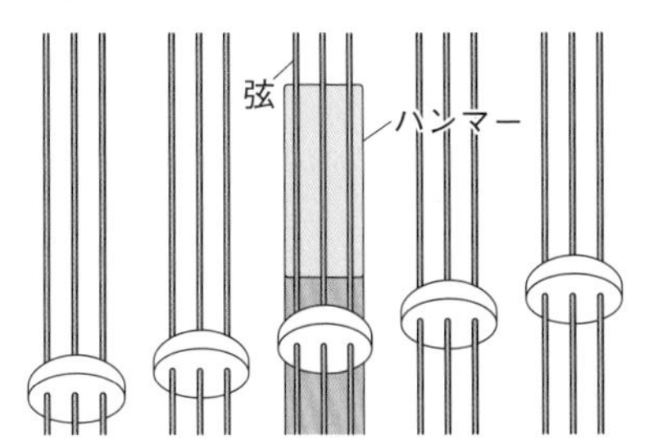

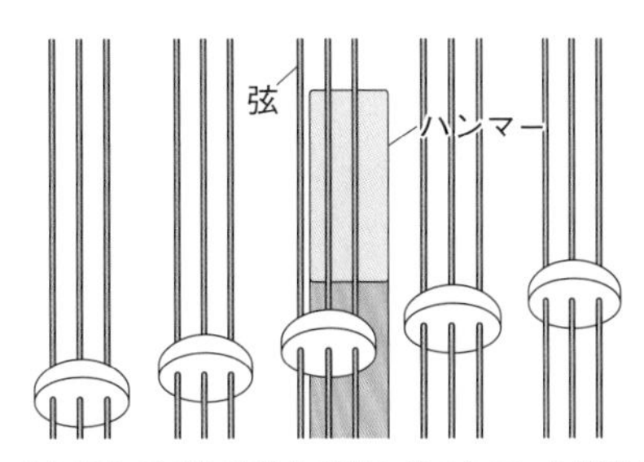

⬆シフトペダルを踏む前のハンマーと弦の位置

⬆シフトペダルを踏んだあとのハンマーと弦の位置

シフトペダルを踏むと，すべての鍵盤についてハンマーがいっせいに右にずれる。その結果，通常3本の弦をたたいていたハンマーは2本の弦をたたくことになる(低音部では通常2本の弦をたたいていたのが1本になる)。よって，ハンマーがたたく弦の数が少なくなるため，音量は小さくなると考えられる。

考察2 ダンパーペダルを踏むと音が長く響く理由を考える

ダンパーペダルを踏むと，下の写真のダンパーという部分がいっせいに上がって弦から離(はな)れたよ。ダンパーはふつうの状態では弦をおさえていたよ。

ダンパーペダルを踏むと，ピアノの弦の振動をおさえているすべてのダンパーが弦から離れる。これによって，ハンマーが直接たたいた弦からの振動がほかの弦にも伝わり，共鳴(きょうめい)が起こると予想できる。その結果，広がりとのびのある音の響きが奏(かな)でられると考えられる。

解説 音さを使った音の共鳴実験(➡p.162)を思い出してみよう。共鳴の原理はまったく同じである。

⬆ダンパー　ダンパーペダルを踏んでいないときは，押した鍵盤に対応するダンパーだけが弦から離れる。

解き直しのサイクルをつくろう！

「2人はふだんの勉強でまちがえた問題はどうしてる？」

「一応答えを見て書き写すようにはしてますけど。」

「わたしもです。」

「問題を解くことはもちろん大切だけど，実は**まちがえた問題を正しく解き直すことはもっと大切**なんだ。」

「…あんまり意識したことなかったかも。」

「一度まちがえた問題を，次は解けるようにするということが，勉強ではとても大切だからね。」

「なるほど。」

「そのために，答え合わせをするときは，**まずは，〇か×だけを手早くつけていく**。」

「正しい答えを書き写さなくてもいいんですか？」

「その前に，**×だった問題はもう一度，答えを見ずに解いてみる**んだ。」

「さっき解けなかったんだから，同じじゃないですか？」

「もしかしたら問題文を読みまちがえたり，途中で計算まちがいをしているだけかもしれないよ。」

「…たしかに。」

「それでも解けない場合は答えを見る。このとき，**解説をじっくり読んで理解することが大切**だよ。」

「それから答えを写すんですね。」

「できれば解答をとじて，自分の頭で考えてから解答を書くともっといいよ。」

「…！」

「**×がついている問題は，3日後くらいにもう一度解いてみる**。それでも解けなかったら，また3日後に解いてみる。」

「うへ〜〜。」

「大変だけど，そこまでやれば着実に力がつくし自信にもなるよ。がんばろう。」

「はい！」

「は〜い！」

4章

大地の変化

1 火山とマグマ

教科書の要点

1 マグマと火山の噴火

◎ **マグマ**…地下の岩石が高温のためにどろどろにとけた物質。

2 マグマの性質と火山の形・噴火のようす

強い	**マグマのねばりけ**	弱い
傾斜が急	**火山の形**	傾斜がゆるやか
激しい	**噴火のしかた**	おだやか

3 火山噴出物と鉱物

◎ **火山噴出物**…火山ガス，溶岩，火山灰，火山れき，軽石，火山弾など。

◎ **無色鉱物**は白っぽい色，**有色鉱物**は黒っぽい色の鉱物。

1 マグマと火山の噴火

復習 火山と大地の変化

火山が噴火すると，溶岩が流れ出たり，火山灰がふき出したりして大地が変化することを学習した。

火山の地下には，岩石が高温でとかされたマグマがある。

❶**マグマ**…地下にある岩石が高温（約900℃～1200℃）のためにどろどろにとけた物質。

❷**マグマだまり**…地下深いところでできたマグマが，地表付近（地下約10km付近）まで上昇し，一時的にたくわえられている場所。

❸**噴火が起こるしくみ**

①地下のマグマが上昇する。

②マグマにふくまれている火山ガス（➡p.199）がとけきれなくなり気泡になる。

③火山ガスが爆発的に膨張すると，周囲の岩石をふき飛ばして噴火が起こる。

❹**活火山**…火山のうち，過去1万年以内に噴火した火山，または今も活発な活動のある火山。日本ではその数は110以上ある。

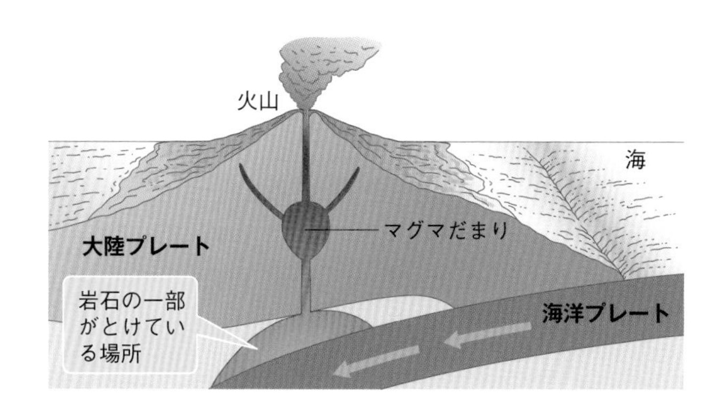

2 マグマの性質と火山の形・噴火のようす

火山の形や噴火のようすは，マグマの性質（ねばりけが強い，ねばりけが弱い）が関係している。

(1) マグマの性質

❶**ねばりけが強いマグマ**…火口から噴出しても，流れにくい。
⇨冷え固まると，白っぽい色の岩石になり，かたまり状になる。

❷**ねばりけが弱いマグマ**…火口から噴出すると，流れやすい。
⇨冷え固まると，黒っぽい色の岩石になり，表面になわ状の模様ができることがある。

比較 マグマのねばりけのちがい

⬆ねばりけの強いマグマが冷え固まったもの（雲仙普賢岳）　©アフロ

⬆ねばりけの弱いマグマが冷え固まったもの（キラウエア）

(2) マグマの性質と噴火のようす

❶**ねばりけが強いマグマ**…激しい爆発的な噴火。火山灰や火山弾をふき上げる。

❷**ねばりけが中程度のマグマ**…激しい噴火とおだやかな噴火を交互にくり返し，溶岩と火山灰・火山弾が積み重なる。

❸**ねばりけが弱いマグマ**…おだやかな噴火。多量の溶岩を流し出すように噴火する。

比較 噴火のようすのちがい

⬆火山灰などをふき上げる雲仙普賢岳の噴火（長崎県）
©アフロ

⬆溶岩が大量に流れ出るキラウエアの噴火（ハワイ島）

発展 マグマの性質

マグマのねばりけを決めるのは，マグマにふくまれている**二酸化ケイ素**という物質である。二酸化ケイ素が多くふくまれるほど，ねばりけが強くなる。

ねばりけ	強い⇔弱い
二酸化ケイ素の量	多い⇔少ない
色	白色⇔黒色
温度	低い⇔高い

くわしく マグマの性質によって噴火のようすがちがうわけ

ねばりけが強いと，マグマから火山ガスがぬけにくいため，爆発的な噴火になる。一方，ねばりけが弱いと，火山ガスがマグマからぬけ出しやすいため，おだやかな噴火になる。

発展 水蒸気爆発のしくみ

火山の地下の帯水層（水がたまっている空間）がマグマによって熱せられると，水が一気に水蒸気に変化する。液体の水が気体に変化すると，体積は約1700倍になるため，激しい爆発となる。

(3) マグマの性質と火山の形

マグマの性質によって，火山の形がちがってくる。

重要

❶ねばりけが強いマグマ…盛り上がったドーム状の火山。

例 雲仙普賢岳（うんぜんふげんだけ），有珠山（うすざん），昭和新山（しょうわしんざん）など。

❷ねばりけが中程度のマグマ…円すい形の火山。

例 桜島，浅間山（あさまやま）など。

❸ねばりけが弱いマグマ…傾斜（けいしゃ）がゆるやかな火山。（たて状火山）

例 キラウエア，マウナロア（ハワイ島）など。

くわしく 溶岩（ようがん）ドーム

ねばりけが強いマグマがつくる，盛り上がった形の溶岩のかたまりを**溶岩ドーム**という。

マグマのねばりけと火山の形

●マグマの性質と火山の形

⬆昭和新山（北海道）

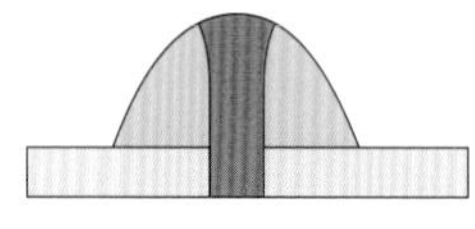

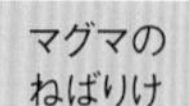

⬆桜島（鹿児島県）

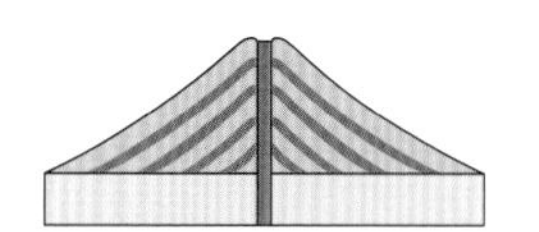

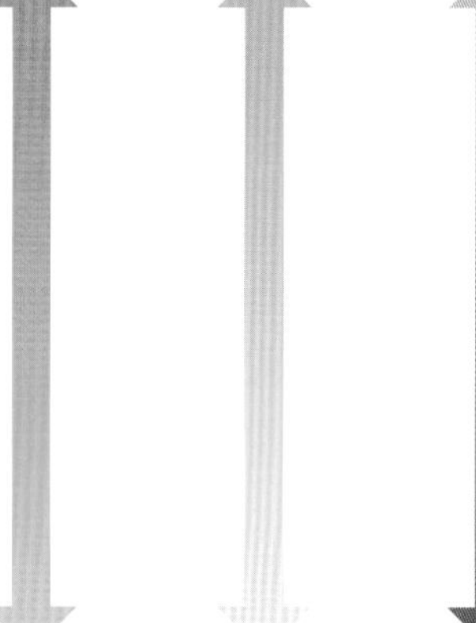

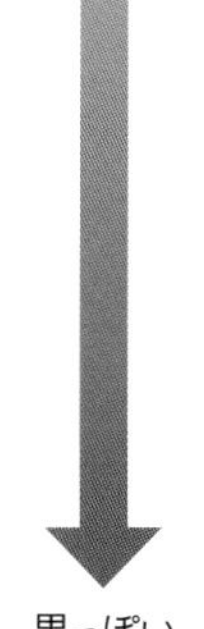

⬆マウナロア（ハワイ島）

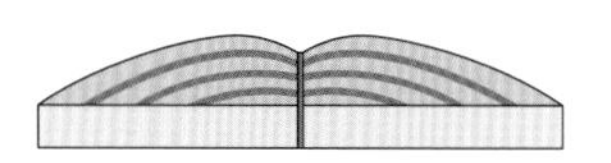

重要実験 ねばりけのちがいとできる火山の形との関係

方法 水を混ぜた小麦粉をポリエチレンの袋（ふくろ）に入れ，図のようにして下から押（お）し出す。

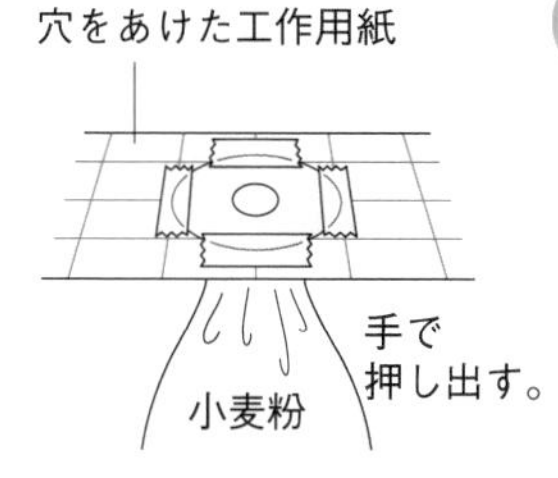

結果

▲水が少ない。
➡ねばりけが**強い**とき

▲水が多い。
➡ねばりけが**弱い**とき

3 火山噴出物と鉱物

火山噴出物にふくまれる鉱物には，無色鉱物と有色鉱物の２種類がある。

(1) 火山噴出物

火山の噴火のときにふき出される，**マグマ**がもとになってできたもの。特に火山ガスと溶岩以外を火山砕屑物という。

❶**火山ガス**…マグマから出てきた気体。**水蒸気**がおもな成分。二酸化炭素や二酸化硫黄 （➡p.112） などもふくまれる。

❷**溶岩**…マグマが地表に流れ出した高温で液体状のもの。また，それが冷え固まったもの。小さい穴ができる。

❸**火山灰**…細かい溶岩の破片で，直径２ mm以下のもの。マグマの成分によって色がちがう （➡p.200）。

❹**火山れき**…溶岩の破片で直径２～64 mmのもの。

❺**軽石**…色が白っぽく，表面がざらざらして，小さな穴がたくさんあいたもの。

❻**火山弾**…ふき飛ばされたマグマが空中で冷え固まったもの。

⬆火山灰

⬆溶岩

⬆軽石

⬆火山ガス

⬆火山弾

⬆火山れき

軽石などに穴があいているのは？

地下にあるマグマは，火山ガスをふくんでいる。マグマが噴火によって地上に上がると，火山ガスが気体となってぬけ出るため，細かい穴があく。

軽石の表面の拡大写真➡

くわしく 火山噴出物の分類

火山灰と火山れきは大きさによって分類される。また，軽石や火山弾は，外形の特徴による分類である。

くわしく 火砕流

高温の火山ガス，溶岩，火山灰が混じり合って，火山の斜面を高速で流れ下る現象。

くわしく 火山灰の広がり

火山灰は粒が細かく，上空の風によって広い範囲に運ばれるため，火山灰の層は，遠く離れた地層を比べるときの手がかりとなる（鍵層➡p.232）。関東ローム層やシラス台地（九州）は火山灰の層である。

(2) **鉱物**…火山灰などの火山噴出物にふくまれる粒のうち，結晶（➡p.120）になったもの。それぞれの種類によって，色や形，割れ方に特徴があり，どの部分も同じ成分からできている。世界で5000種類以上が知られている。鉱物は自然界がつくり出した結晶である。

(3) **火山灰や岩石にふくまれるおもな鉱物**

おもな無色鉱物（→白っぽい。）に**石英**，**長石**，おもな有色鉱物（→黒っぽい。）に**黒雲母**，**カクセン石**，**輝石**，**カンラン石**，**磁鉄鉱**（→磁石につく。）がある。

発展　鉱物の割れ方

鉱物の割れ方のうち，規則正しく割れる性質をへき開といい，割れた面をへき開面という。一方，不規則に割れた面を断口という。へき開が起こるのは，鉱物を構成している原子（中２で学習）どうしの結びつきが弱い部分に沿って割れるからである。そのためには原子が一定方向に規則正しく並んでいる必要がある。

ここに注目　おもな鉱物の特徴

鉱物名	無色鉱物		有色鉱物				
	石英	長石	黒雲母	カクセン石	輝石	カンラン石	磁鉄鉱
結晶の形	不規則	厚い板状	六角板状	細長い柱状	短い柱状	丸みのある四角形	正八面体
火山灰の中の鉱物							
色	無色，白色	白色，うすもも色	黒色，かっ色など	暗緑色，黒かっ色など	緑色，黒色，かっ色など	うす緑色，かっ色	黒　色
割れ方	割れ口は不規則	割れ口は平ら	板状にうすくはがれやすい	柱状に割れやすい	柱状または四角い小片状	割れ口は不規則	割れ口は不規則

カクセン石，輝石，磁鉄鉱　©アフロ

(4) **火山噴出物にふくまれる鉱物の割合**

マグマの成分は場所によってちがうので，火山噴出物にふくまれる鉱物の割合が異なる。⇨火山噴出物の色のちがいとなる。

火山灰にふくまれる鉱物のちがい

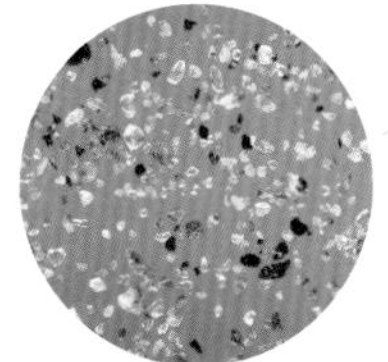

⬆雲仙普賢岳の火山灰

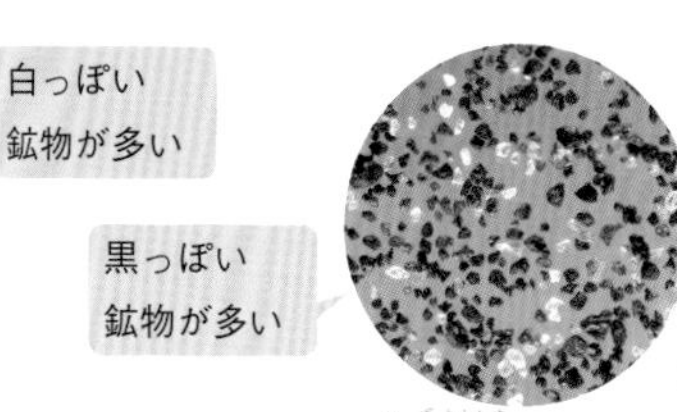

©コーベット

⬆伊豆大島火山の火山灰

くわしく　磁鉄鉱

磁鉄鉱は，強い磁性（磁石の性質）をもっている。砂の中にふくまれている砂鉄は，磁鉄鉱をふくむ岩石が風化（➡p.221）されて，細かくなったものである。

くわしく　鉱物以外の火山噴出物

火山噴出物には，鉱物のほかにマグマが急に冷やされることで結晶となっていない粒もふくまれることがある。このような粒はガラス質をしている（石基➡p.204）。

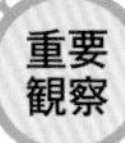

重要観察　火山灰にふくまれる鉱物を観察する

目的　火山灰にふくまれる鉱物の形や色などの種類を調べる。また，異なる火山の火山灰にふくまれる鉱物を比較する。

方法　①蒸発皿に火山灰を少量とる。
②水を加えて指の先で軽く押し，にごった水を捨てる。
③水がにごらなくなるまで，②をくり返す。
④残った粒をペトリ皿などに移し，ルーペや双眼実体顕微鏡で観察してスケッチする。
⑤異なる火山の火山灰にふくまれる鉱物の割合を比較する。

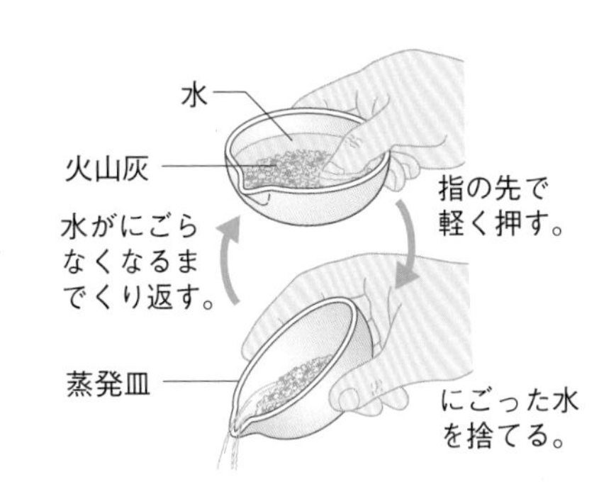

結果

雲仙普賢岳の火山灰

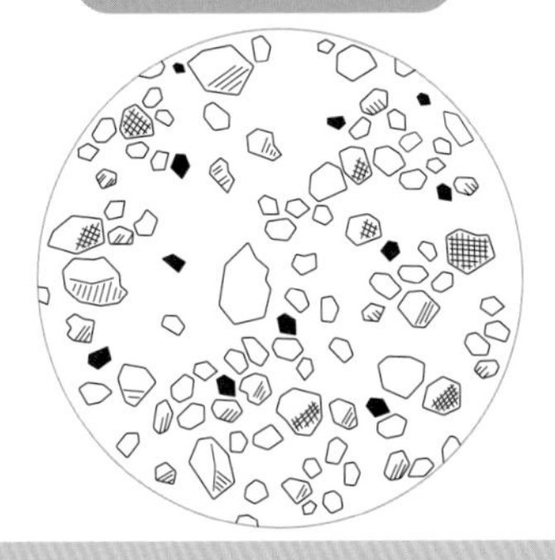

・粒は角ばっているものが多い。
・白い色の火山灰には，**無色や白色**の粒が多くふくまれている。

伊豆大島火山の火山灰

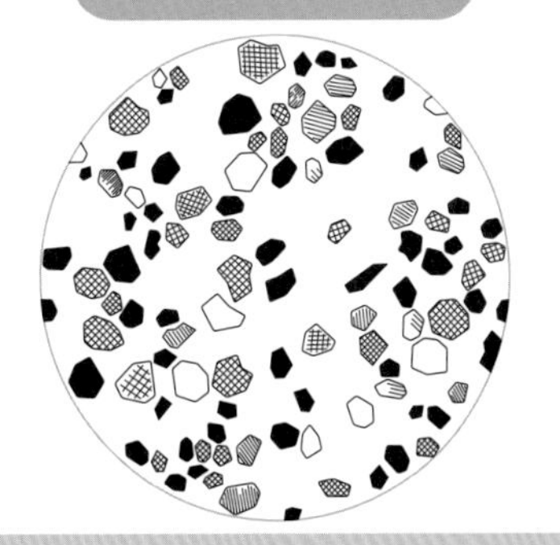

・粒は角ばっているものが多い。
・黒い色の火山灰には，**黒っぽい色**の粒が多くふくまれている。

結論　・鉱物は，角ばっているものが多い。
・火山灰は，色や形のちがう，何種類かの鉱物からできている。
・異なる火山の火山灰では，ふくまれる鉱物の種類がちがっている。

2 火成岩

教科書の要点

1 火成岩

◎**火成岩**…マグマが冷え固まってできた岩石。

2 火山岩の特徴

◎**火山岩**…マグマが地表や地表付近で急に冷え固まってできた岩石。⇨**斑状組織**

3 深成岩の特徴

◎**深成岩**…マグマが地下深くでゆっくり冷え固まってできた岩石。⇨**等粒状組織**

4 いろいろな火成岩

岩石の色		黒っぽい	（灰色）	→ 白っぽい
鉱物の割合		有色鉱物㊉		→ ㊉無色鉱物
岩石の例	火山岩	玄武岩	安山岩	流紋岩
	深成岩	斑れい岩	せん緑岩	花こう岩

1 火成岩

マグマが冷えてできた岩石を火成岩という。

(1) **火成岩**…マグマが冷え固まってできた岩石。

(2) **火成岩の種類**

火成岩はマグマの冷え方のちがい（でき方のちがい）によって，火山岩と深成岩に分類される。

❶**火山岩**…マグマが地表や地表近くで急に冷え固まってできた岩石。⇨玄武岩，安山岩，流紋岩

❷**深成岩**…マグマが地下深くでゆっくり冷え固まってできた岩石。⇨斑れい岩，せん緑岩，花こう岩

(3) **火成岩のでき方とつくり**

火山岩と深成岩のつくりのちがいは，マグマが冷え固まるまでの時間のちがいによって生じる。

くわしく 深成岩の現れ方

地下深くで生じた深成岩は，土地が上昇（隆起）し，雨水や流水のはたらきで土地が深くけずられる（侵食）と地表に現れる。

くわしく 火山岩と深成岩の分類

火山岩と深成岩はさらに，化学的な組成（岩石をつくる成分がどのくらいの割合でふくまれているかを示したもの）や鉱物の割合によって玄武岩，安山岩，流紋岩や斑れい岩，せん緑岩，花こう岩などに分類される（➡p.207）。

比較　火成岩のでき方とつくり

火山岩　地表や地表付近で冷え固まった

流紋岩▶

急に冷え固まるので，非常に小さい鉱物や，結晶になれない部分がある。

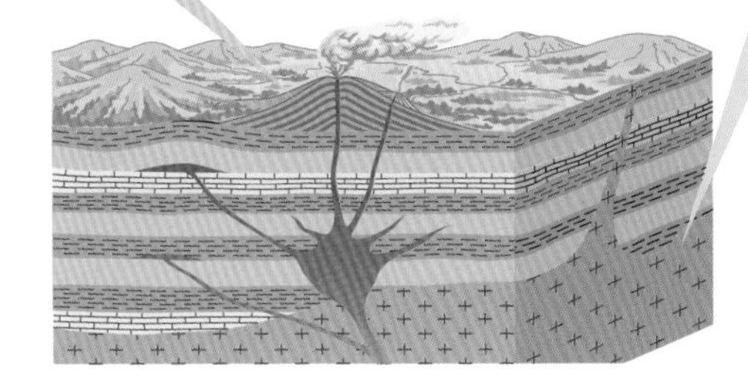

深成岩　地下の深いところで冷え固まった

花こう岩▶

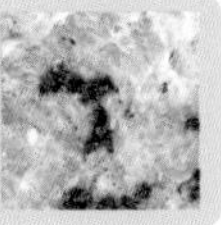

ゆっくり冷え固まるので，すべての鉱物が大きく成長する。

重要実験　マグマの冷え方と結晶の大きさを調べる実験

方法

◎ミョウバンを使ったモデル実験

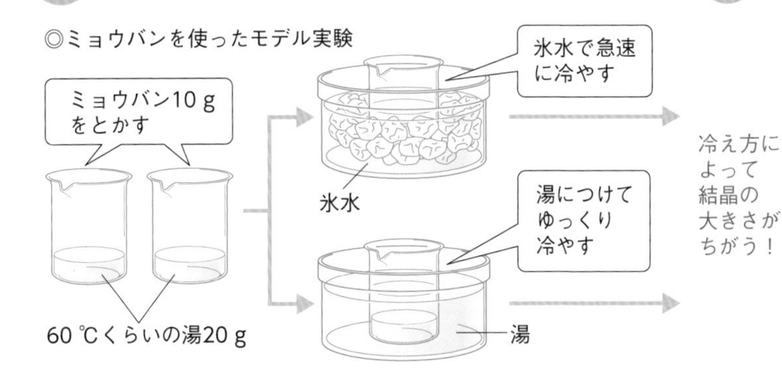

結果

冷え方によって結晶の大きさがちがう！

小さい結晶→火山岩

大きい結晶→深成岩

©コーベット

Column　身近な火成岩～御影石（みかげいし）～　生活

わたしたちの身のまわりで，石材に利用される花こう岩（火成岩のうち，深成岩に分類される）を御影石といい，その名前は，産地の兵庫県神戸市東灘区（こうべしひがしなだく）の「御影」という地名が由来（ゆらい）となっている。

御影石（花こう岩）は，マグマが地下深くでゆっくりと冷やされてできるためにかたく，耐久性（たいきゅうせい）にすぐれている。また，吸水率（きゅうすいりつ）も低いため，古くから墓石（ぼせき）や建築物の外壁材（がいへきざい）や歩道の敷石（しきいし）などによく用いられてきた。

⬆国会議事堂
（外装に花こう岩が使われている）

2 火山岩の特徴

火山岩は，斑状組織をもつ火成岩である。

(1) **火山岩**…マグマが地表，または地表近くで，比較的はやく冷え固まってできた岩石。

(2) **火山岩のつくり**

重要

石基の中に斑晶が散らばっている。⇨**斑状組織**という。

❶**石基**…非常に小さな鉱物の集まりや，結晶になれなかったガラス質などの部分。

❷**斑晶**…大きな鉱物の部分。

(3) **火山岩のでき方**…**斑晶**のまわりを**石基**がうめていく。

・鉱物の結晶には，高い温度でできるものと低い温度でできるものとがある。**斑晶**は，マグマがまだ温度の高い地下の深いところにあるとき，少しずつ冷やされてできた鉱物である。この鉱物をふくむマグマが，地表や地表近くで急に冷やされると，まだ結晶になっていない残りの部分が，小さな鉱物になったり，結晶にならずに固まったりして**石基**となる。

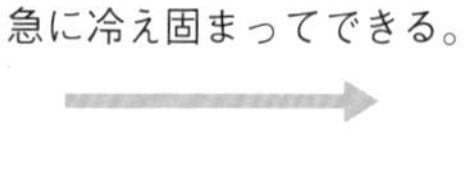

(4) **火山岩の種類**

火山岩の種類は，ふくまれる鉱物の種類やその割合によって分けられていて，**玄武岩**，**安山岩**，**流紋岩**などがある。また，**溶岩**などの火山噴出物も火山岩の一種である。

・玄武岩は輝石などの有色鉱物を多くふくむので黒っぽく，流紋岩は長石などの無色鉱物を多くふくむので白っぽい色をしている（➡p.207）。

ここに注目 火山岩のつくり

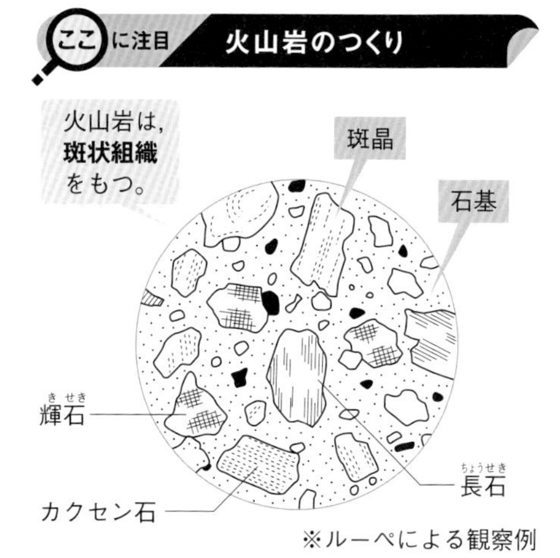

※ルーペによる観察例

くわしく 火山噴出物と火山岩

溶岩などの火山噴出物は，地表にふき出たマグマが急に冷え固まったものである。したがって分類上，火山岩にふくまれる。

火山弾や軽石も「火山岩」の一種ということだね。

3 深成岩の特徴

深成岩は，等粒状組織をもつ火成岩である。

(1) **深成岩**…マグマが地下の深いところで，きわめて長い時間をかけて，ゆっくり冷え固まってできた岩石。

(2) **深成岩のつくり**

重要

大きく成長した，ほぼ同じ大きさの鉱物がたがいに組み合わさって，すき間なく並ぶ。⇨**等粒状組織**という。

(3) **深成岩のでき方**

それぞれの鉱物が，時間をかけてゆっくりと成長していく。

・深成岩は，マグマが地下深いところできわめてゆっくり冷え固まってできる。このような場合は，マグマの中の成分がすべてよく発達した鉱物となるので**等粒状組織**になる。

(4) **深成岩の種類**…**斑れい岩**，**せん緑岩**，**花こう岩**などがある。

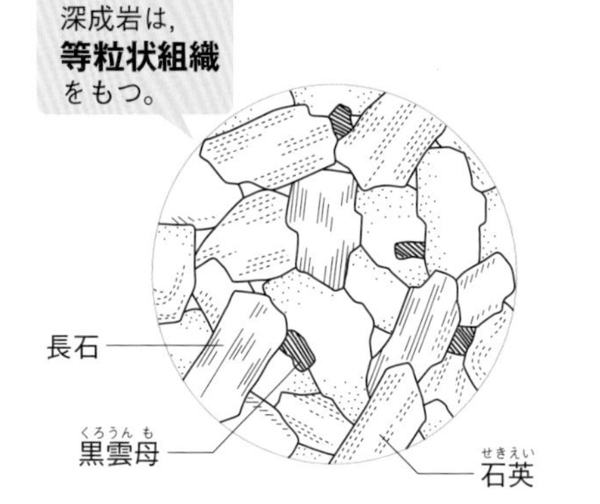

※ルーペによる観察例

くわしく 深成岩のできる場所と時間

深成岩は，ふつう地下数～10 kmの深さで，数十万年から数百万年をかけてできると考えられている。

比較 おもな火山岩と深成岩

火山岩	玄武岩	安山岩	流紋岩
深成岩	斑れい岩	せん緑岩	花こう岩

火山岩と深成岩のつくりを調べる

目的 火山岩と深成岩について，つくりを観察し，ふくまれている鉱物の大きさや形，色，集まり方を比べる。

方法 ①火山岩（安山岩）と深成岩（花こう岩）のみがいた面や新しい割れ口をルーペや双眼実体顕微鏡で観察し，スケッチする。

②鉱物の大きさや形，色，集まり方を調べる。

結果

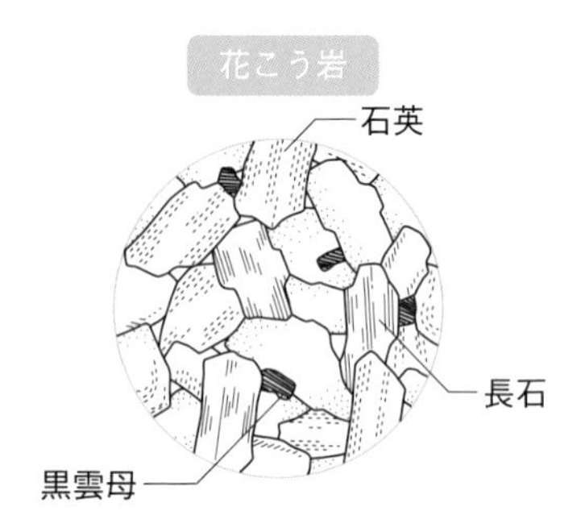

安山岩は，一様に見える部分（石基）の中に，大きな鉱物（斑晶）が散らばったつくりをもつ。白色や黒色の鉱物からできている。

花こう岩は，ほぼ同じ大きさの鉱物がたがいに組み合わさったつくりをもつ。無色，白色，黒色の鉱物からできている。

結論 ・安山岩（火山岩）は斑状組織で，全体が灰色っぽい色をしている。

・花こう岩（深成岩）は等粒状組織で，全体が白っぽい色をしている。

4 いろいろな火成岩

火成岩はそのつくりや，ふくまれる鉱物の種類とその割合によって，大きく6種類に分けられている。

(1) 火成岩のつくりによる分類

重要

❶**火山岩**…マグマが地表や地表近くで急に冷え固まった岩石。
斑状組織⇨**玄武岩**，**安山岩**，**流紋岩**

❷**深成岩**…マグマが地下深くでゆっくり冷え固まった岩石。
等粒状組織⇨**斑れい岩**，**せん緑岩**，**花こう岩**

(2) **火成岩の鉱物の種類や割合による分類**…火成岩の色は，ふくまれる鉱物の種類とその割合によってちがってくる。

有色鉱物が多い⇨黒っぽい岩石になる。

無色鉱物が多い⇨白っぽい岩石になる。

❶**黒っぽい火成岩**…おもに**長石**，**輝石**，**カンラン石**からできている。⇨**玄武岩**，**斑れい岩**

❷**灰色っぽい火成岩**…おもに**長石**，**カクセン石**，**輝石**からできている。⇨**安山岩**，**せん緑岩**

❸**白っぽい火成岩**…おもに**石英**，**長石**，**黒雲母**からできている。⇨**流紋岩**，**花こう岩**

くわしく **マグマのねばりけと火成岩の色の関係**

ねばりけの強いマグマが冷え固まった岩石は，無色鉱物を多くふくむので，白っぽい色になる。ねばりけの弱いマグマが冷え固まった岩石は，有色鉱物を多くふくむので，黒っぽい色になる。

発展 **石英と二酸化ケイ素**

石英は**二酸化ケイ素**が結晶した鉱物であり，二酸化ケイ素を多くふくむほどマグマはねばりけが強く(➡p.197)，冷えて固まると，白っぽい火成岩である花こう岩や流紋岩などになる。

重要 **火成岩の分類**

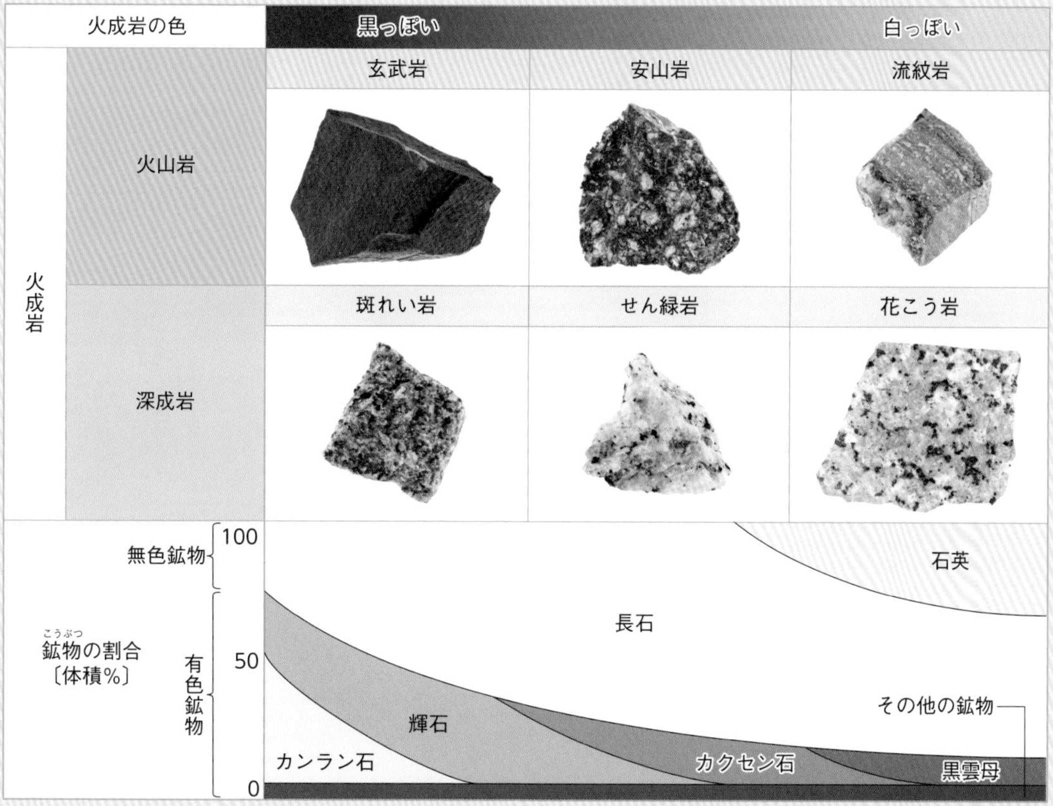

火成岩の色		黒っぽい		白っぽい
火成岩	火山岩	玄武岩	安山岩	流紋岩
	深成岩	斑れい岩	せん緑岩	花こう岩

鉱物の割合〔体積%〕

無色鉱物　100

有色鉱物　50　0

石英

長石

輝石

カンラン石

カクセン石

黒雲母

その他の鉱物

火山の分布と火山灰の広がり

●世界と日本の火山の分布

世界の火山は，下の図のように帯状に分布している。これはプレートの境界とほぼ一致する（➡p.236）。日本の火山もプレートの境界とほぼ平行に分布している。日本の火山分布をくわしく見てみると，火山は日本付近のプレートの境界と平行に分布しているが，その間には距離がある。これは，日本付近のように海洋プレートが大陸プレートの下に沈みこんでいる場所では（➡p.237），地下で岩石がとけてマグマができる適当な条件となるのが，プレートが地下100～150 kmほど沈みこんだ場所であるためだと考えられている。

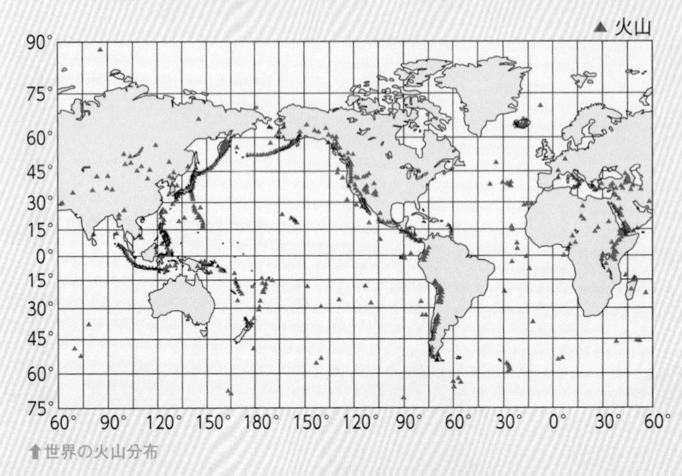

⬆世界の火山分布

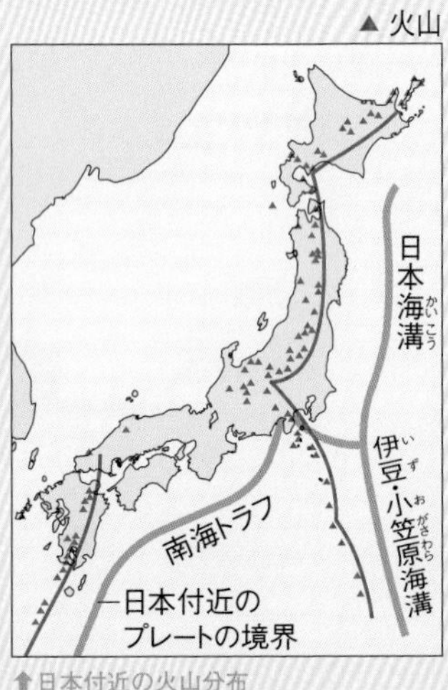

⬆日本付近の火山分布

●火山灰の広がり

火山の噴火で噴出される火山灰は粒が細かく，上空の風に運ばれて広い範囲に堆積し，地上や海底，湖底に地層をつくる。火山灰のもととなるマグマは火山ごとに成分が異なり，同じ火山でも噴火ごとに火山灰の性質が少しずつ異なることが多い。また，噴火した火山から遠くなるほど，火山灰の厚さがうすくなる。そのため，火山灰の地層をくわしく調べると，離れた場所にある地層を比べるときの手がかりとなる。

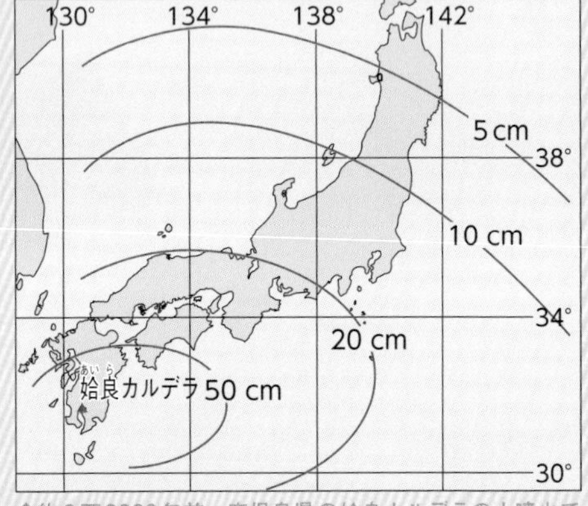

⬆約２万9000年前，鹿児島県の姶良カルデラの大噴火で噴出した火山灰の分布と厚さ

チェック 基礎用語 次の〔　　〕にあてはまるものを選ぶか，あてはまる言葉を答えましょう。

1 火山とマグマ

□(1) 地下の岩石が高温のためにどろどろにとかされてできたものを〔　　〕といい，地表に流れ出たものを〔　　〕という。

□(2) ねばりけが強いマグマによる噴火は〔 爆発的　おだやか 〕で，そのマグマが冷え固まってできた岩石は〔 白っぽい　黒っぽい 〕色をしている。

□(3) ねばりけが弱いマグマは，〔 流れにくい　流れやすい 〕ため，火山の形は〔 盛り上がった形　傾斜のゆるやかな形〕である。

□(4) 火山噴出物のうち，細かい溶岩の破片で，直径2 mm以下のものを〔　　〕という。

□(5) 火山灰などの火山噴出物にふくまれる粒のうち，結晶になったものを〔　　〕という。

□(6) 無色鉱物には，〔　　〕や長石がある。

□(7) 有色鉱物には，黒雲母，〔　　〕，輝石，カンラン石，磁鉄鉱などがある。

2 火成岩

□(8) マグマが冷え固まってできた岩石を〔　　〕という。

□(9) マグマが地表や地表付近で急に冷え固まってできた火成岩を〔　　〕といい，地下深くでゆっくりと冷え固まってできた火成岩を〔　　〕という。

□(10) 火山岩は〔 斑状　等粒状 〕組織であり，深成岩は〔 斑状　等粒状 〕組織である。

□(11) 火山岩は，大きな鉱物の〔 石基　斑晶 〕とそのまわりにある小さな鉱物が集まった〔 石基　斑晶 〕でできている。

□(12) 黒っぽい色をした火山岩は，〔 斑れい岩　玄武岩 〕である。

□(13) 白っぽい色をした深成岩は，〔 流紋岩　花こう岩 〕である。

解答

(1) マグマ，溶岩
(2) 爆発的
白っぽい
(3) 流れやすい
傾斜のゆるやかな形
(4) 火山灰
(5) 鉱物
(6) 石英
(7) カクセン石
(8) 火成岩
(9) 火山岩
深成岩
(10) 斑状
等粒状
(11) 斑晶
石基
(12) 玄武岩
(13) 花こう岩

1 地震のゆれと伝わり方

教科書の要点

1 地震のゆれ

◎**震源**…地震が発生した地下の場所。
◎**震央**…震源の真上の地表の位置。

2 地震のゆれの伝わり方と速さ

◎**初期微動**…地震が発生してからはじめに伝わる小さなゆれ。
◎**主要動**…初期微動に続いて伝わる大きなゆれ。
◎**P波**…初期微動を伝える波。
◎**S波**…主要動を伝える波。
（P波の方がS波よりも速い。）
◎**初期微動継続時間**…初期微動が始まってから，主要動が始まるまでの時間。

1 地震のゆれ

地下で岩盤がこわれて，ずれるときに地震が発生する。このとき，ゆれが四方八方に伝わる。

❶**震源**…地下で地震が発生した場所。地震の発生源。
❷**震央**…震源の真上の地表の位置。
❸**震源の深さ**…震源から震央までの距離。
❹**震源距離**…震源から観測地点までの距離。
❺**震央距離**…震央から観測地点までの距離。

観測地点
❺震央距離
❷震央
❹震源距離
❸震源の深さ
❶震源

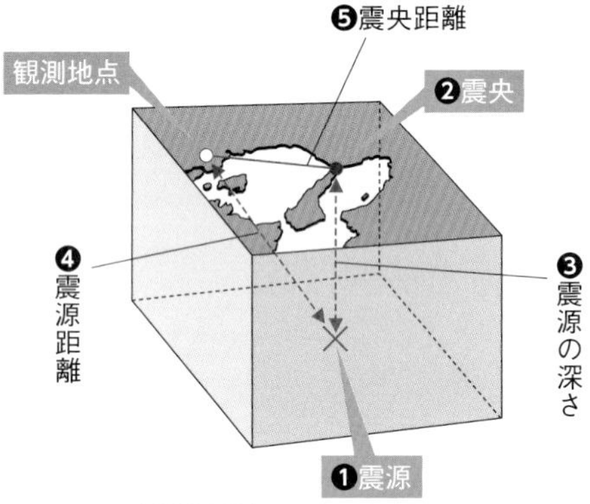

⬆震源と震央

2 地震のゆれの伝わり方と速さ

はじめのうち，小さなゆれがあり，それに続いて大きなゆれが起こる。

(1) **地震のゆれの種類**…**初期微動**と**主要動**の２種類がある。
⇨地震が起こると，速さの異なる２種類の波が**震源**から同時に発生して，それぞれの波によるゆれが伝わる。

くわしく 震央でのゆれ

震央は，地震が発生したときに地表面上で最もはやく地震の波が到着し，ゆれ始める地点である。

重要

❶**初期微動**…地震のゆれのうち，はじめの**小さなゆれ**を初期微動という。地震の波の**P波**が届いて起こる。

・**P波**…震源から伝わる波のうち，伝わる速さの速い波で，約5～7 km/sの速さで伝わる波。
→ Primary Wave（最初にくる波）という意味。

❷**主要動**…地震のゆれのうち，初期微動に続いて起こる**大きなゆれ**を主要動という。地震の波の**S波**が届いて起こる。

・**S波**…震源から伝わる波のうち，伝わる速さの遅い波で，約3～5 km/sの速さで伝わる波。
→ Secondary Wave（次にくる波）という意味。

(2) 地震計とその記録

地震計は，ふりこの性質を利用して，地震のゆれを記録する。

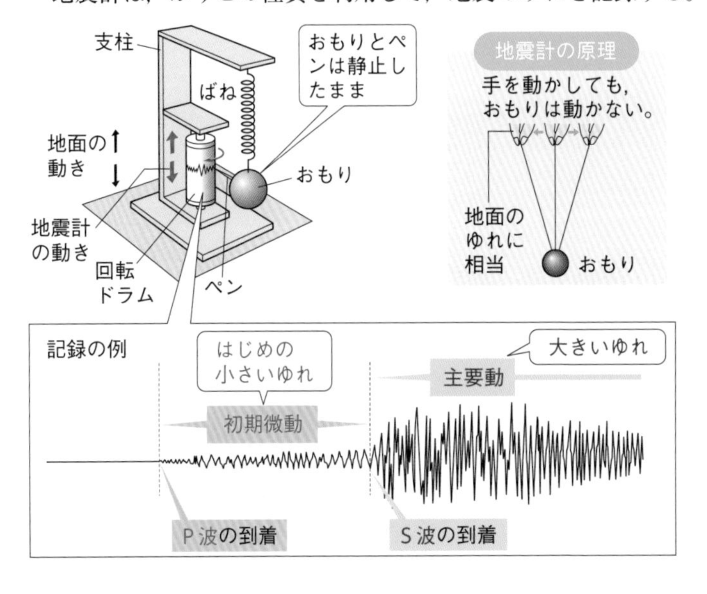

(3) 地震のゆれの伝わり方

❶**地震の発生と伝わり方**…地震が発生すると，震源から出た波は四方八方に伝わる。

❷**ゆれの始まる時間**…ゆれの始まった時刻が等しいところを曲線で結ぶと**同心円状**になり，その中心が**震央**である。

発展 P波とS波の波

P波は，波の伝わる向きと振動する向きが一致している波（縦波，疎密波）である。これに対してS波は，波の伝わる方向と振動する方向が垂直な波（横波）である。

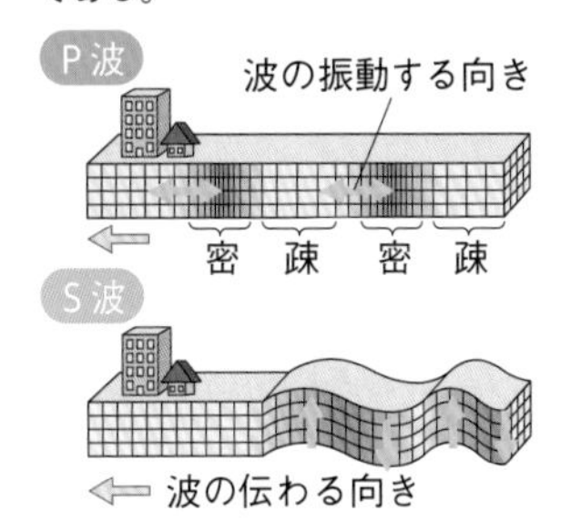

くわしく 主要動の間もP波は届いている

主要動は，S波が到着すると起こるが，主要動の間も，P波は伝わり続けている。

くわしく 地震のゆれの伝わり方

波のない水面に小石を落としたときの波の伝わり方と同じように，地震のゆれは，四方八方にほぼ一定の速さで伝わっていく。

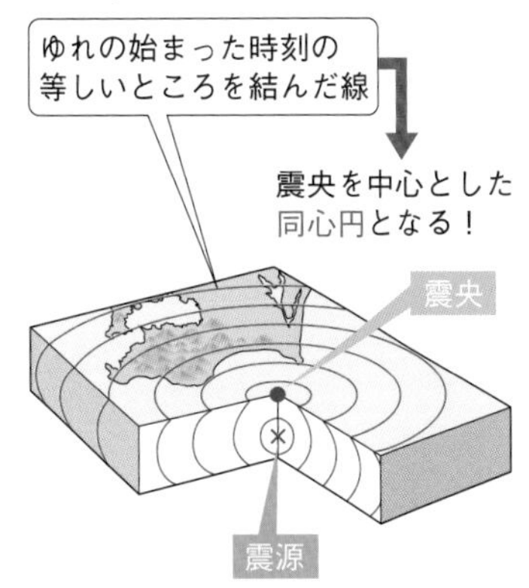

⬆地震のゆれの伝わり方

(4) 地震のゆれの伝わる速さ

地震のゆれの伝わる速さは，地震の波の伝わる速さである。

$$\text{速さ〔km/s〕}=\frac{\text{震源からの距離〔km〕}}{\text{地震が発生してから地震の波が到着するまでの時間〔s〕}}$$

❶**初期微動**の伝わる速さ… **P 波**の速さ。約 5 ～ 7 km/s。

❷**主要動**の伝わる速さ… **S 波**の速さ。約 3 ～ 5 km/s。

(5) 震源からの距離と地震の波の到着時刻との関係

震源からの距離とP波・S波が届く時刻との関係は，下の図のようになる。

(6) **初期微動継続時間**…P波が届いてからS波が届くまでの時間。⇨初期微動が始まってから主要動が始まるまでの時間。

(7) 初期微動継続時間と震源からの距離の関係

初期微動継続時間は，震源からの距離が大きくなるほど長い。

発展 P波の方がS波より速い理由

S波が振動の向きと伝わる向きが90°になっているのに対し，P波は振動の向きと伝わる向きが0°になっているため。（➡p.211）

重要 震源距離と初期微動継続時間の関係

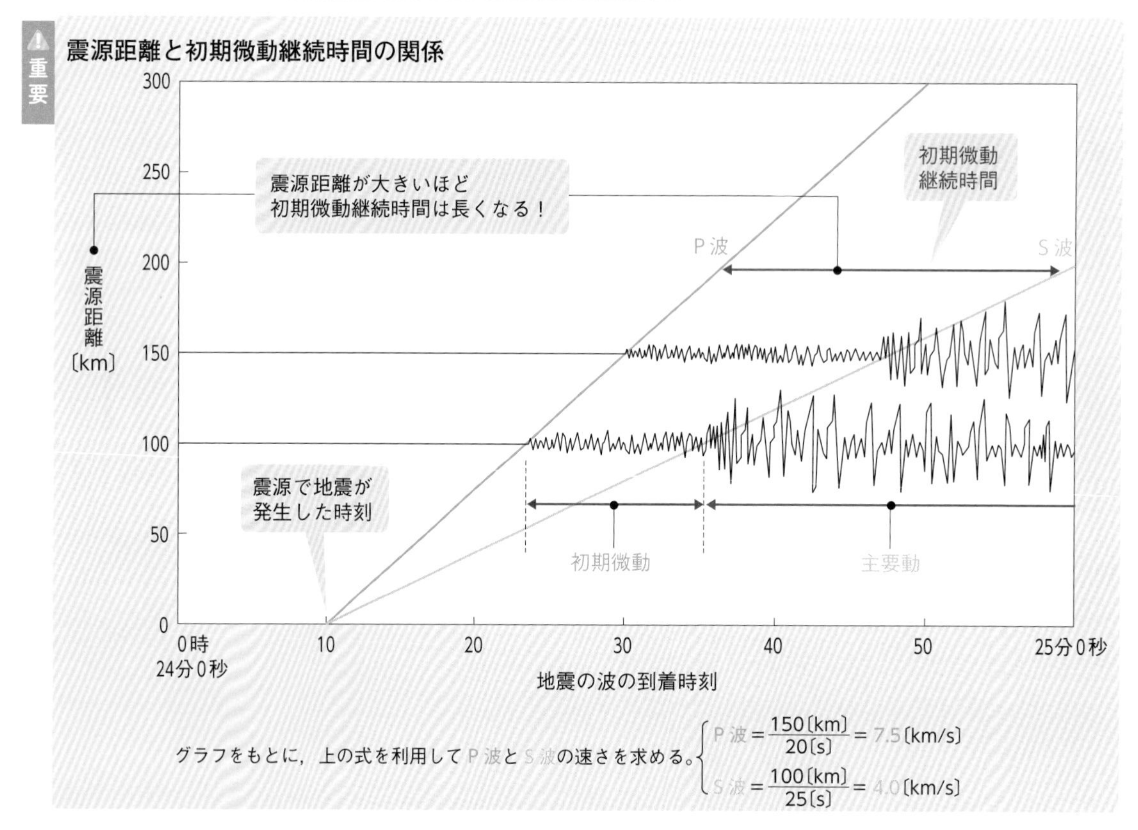

グラフをもとに，上の式を利用してP波とS波の速さを求める。

$$\text{P波}=\frac{150〔km〕}{20〔s〕}=7.5〔km/s〕$$

$$\text{S波}=\frac{100〔km〕}{25〔s〕}=4.0〔km/s〕$$

重要実験

地震(じしん)のゆれの伝わり方を調べる

目的 実際に起こった地震の記録をもとに，地震のゆれの伝わり方や，震央(しんおう)からの距離と地震が発生してからゆれ始めるまでの時間の関係について調べる。

方法 ①兵庫県南部地震(なんぶじしん)において，地震が発生してから，各地点でゆれ始めるまでの時間を20秒ごとに，色を変えてぬり分ける。

②色分けした結果をもとに，色の境目になめらかな線を引く。

結果

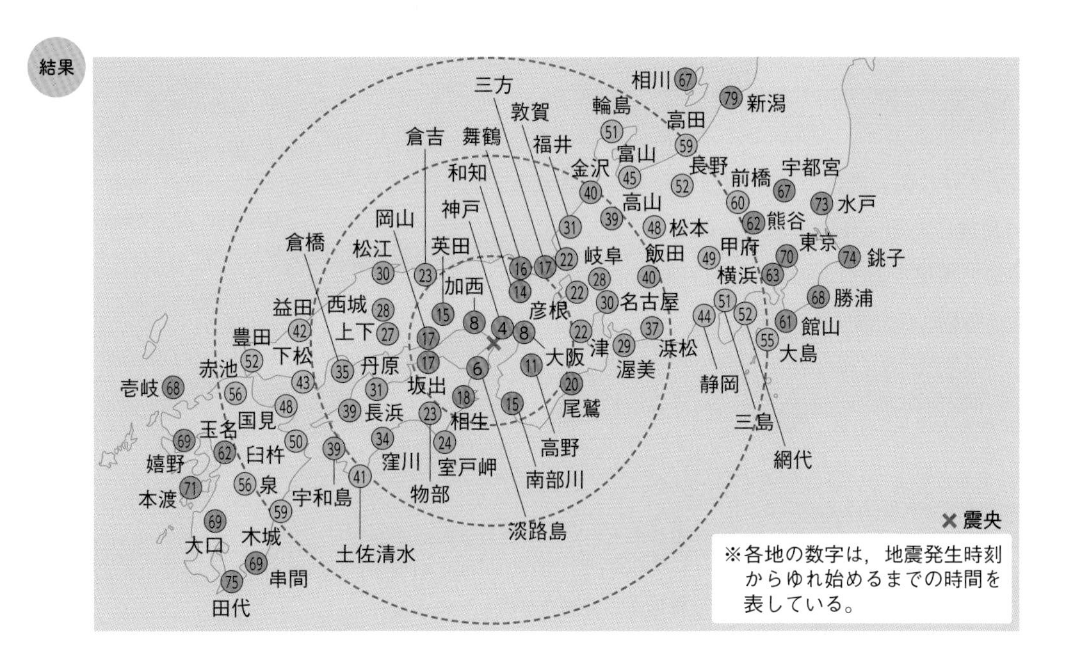

- 地震のゆれは，**震央**を中心に**同心円状**(どうしんえんじょう)に広がる。
- 震央から離(はな)れるほど，ゆれ始めるまでの時間は長い。

結論 ❶ 地震のゆれは，どの方向にも同じ速さで伝わっている。

❷ 震央からの距離が大きくなるほど，ゆれ始めるまでの時間は長くなる。

2 震度とマグニチュード

教科書の要点

1 震度

◎**震度**…地震によるゆれの大きさの程度。

◎**震度階級**…ゆれの大きさの分類。0～7の10段階で表される。

2 マグニチュード

◎**マグニチュード**…地震の規模を表す値。

1 震度

地震によるゆれの程度は，10段階に分類して表される。

❶**震度**…地震によるゆれの大きさの程度。

❷**震度階級**…震度を０～７の10段階（震度５と６は強・弱の２種類がある）に分類して表す指標。

くわしく 震度の測定

以前は，震度は体感および周囲の状況から推定していたが，1996年４月以降は，計測震度計により自動的に観測し，速報されている。

震度階級	人の体感	屋内の状況	屋外の状況
0	人はゆれを感じないが，地震計には記録される。	—	—
1	屋内で静かにしている人の中には，ゆれをわずかに感じる人がいる。	—	—
2	屋内で静かにしている人の大半がゆれを感じる。	電灯などのつり下げ物が，わずかにゆれる。	—
3	屋内にいる人のほとんどがゆれを感じる。歩いている人の中には，ゆれを感じる人もいる。	棚にある食器類が音を立てることがある。	電線が少しゆれる。
4	ほとんどの人が驚く。歩いている人のほとんどが，ゆれを感じる。	電灯などのつり下げ物は大きくゆれ，棚にある食器類は音を立てる。	電線が大きくゆれる。自動車を運転していて，ゆれに気づく人がいる。
5弱	大半の人が，恐怖を覚え，物につかまりたいと感じる。	電灯などのつり下げ物は激しくゆれ，棚にある食器類，書棚の本が落ちることがある。	電柱がゆれるのがわかる。まれに窓ガラスが割れて落ちることがある。
5強	大半の人が物につかまらないと歩くことが難しい。行動に支障を感じる。	棚にある食器類や書棚の本は，落ちるものが多くなる。	窓ガラスが割れて落ちることがある。補強されていないブロック塀がくずれることがある。
6弱	立っていることが困難になる。	固定していない家具の大半が移動し，倒れるものもある。	壁のタイルや窓ガラスが破損・落下することがある。
6強	立っていることができず，はわないと動くことができない。ゆれで動くこともできず，飛ばされることもある。	固定していない家具のほとんどが移動し，倒れるものが多くなる。	壁のタイルや窓ガラスが破損・落下するものが多くなる。
7		固定していない家具のほとんどが移動したり倒れたりし，飛ぶこともある。	壁のタイルや窓ガラスが破損・落下するものがさらに多くなる。

❸震度の特徴

- 震度は，ふつう震源から遠くなるにつれて小さくなる。
- 震度は，一般に地盤がやわらかい地域ほど大きい。
- 震央から同じ距離にある地点でも，地盤の性質がちがうと，震度が異なることがある。

震央×
震度
4
5弱
5強
6弱
6強
7

⬆震度分布図（2016年 熊本地震）　提供：気象庁

2 マグニチュード

地震の規模を表す値をマグニチュードという。

❶**マグニチュード**…地震そのものの規模の大小を表す値。記号は**M**。1つの地震に対して1つの値をとる。

❷**地震のエネルギー**…地震のもっているエネルギーはきわめて大きい。マグニチュードが1大きいと，地震のエネルギーは約32倍大きくなる。（2大きくなると，1000倍になる。）

❸**マグニチュードと震度**…震源からの距離が同じ場合，マグニチュードの数値が大きい地震ほど震度が大きい。マグニチュードが大きいほど，ゆれを感じる範囲が広く，震央付近でのゆれが大きくなる。

テストで注意　震度とマグニチュードのちがいに注意

震度は，震源からの距離によって大きく変わるが，マグニチュードは，震源で発生する地震そのものの規模の大きさを表すので，1つの地震に対して1つの値しかない。

マグニチュードのちがいと震度分布

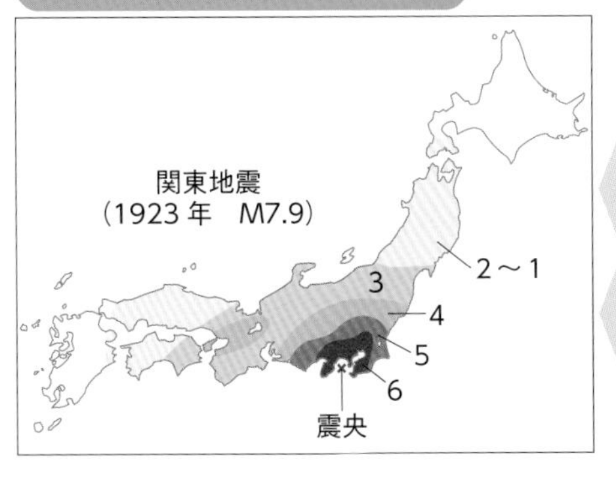

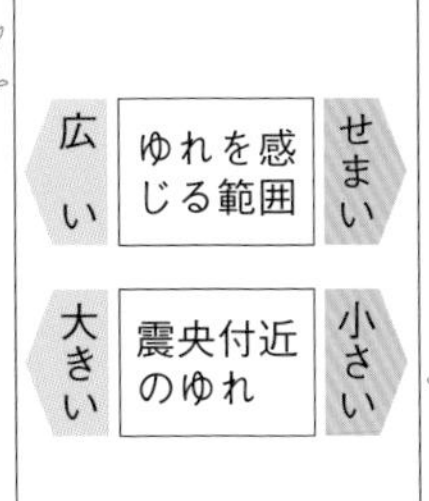

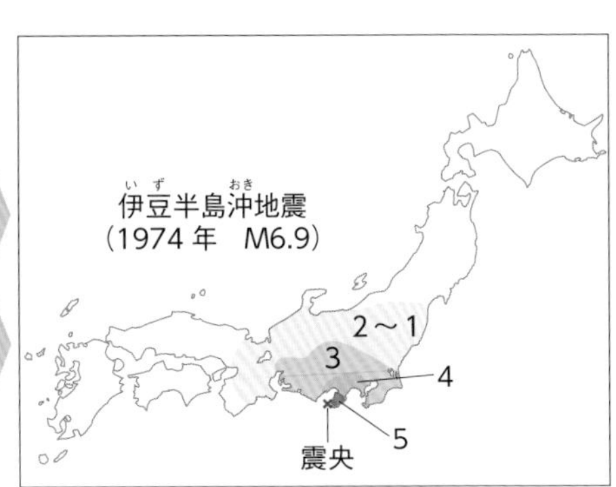

3 地震が起こる場所としくみ

教科書の要点

1 地震が起こる場所

◎**プレート**…地球の表面をおおっている厚い岩盤。

◎プレートの内部や境界で地震が起こる。

2 地震のしくみ

◎**地震の起こる原因・しくみ**…プレートの動きによって，ひずみが生じる。

◎**活断層**…過去の地震で生じた断層で，今後もくり返しずれが生じる可能性のある断層。

1 地震が起こる場所

地震はプレートの内部やプレートの境界で起こる。

❶**プレート**…地球の表面をおおう岩盤。厚さが100 kmほどで，十数枚ある。
└→ 1年間で1 cm ～ 10 cm程度動いている。

❷**日本列島付近のプレート**…**海洋プレート**（太平洋プレート・フィリピン海プレート），**大陸プレート**（ユーラシアプレート・北アメリカプレート）の4枚がある。

a **海洋プレートと大陸プレート**…海洋プレートが大陸プレートの下に沈みこんでいる。

b **内陸型地震**…プレートの内部で起こる地震で，大陸プレート内のひずみによって生じる。

c **海溝型地震**…プレートの境界で起こる地震で，海溝付近のプレートがずれることで生じる。

日本列島付近のプレート

（⬅はプレートの動く向き）

❸**日本列島付近の震央の分布**…**海洋プレート**の沈みこみに沿って，北海道から東北・関東（太平洋プレートの影響），九州から南西諸島（フィリピン海プレートの影響）の太平洋側に多い。

❹**日本付近の震源の深さ**…日本付近の震源は，日本海溝を境にして，大陸側に多く，地下50 kmより浅いものが多い。

a 太平洋側の沖合いで起こる震源の深さは浅く，日本海側に向かうにつれて，震源の深さは深くなっている。

b 日本列島の内陸部では，震源の深さは浅くなっている。

※ a は海溝型地震の震源，b は内陸型地震の震源。

くわしく 海溝とトラフ

海底で6000 m以上の深さで深く溝（谷）になっているところを海溝という。海溝では，プレートが沈みこんでいる（➡p.237）。また，6000 mより浅い溝になっているところをトラフという。静岡県から宮崎県にかけての南の海底にある水深4000 m程度の溝を南海トラフという。

重要 日本付近の震源の分布

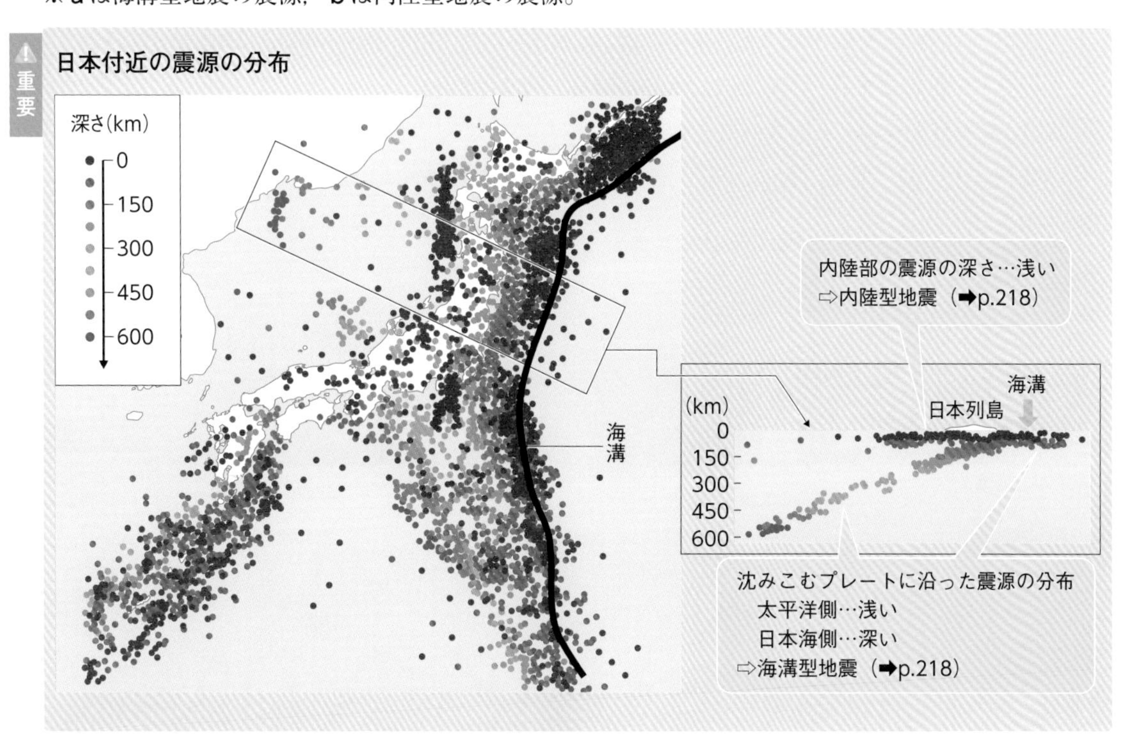

2 地震のしくみ

地震は活断層のずれによる内陸型地震と，海洋プレートが大陸プレートの下に沈みこむ海溝付近で起こる海溝型地震がある。

くわしく 活断層

過去の地震で生じた断層で，今後もくり返しずれが生じる可能性のある断層。現在，日本では2000以上の活断層が見つかっているが，地表に現れていないものも多くある。

❶地震の原因…プレートの動きで岩盤が破壊されて起こる。

a プレートの動きによって，地下の岩石に大きな力がはたらいて，岩石にひずみが生じる。

b ひずみを生じた岩石が，大きな力にたえきれずに破壊され，大地にずれ（**断層**➡p.231）ができる。

c 岩石の破壊が**振動**として伝えられて，地震となる。

❷内陸型地震…**プレートの内部**で起こる地震。

⇨大陸プレート内の**活断層**が動いて起こる。

❸海溝型地震…**プレートの境界**で起こる地震。

a 海洋プレートが，大陸プレートの下に沈みこむ。

b 大陸プレートが海洋プレートに引きずりこまれる。

c 大陸プレートの**ひずみ**が，しだいに大きくなり，たえきれなくなると**反発**が起き，地震が発生する。

⇨規模が大きく，海底で起こるので**津波**が発生することがある。

⬆プレートの境界で起こる地震

Column 世界の震央の分布

世界の震央の分布を見てみると，ほぼ帯状に限られた地域に地震が多く起こっていることがわかる。また，208ページの世界の火山分布と比較すると，ほぼ一致することがわかる。

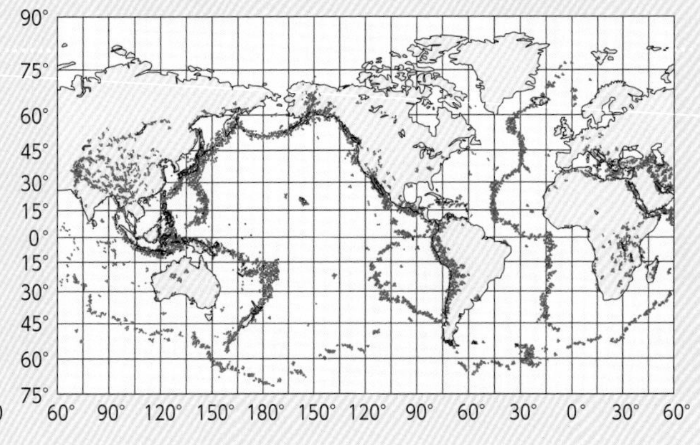

地震の波に関する問題

例題 右の図は，初期微動を起こす波（P波）と，主要動を起こす波（S波）が各地点に到着するまでの時間と震源からの距離の関係をグラフに表したものである。これより，震源から200 km離れた地点での初期微動継続時間は何秒になるか。

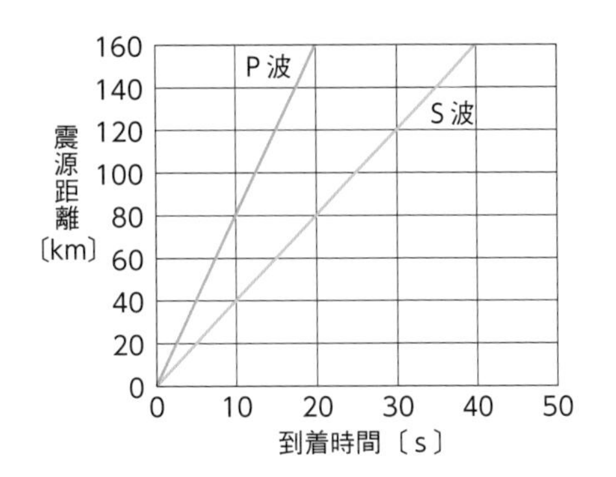

ヒント 初期微動継続時間は，P波とS波の到着時間の差である。初期微動継続時間は，震源からの距離が大きくなるほど長くなる（比例関係にある）。

ある地点での初期微動継続時間は何秒か。
グラフより，震源から160 kmの地点では，P波が到着するまでに20秒，S波が到着するまでに40秒かかり，P波が到着してからS波が到着するまでの時間の差は，40－20＝20〔s〕である。これが，震源から160 kmの地点での初期微動継続時間である。

初期微動継続時間と震源からの距離は比例する。
震源から160 kmの地点の初期微動継続時間は20秒なので，震源から200 kmの地点の初期微動継続時間をx秒とすると，
160〔km〕：20〔s〕＝200〔km〕：x〔s〕　x＝25〔s〕となる。

答え 25秒

問題 上のグラフで初期微動継続時間が18秒間続くのは，震源からの距離が何kmの地点か。

⇨答えはp.220の下

チェック 基礎用語 次の〔　　〕にあてはまるものを選ぶか，あてはまる言葉を答えましょう。

1 地震のゆれと伝わり方

□(1) 地震が発生した地下の場所を〔　　　〕という。
□(2) 震源の真上の地表の位置を〔　　　〕という。
□(3) 地震が発生してからはじめに伝わる小さなゆれを〔　　　〕という。
□(4) 初期微動に続いてくる大きなゆれを〔　　　〕という。
□(5) 初期微動を伝える波を〔　P波　S波　〕といい，主要動を伝える波を〔　P波　S波　〕という。
□(6) 初期微動が始まってから，主要動が始まるまでの時間を〔　　　〕といい，震源からの距離が大きいほど〔　長い　短い　〕。

2 震度とマグニチュード

□(7) 地震によるゆれの大きさを〔　　　〕という。
□(8) ゆれの大きさを分類した震度階級は，0～7の〔　7段階　10段階　〕で表される。
□(9) 地震の規模を表す値を〔　　　〕という。
□(10) マグニチュードの値が1大きいと，地震のエネルギーは約〔　2　32　〕倍になる。

3 地震が起こる場所としくみ

□(11) 地球の表面をおおっている厚い岩盤を〔　　　〕という。
□(12) 日本付近のプレートは，〔　大陸　海洋　〕プレートが〔　大陸　海洋　〕プレートの下に沈みこんでいる。
□(13) プレートの内部で起こる地震を〔　内陸　海溝　〕型地震といい，大陸プレート内の〔　　　〕が動いて起こる。
□(14) プレートの境界で起こる地震を〔　内陸　海溝　〕型地震という。

解答

(1) 震源
(2) 震央
(3) 初期微動
(4) 主要動
(5) P波
S波
(6) 初期微動継続時間，長い
(7) 震度
(8) 10段階
(9) マグニチュード
(10) 32
(11) プレート
(12) 海洋
大陸
(13) 内陸
活断層
(14) 海溝

問題の解答 [p.219] 144 km

1 地層のでき方

教科書の要点

1 風化と川の水のはたらき

◎**風化**…岩石が気温の変化や風雨によって，くずれる現象。
◎**侵食**…風や流水のはたらきで岩石がけずられること。
◎川の水のはたらき…侵食・運搬・堆積。

2 地層のでき方

◎**地層のでき方**…流水のはたらきで侵食・運搬されたれき・砂・泥が，湖底や海底に堆積してできる。堆積した粒は，①丸みを帯びている，②河口から遠いほど小さい，③層の下の方ほど大きい。

1 風化と川の水のはたらき

風化や侵食によってもろくなった岩石は，流水の作用によって運搬され，堆積して地層がつくられる。

(1) **風化**…地表の岩石が，急激な気温の変化や水，植物などの影響を受け，長い間にその表面からもろく，ぼろぼろになっていき，細かくくずれる現象。

(2) **侵食**…風化してもろく，細かくなった岩石が，風や流水のはたらきなどによってけずられていくこと。

(3) **川の水のはたらき**…流水のはたらきにより，川は地表を**侵食**するだけでなく，けずりとったものを運ぶ**運搬**，そして運んだものを積もらせていく**堆積**のはたらきもする。

重要

❶**侵食作用**…水の流れの速い**上流**でさかん。
❷**運搬作用**…水の流れが速いほどさかん。
❸**堆積作用**…水の流れがゆるやかな**下流**や**河口付近**でさかん。

復習 流れる水のはたらき

流れる水のはたらきには，侵食・運搬・堆積があることを学習した。

くわしく 水と風化

水は物質をよくとかす性質をもっているので，鉱物の成分をとかす。また，水は氷になると体積が約1割ふえるので，冬などには岩の割れ目にしみこんだ水がこおり，割れ目を広げることによって岩がくずれ，風化が起こる。

⬆風化する岩

(4) 川の水のはたらきでできる地形

❶**V字谷**…川の上流で，侵食によって山が深くV字形にけずられてできる深い谷。

❷**扇状地**…川が山地から平野に出て流れがゆるやかになるところで，土砂が堆積してできる扇形の平らな地形。

❸**三角州**…河口付近で，流れがゆるやかになったところに土砂が堆積してできる三角形の平らな土地。

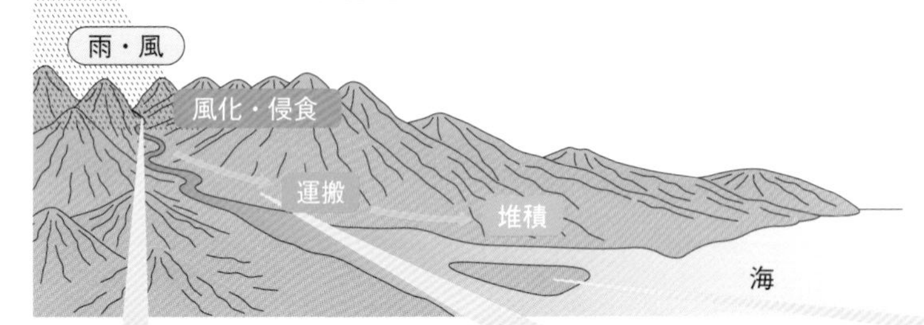

V字谷

扇状地 ©アフロ

三角州 ©アフロ

くわしく V字谷とU字谷

V字谷は川の水の侵食作用によってできる地形であるが，U字谷は氷河によってけずられてできる地形である。氷河が流れるとき，氷河によって側面や底面がけずられるため，側面や底面は，流水によって侵食されるよりも大きく，幅広くけずられる。やがて氷河がとけると，U字谷が出現する。

くわしく 扇状地と三角州の堆積物の大きさ

扇状地は三角州より上流にできる地形で，扇状地をつくる土砂の大きさは，三角州をつくる土砂よりも大きい。そのため，扇状地は水はけがよく，果物の栽培に適している土地である。

2 地層のでき方

流水の作用によって運搬されたれき・砂・泥が堆積し，積み重なって地層ができる。

(1) **堆積物**…岩石が風化，侵食によって，**れき**，**砂**，**泥**となったものが，川の水によって運搬され，湖や海の底などに堆積したもの。堆積物はほぼ水平に積もっていく。

(2) **堆積する粒のようす**…堆積物の粒は丸みを帯び，層の下ほど粒が大きい。また，河口や海岸に近いほど粒が大きい。

粒のよび方	粒の大きさ（直径）
れき	2mm以上
砂	$2〜\frac{1}{16}$(約0.06)mm
泥	$\frac{1}{16}$(約0.06)mm以下

くわしく 深海の堆積物

陸地から遠く離れた海底には，土砂がほとんど運ばれてこないので，おもに生物の死がいなどが堆積している。

❶**粒の形**…川の水によって流されてきたため，ふつう，粒は角がとれて丸みを帯びた形になっている。

❷**層の中の粒の大きさ**…粒の大きいものほどはやく沈むため，れき・砂・泥が同時に堆積するときは，下の方には粒の大きいものが，上の方には粒の小さいものが堆積する。

❸**粒の大きさと河口や海岸からの距離**…粒の小さいものほど遠くに運ばれるため，河口や海岸に近いほど粒は大きく，海岸から離れるにしたがって小さい粒が堆積する。

粒の大きさによって水中での沈むはやさがちがうから，堆積する場所がちがうんだね。

▶動画 **地層のでき方**

ここに注目 地層のでき方

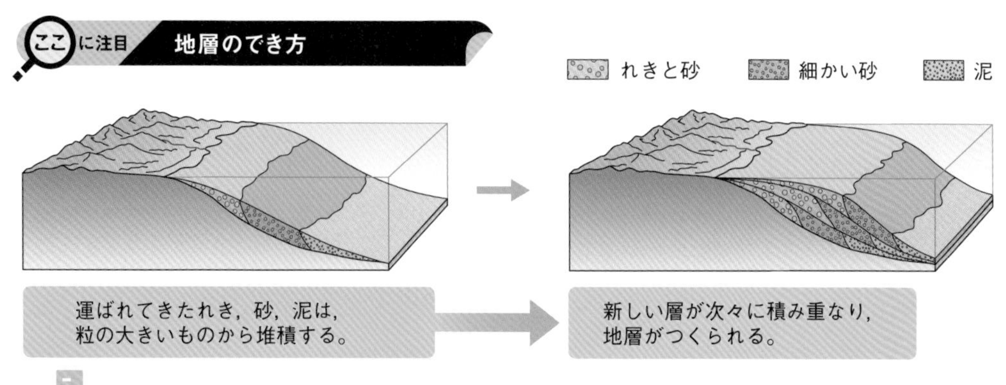

重要実験 土砂の堆積のようすを調べる

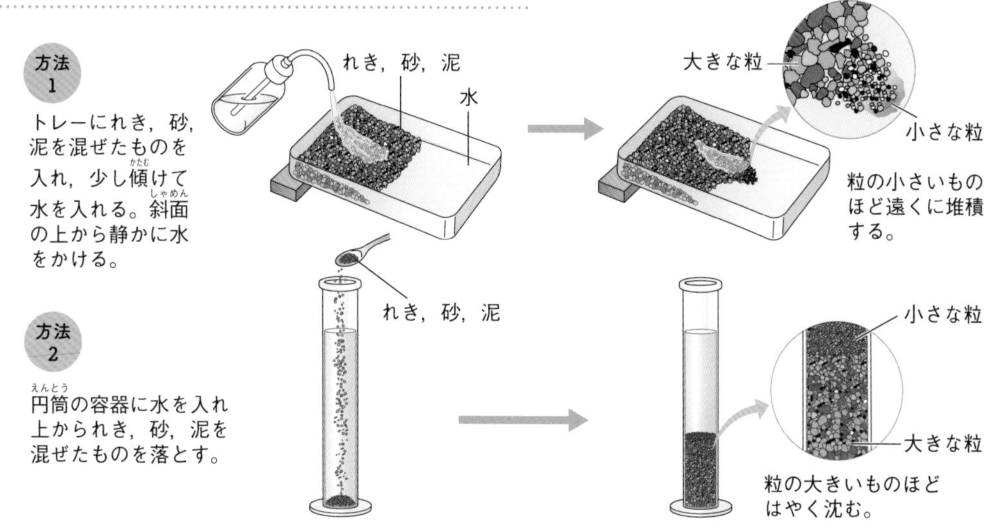

(3) **海水面（陸地）の変化と堆積物の変化**…大地の変動などによって，海水面が上昇したり下降したりすると，海岸線の位置が変化するため，海底での堆積のようすが変化する。（海水面（陸地）の変化と地形についてはp.235を参照）

❶**海水面が上昇（陸地が下降）したとき**…海水面が上昇していくと，海底のある地点では，海岸からの距離がだんだん大きくなっていく。このため，海底のある地点での堆積物の粒は，上部の地層ほど小さくなる。

❷**海水面が下降（陸地が上昇）したとき**…海水面が下降していくと，海底のある地点では，海岸からの距離がだんだん小さくなっていく。このため，海底のある地点での堆積物の粒は，上部の地層ほど大きくなる。

くわしく 海水面の変化の原因

海水面の高さはそのままで，土地がもち上がったり沈んだりする場合のほかに，陸地はそのままで海水面が上がったり下がったりする場合がある。

気候が寒冷化すると，海から蒸発した水が陸地で氷河としてたくわえられることで，海水の量が減るために海水面の低下が起こる。

反対に気候が温暖化すると，氷河がとけて海水の量がふえるほか，温度上昇によって海水の体積が大きくなるため，海水面の上昇が起こる。

動画 **海水面の変化と地層のでき方**

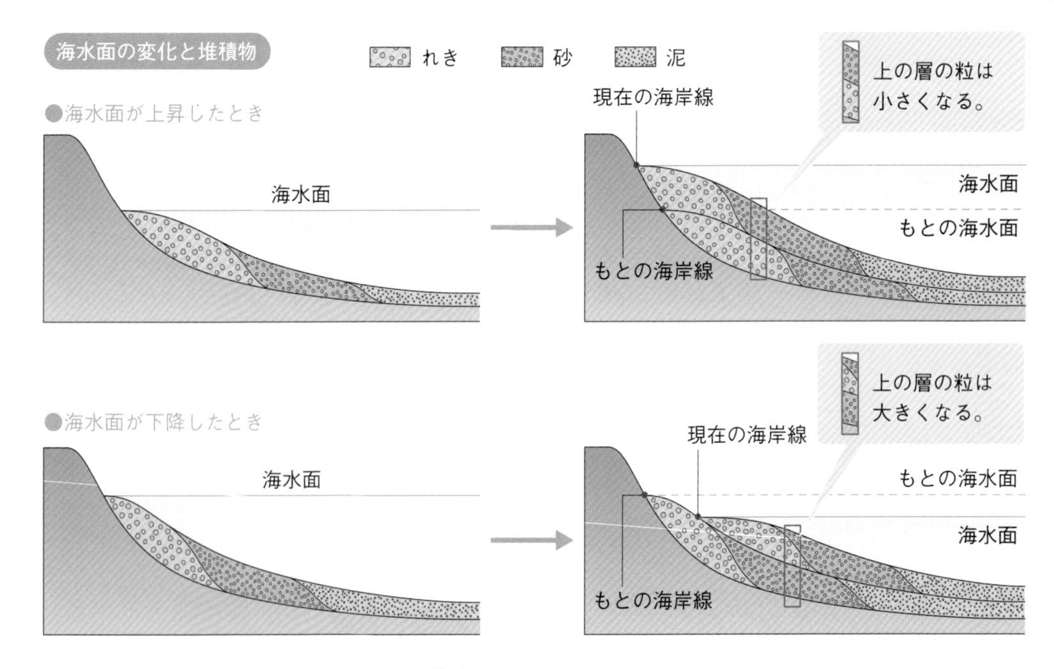

(4) **陸上でできる地層**…火山の噴火で火山灰などが陸上に降り積もると，火山灰の地層がつくられることがある。この場合，流れる水のはたらきを受けていないので，粒は角ばっている。

2 堆積岩

教科書の要点

1 堆積岩のつくり

◎ **堆積岩**…堆積物が長い時間かかって押し固められ，かたい岩石になったもの。

◎ **堆積岩の粒**…ふつう，角がとれて丸みがある。

2 堆積岩の種類

◎ **流水のはたらきでできた岩石**…れき岩・砂岩・泥岩。

◎ **火山の噴火によってできた岩石**…凝灰岩など。

◎ **生物の死がいなどでできた岩石**…石灰岩，チャートなど。

1 堆積岩のつくり

堆積岩は流水によって堆積したもの，火山の噴火によって堆積したもの，生物のからだなどが堆積したものの大きく3種類に分類でき，それぞれちがった特徴をもっている。

(1) **堆積岩**…海底などにできた地層をつくっている堆積物が，長い時間の間に押し固められ，**かたい岩石**に変化したもの。

重要

(2) **堆積岩の特徴**

❶**粒の形**…**流水の作用**を受けたものは，角がとれて丸みを帯びた粒になる。

⇨**れき，砂，泥**が川の水によって運搬されている間に，ぶつかり合ったり，こすれたりして，しだいに角がとれるため。

❷**粒の大きさ**…ほぼ同じ大きさである。

❸**化石をふくむことがある。**

くわしく 堆積岩ができるには

堆積物がかたい堆積岩に変化していくためには，堆積物が上からの重みで押し固められるだけでなく，粒と粒の間をいろいろな物質がうめて，粒どうしをセメントのようにくっつけていく変化が必要である。

比較 堆積岩と火山岩

堆積岩

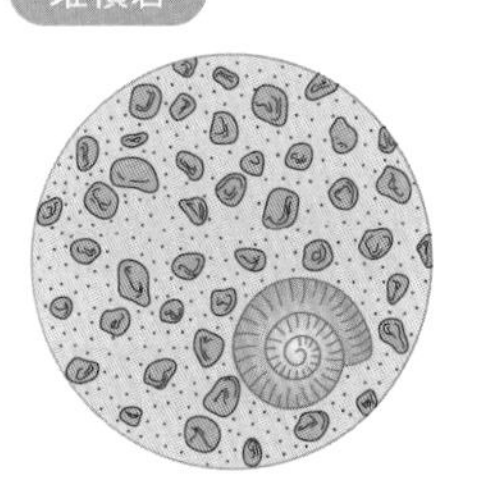

粒は丸みを帯びる。
粒の大きさは一様。
化石をふくむことがある。

火山岩

粒は角ばっている。
粒には大小がある。
化石をふくむことはない。

2 堆積岩の種類

堆積岩はでき方と粒の大きさで次のように分類できる。

(1) 川の水のはたらきによってできた堆積岩…川の水が運搬してきたれき，砂，泥が湖や海などの底に堆積し，押し固められてできた岩石。**粒の大きさ**によって分類される。

くわしく 泥の分類

泥は粒の大きさによって，さらにシルトと粘土に分けられる。シルトの方が粒が大きい。

比較 いろいろな堆積岩 ▶粒の大きさによって分けられる。

岩石名	れき岩	砂岩	泥岩
粒の大きさ	2 mm以上	$\frac{1}{16}$(約0.06) mm～2 mm	$\frac{1}{16}$ mm以下
特徴	れきが目立つ岩石。砂，泥もふくまれる。	おもに砂が集まってできた岩石。	泥やさらに細かい粘土からできている岩石。
岩石			

(2) 火山噴出物によってできた堆積岩

・**凝灰岩**…**火山灰**や**軽石**などが堆積して固まってできた岩石。ふくまれる粒は，角ばっているものが多い。
（火山灰：地層を比較する鍵層となる (➡ p.232)）

(3) 生物の死がいなどからできた堆積岩

❶**石灰岩**…**炭酸カルシウム**の骨格や殻をもつ生物の死がいや海水中の成分が堆積してできる。うすい塩酸をかけると**二酸化炭素**が発生する。

❷**チャート**…**二酸化ケイ素**の殻をもつ生物の死がいや海水中の成分が堆積してできる。うすい塩酸をかけても気体は発生しない。とてもかたい。

くわしく 火山灰の粒が角ばっているわけ

火山灰などの粒は，水によって長い時間流されることがないので，粒は角ばっている。

くわしく 石灰岩やチャートになる生物

石灰岩はサンゴ，アサリ（貝殻）など，チャートは，放散虫，ケイソウなどが堆積してできる。

比較 いろいろな堆積岩 ▶堆積したものによって分けられる。

岩石名	凝灰岩	石灰岩	チャート
堆積したもの	火山灰など	生物の死がいなど	生物の死がいなど
岩石			

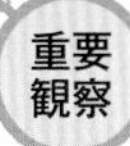

堆積岩の観察

目的 いろいろな堆積岩のつくりを観察して，それぞれの特徴を調べる。

方法 ①れき岩，砂岩，泥岩をつくっている粒の大きさや形などを調べる。

②石灰岩とチャートにうすい塩酸を2，3滴（てき）かけて反応のちがいを調べる。

また，くぎでこすって傷がつくか調べる。

③堆積岩と火成岩（かせいがん）の粒のようすを比べる。

結果 ①れき岩，砂岩，泥岩のつくりのちがい

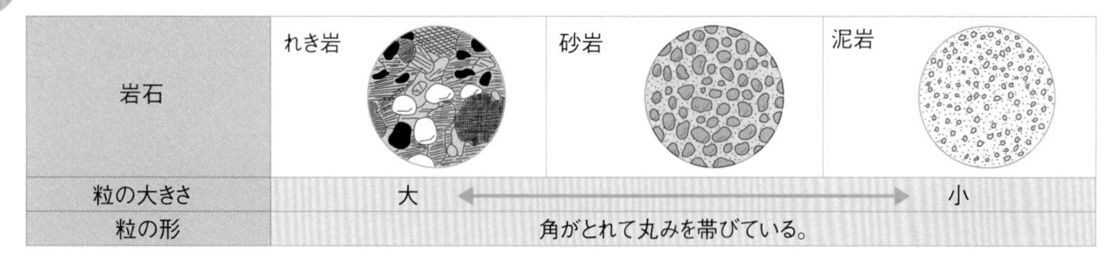

岩石	れき岩	砂岩	泥岩
粒の大きさ	大 ←―――――――――――――――――――――→ 小		
粒の形	角がとれて丸みを帯びている。		

②石灰岩とチャートのちがい

岩石	石灰岩	チャート
塩酸をかける	泡（あわ）が出て気体が発生した。	変化しなかった。
くぎでこする	傷がついた。	傷はつかなかった。

③堆積岩と火成岩のちがい

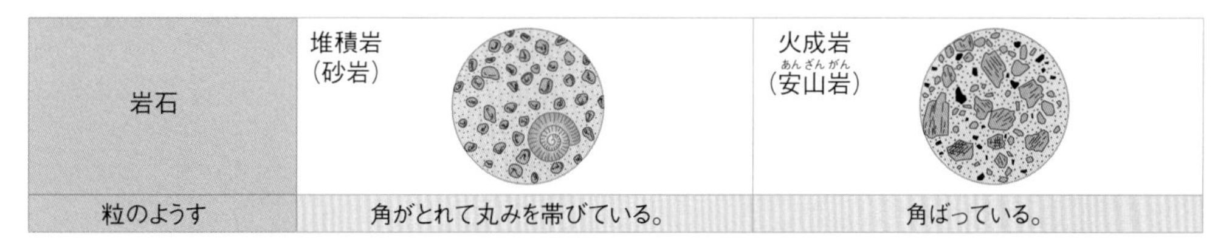

岩石	堆積岩（砂岩）	火成岩（安山岩（あんざんがん））
粒のようす	角がとれて丸みを帯びている。	角ばっている。

結論 ・れき岩，砂岩，泥岩は，粒の大きさによって分けられている。

・石灰岩とチャートは，岩石をつくる物質（ぶっしつ）によって分けられている。

・堆積岩の粒は丸みがあるが，火成岩の粒は角ばっている。

3 化石

教科書の要点

1 化石

◎**化石**…生物の死がいや巣穴などが，**地層の中に残ったもの。**

2 示相化石

◎示相化石…地層が堆積した当時の環境を知ることができる化石。

例 サンゴ→あたたかくて浅い海。

3 示準化石

◎示準化石…地層が堆積した時代を知ることができる化石。

例 新生代→ビカリア，ナウマンゾウ
中生代→アンモナイト，恐竜のなかま
古生代→サンヨウチュウ，フズリナ

1 化石

地層には，化石がふくまれていることがある。

(1) **化石**…地層中に残された**生物の死がい**，**生活の跡**など。
└→足跡やすみ跡，ふんなど

❶**生物の死がいがうもれる場合**…生物のからだの一部が化石として残る。

❷**巣穴や足跡がしるされる場合**…過去の生物の生活のようすがやわらかい地層の表面付近に化石として残る。

❸**化石からわかること**…過去の環境や地層が堆積した時代などがわかる。

化石のでき方

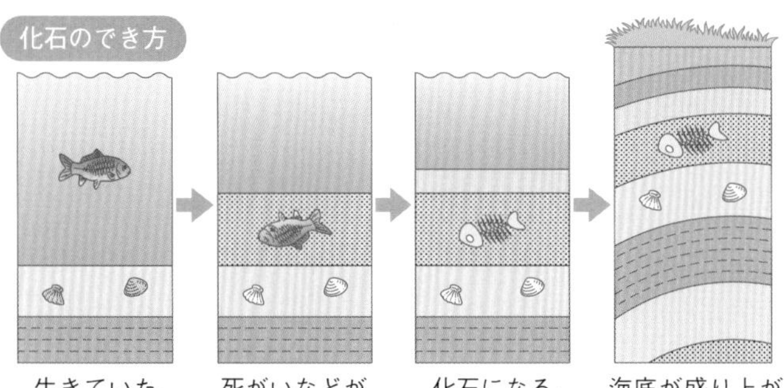

生きていた。→死がいなどが砂にうもれる。→化石になる。→海底が盛り上がり地上に出る。

くわしく 恐竜の足跡が化石として残るわけ

日本でも，恐竜の足跡の化石が発見されている。土砂の堆積がさかんな，やわらかい河口付近の三角州や沼のまわりなどの上を体重の重い恐竜が歩き，足跡がつけられ，すぐに新しい土砂でおおわれたためにできたと考えられる。

⬆恐竜の足跡の化石

2 示相化石

化石は地層の堆積当時の環境を知る手がかりとなる。

❶示相化石…その化石をふくむ地層が堆積した当時の環境を知る手がかりとなる化石。

❷示相化石として適している生物の条件

a 生きられる環境が限られている生物。

例 サンゴ礁をつくるサンゴは，あたたかく浅い海にすむことから，サンゴの化石が出土した地層の堆積当時のようすを推定できる。

b なるべく現在もその種が生きていて，生活のようすがくわしくわかっている生物。

例 ケイソウは，海水性のものと淡水性のものでは種類がちがうので，ケイソウから海と湖を区別できる。

c 化石になる条件が限られている生物。

例 植物や昆虫は，からだがもろく，流れのゆるやかな湖や沼の底などでしか化石になることができない。

示相化石となる生物	推定できる生活環境
サンゴ	あたたかくて浅い海
アサリ，ハマグリ	岸に近い浅い海
ホタテガイ	水温の低い浅い海
カキ，シジミ	湖や，海水と淡水が混じる河口付近
ブナ	温帯で，やや寒冷な地域の陸地
ヒトデ	海底

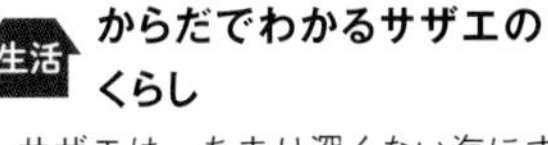

生活 からだでわかるサザエのくらし

サザエは，あまり深くない海にすむ巻貝であるが，波のないおだやかな内海などではとげがなく，波の激しくぶつかる外洋性の岩場などでは，とげが長くのびた殻になることが知られている。

⬆サザエのとげ

発展 微化石

顕微鏡を使って見分けるほどの小さい化石を微化石という。微化石には花粉，放散虫，有孔虫などがあり，特に深い海底にある微化石を分析すると，当時の海水の温度や海水の成分などを知る手がかりとなる。

有孔虫は炭酸カルシウムの殻をもつ。一部の有孔虫の殻は「星の砂」とよばれる。

⬆サンゴの化石

⬆カキの一種の化石

⬆ブナの葉の化石

3 示準化石

一部の化石は地層の堆積当時の時代を知る手がかりとなる。

❶**示準化石**…その化石をふくむ地層が堆積した時代（地質年代）を知る手がかりとなる化石。

❷**示準化石として適している生物の条件**

a 広い範囲にすんでいて，個体数の多い生物。

b 短い期間に栄えた生物。

⇨離れた地域の堆積岩の地層を対比するときの重要な手がかりとなる。
└→ 鍵層となる地層（➡ p.232）

❸**地質年代**…地層や化石をもとにした地球の歴史の時代区分。新しいものから順に**新生代**，**中生代**，**古生代**などに区分されている。

❹**地質年代とおもな示準化石**

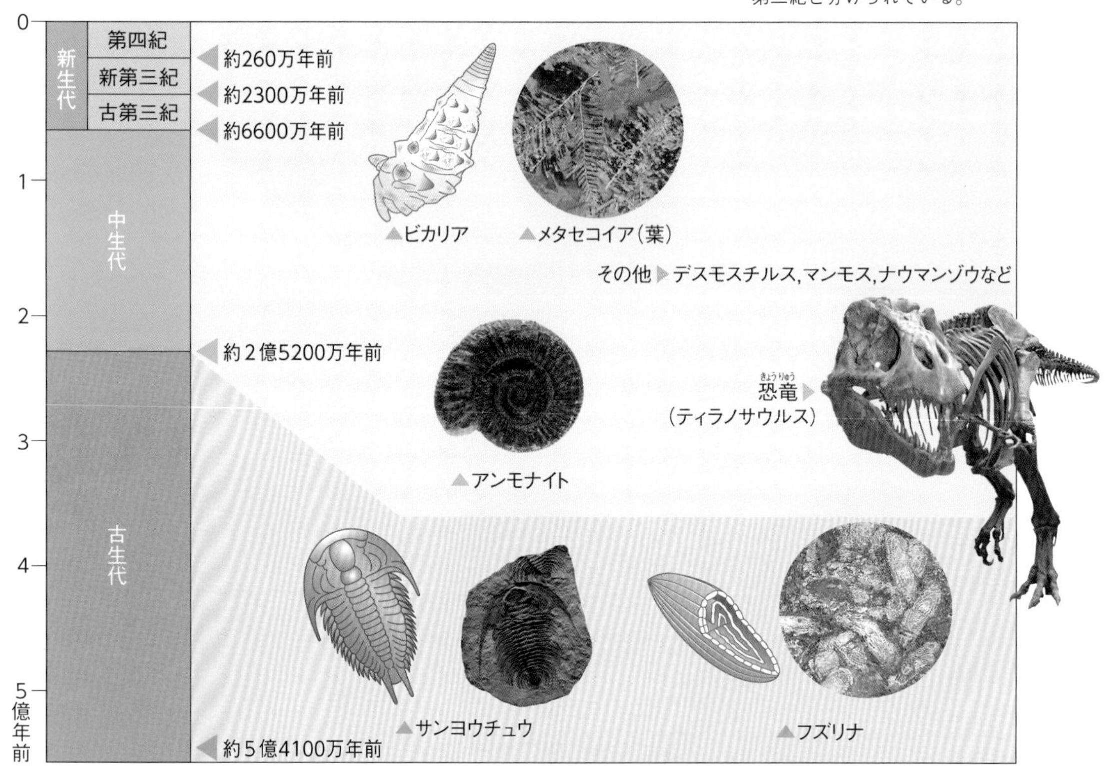

くわしく 離れた場所の地層の対比

例えば，アンモナイトの化石をふくむ地層は，離れた場所であっても，その地層が中生代にできたことがわかる。

くわしく 地層と化石

地層は，下から順に積み重なっていったものなので，特別なことがない限り，下にある地層の方が時代的に古いと考えられる。このことから，化石を古い順に並べることで，生物の種類の変化の過程がだんだんわかってきている。

くわしく 地質年代の区分

新生代，中生代，古生代はさらに細かく分けられていて，例えば新生代は，新しいものから順に第四紀，新第三紀，古第三紀と分けられている。

4 地層からわかること

教科書の要点

1 地層の変形と広がり

◎**断層**…地層が切れてずれることによってできたくいちがい。
◎**しゅう曲**…地層に力がはたらいて押し曲げられたもの。
◎**柱状図**…地層の粒のようす，重なり方を柱状に表したもの。
◎**鍵層**…火山灰の層など，遠く離れた層を比べる目印になる層。

2 地層からわかること

◎地層をつくる**岩石**やふくまれる**化石**，**地層のつくりや変形**などによって，大地の過去のようすを読みとることができる。

1 地層の変形と広がり

水平に広がっている地層に，大地からの力が加わると，ずれて切れたり，押し曲げられたりすることがある。

❶**断層**…地層に力がはたらいて，地層が切れてずれることによってできたくいちがい。

くわしく 断層やしゅう曲を起こす力

断層やしゅう曲を起こす力は，プレートの動きによる力である（➡p.236）。

いろいろな断層

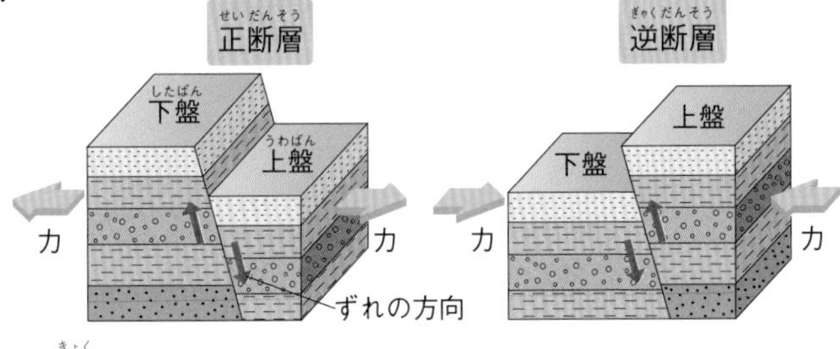

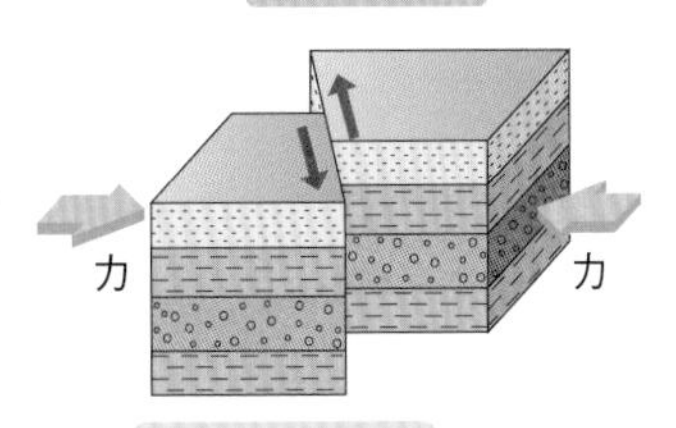

❷**しゅう曲**…地層に力がはたらいて，押し曲げられたもの。

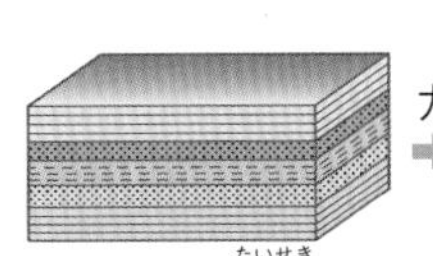
ほぼ水平に堆積した地層。

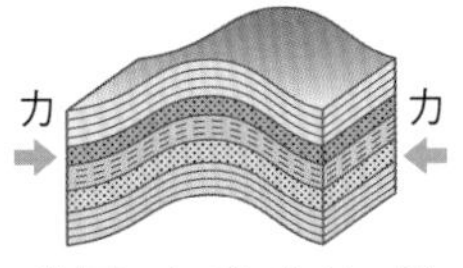

地層に力が加わり，波をうつように曲がる。

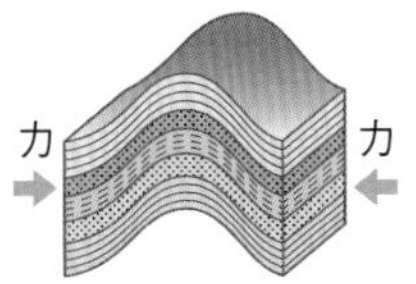

地層が大きくしゅう曲する。

⬆激しいしゅう曲に見られる地層の新旧逆転

❸**柱状図**…離れた地点の**地層を比較**し，地層の広がりを知る手がかりとして，地層の重なり方を模式的に表した**柱状の図**。
└→露頭の観察やボーリング試料をもとにする。

❹**鍵層**…広い範囲に降り積もる**火山灰**でできた層などは，離れた地点の地層を比較する際に目印となるため，**鍵層**という。

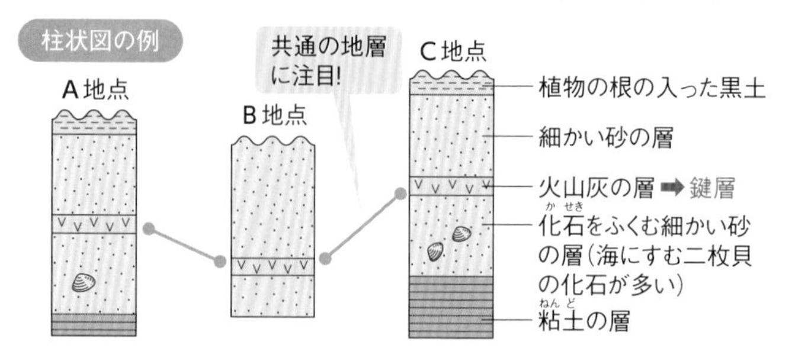

くわしく 鍵層

火山の噴火で飛ばされる火山灰は，同時期に広大な範囲で堆積するため，離れた場所の地層を比べるときのよい目印になる。このような地層の広がりを調べる手がかりとなる層を鍵層という。

くわしく 堆積岩と堆積する場所

れき岩は流れの急な川底・川原や海岸，砂岩は海岸近くの浅い海，泥岩は深い海底で堆積する場合が多い。

くわしく 地層の厚さからわかること

同じ大きさの粒でできた1枚の地層の厚さが厚い場合，長い時間環境の変化があまりなかったと考えられる。

2 地層からわかること

堆積岩の種類や**凝灰岩**，**化石**，**地層のつくり**などによって，地層が堆積したときの**環境**や**時代**を知ることができる。

重要

地層に見られる手がかり	推定できる当時のようす
地層にふくまれる土砂（れき，砂，泥）	海岸からの距離，海の深さ，流れる水のようす
火山噴出物の層や凝灰岩	火山活動
示相化石や示準化石	地層が堆積した当時の環境や時代
断層やしゅう曲	地層に生じた大地からの力

Column 地層の重なり方から大地の変動を推測する（不整合）

地層はふつう，連続して水平に堆積していく。これを**整合**という。一方，地層の堆積が連続せず，時間的な中断があり，上の地層と下の地層の境界面が不規則になったり，下の地層が平行でなくなったりすることがある。このような地層の重なり方を**不整合**という。不整合は次のようにしてできる。 （隆起・沈降➡p.235）

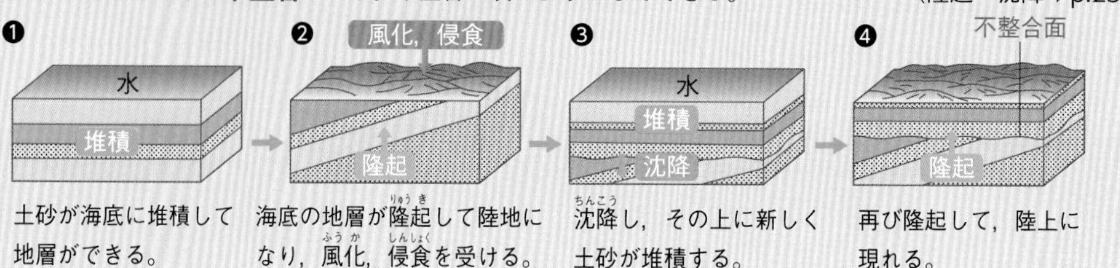

❶ 土砂が海底に堆積して地層ができる。

❷ 海底の地層が隆起して陸地になり，風化，侵食を受ける。

❸ 沈降し，その上に新しく土砂が堆積する。

❹ 再び隆起して，陸上に現れる。

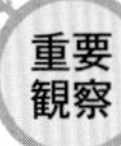

重要観察

地層の観察

目的 地層を観察し，地層の広がり方や重なり方，地層をつくっている粒などから過去のようすを読みとる。

方法 ①地層全体をスケッチし，地層の広がりや重なり，傾き(かたむ)のようすを調べる。

②それぞれの層の厚さや色，粒の種類や大きさ，形などの特徴(とくちょう)，化石の有無，層と層の境目のようすを調べる。

③柱状図をつくる。

④地層のようすから，過去のようすを考える。

結果 右の図のようになった。

柱状図
砂の層
泥の層
砂の層
火山灰の層
砂の層
アサリの化石
れきと砂の層

考察
- **火山灰の層**があることから，この層がつくられたときに火山の噴火があったと考えられる。
- **アサリの化石**をふくむ層があることから，この層がつくられたとき，海の深さは浅かったと考えられる。
- 土砂に注目すると，下から順に，れきと砂の層→砂の層→泥(どろ)の層と重なり，**層をつくる粒がだんだん小さくなっている**ので，これらの層がつくられる間は，**海岸からの距離(きょり)がだんだん遠くなっていった**（海水面が上昇(じょうしょう)した）と考えられる。

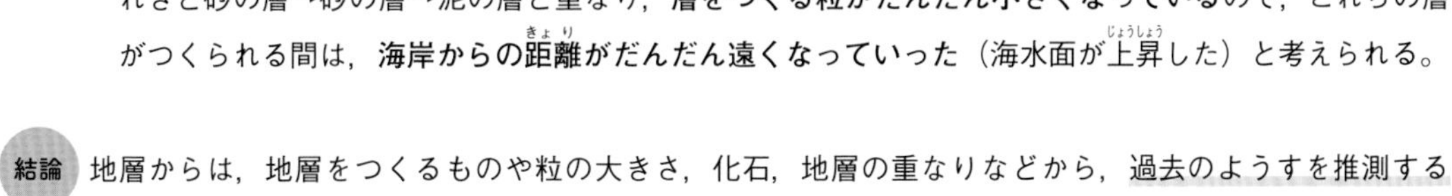

結論 地層からは，地層をつくるものや粒の大きさ，化石，地層の重なりなどから，過去のようすを推測することができる。

Column チバニアン（千葉(ちば)の時代）とは？

チバニアンとはラテン語で『千葉の時代』という意味で，約77万4千年前から12万9千年前までの地質年代の名として世界的に認められた名称である。その理由は，千葉県市原(いちはら)市にある地層が，「地磁気(ちじき)（地球がもつ磁石の性質）の逆転を示す地層」として，世界で最良の状態で残っていたためである。

地質年代は，生物の化石や，地球規模での大きな変化を示すことをもとに名前がつけられてきたが，まだ決まっていない時代も存在する。チバニアンは，その未確定の時代の名にふさわしいと世界に認められ，名づけられたのである。

5 大地の大規模な変動

教科書の要点

1 大地の変動と地形

◎大地の変動が起きる原因…**プレートの動き。**

◎プレートどうしがぶつかってできる地形…ヒマラヤ山脈などの大山脈

◎隆起(りゅうき)によってできる地形…海岸段丘(かいがんだんきゅう)，河岸段丘(かがんだんきゅう)

◎沈降(ちんこう)によってできる地形…リアス海岸，多島海(たとうかい)

2 地表をおおうプレート

◎**プレート**…地球の表面をおおっている厚い岩盤(がんばん)。

◎**火山活動や地震(じしん)，大地の変動は，プレートの動きに関係する。**

1 大地の変動と地形

大地の変動はプレートの動きによって起き，それにともなって，いろいろな地形ができる。

(1) **プレートの衝突(しょうとつ)による地形**…ヒマラヤ山脈などの**高い山**。

❶**ヒマラヤ山脈の地層(ちそう)の特徴(とくちょう)**…アンモナイトなどの化石(かせき)をふくむ。

⇨海底で堆積(たいせき)した地層である。

❷**ヒマラヤ山脈のでき方**…かつて離(はな)れていたインド半島をのせたプレートとユーラシア大陸をのせたプレートが衝突し，海底の地層が押(お)し上げられてできたと考えられる。

⇨ヒマラヤ山脈ではこのように2つのプレートが衝突しているので，**地震(じしん)**が発生しやすい。

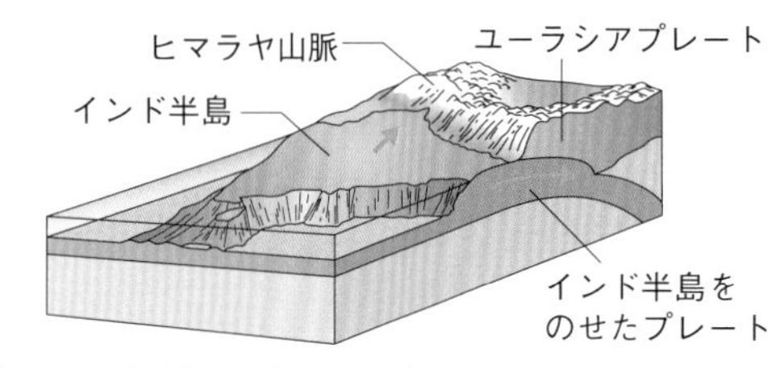

⬆ヒマラヤ山脈付近のプレートの断面

ヒマラヤ山脈のでき方

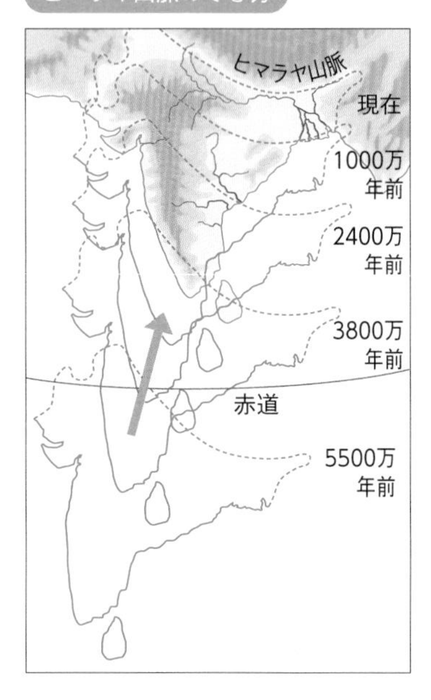

(2) 隆起によってできる地形

❶**隆起**…海水面に対して，土地が上がること。

⇨海水面に対して土地が上がるとは，次の２つの場合がある。

・海水面の高さはそのままで，陸地そのものが上がる。

・陸地はそのままで，海水面が下降する。

⬆海岸段丘（高知県室戸市）

❷**海岸段丘**…海岸沿いに見られる階段状の地形。

●**海岸段丘のでき方**

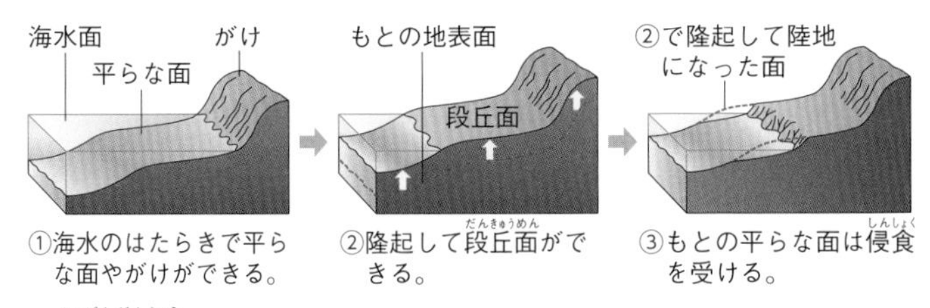

❸**河岸段丘**…川沿いに見られる階段状の地形。

⬆川の右側が河岸段丘（千葉県市原市）
©コーベット

●**河岸段丘のでき方**

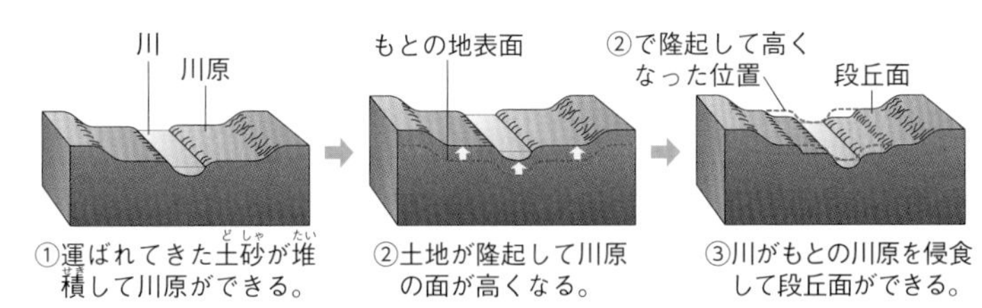

(3) 沈降によってできる地形

❶**沈降**…海水面に対して，土地が下がること。

⇨海水面に対して土地が下がるとは，次の２つの場合がある。

・海水面の高さはそのままで，陸地そのものが下がる。

・陸地はそのままで，海水面が上昇する。

⬆リアス海岸（三陸海岸）

❷**リアス海岸（リアス式海岸）**…侵食された起伏の多い土地が沈降してできる複雑な出入りのある海岸。

❸**多島海**…リアス海岸がさらに沈降してできる多くの小さな島。

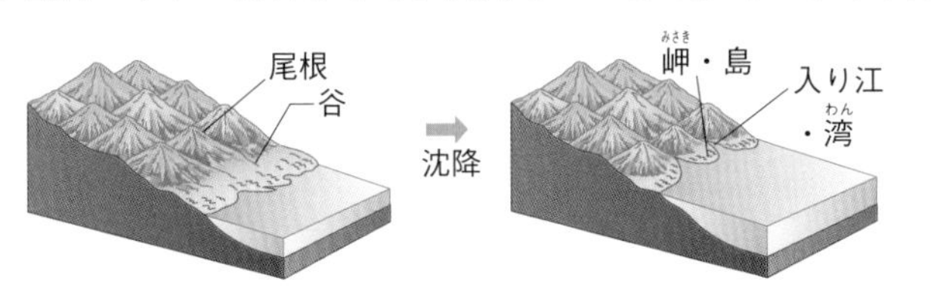

⬆多島海（九十九島）

(4) 大地の変動と流水のはたらきによる地表の変化

長い年月の間に次のようなことがくり返されていく。

❶岩石が**風化**・**侵食**され，**土砂**をつくる。

❷土砂が川の水の流れによって**運搬**される。

❸海底で土砂が**堆積**し，**地層**をつくる。

❹地層が押し固められ，**堆積岩**になる。

❺大きな力を受けて，地層は**しゅう曲**したり**断層**ができたりして**隆起**し，再び地表に現れる。

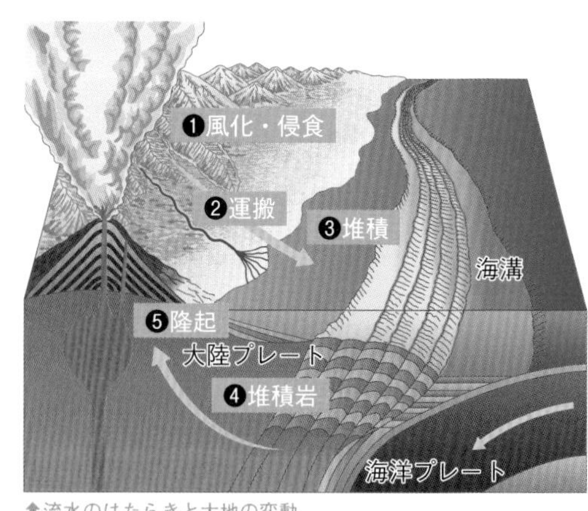

⬆流水のはたらきと大地の変動

2 地表をおおうプレート

地球の表面は，厚さが100 kmほどある，十数枚の岩盤でおおわれている。

重要

(1) **プレート**…地球の表面をおおう，十数枚に分割された厚さ100 kmほどの岩石の層。1年間に約1 cm～10 cm程度移動している。

⇨プレートが動くことにより，大地が変動し，プレートの境界では，**大山脈**が形成されたり，**地震**や**火山**の活動が引き起こされたりしやすい。

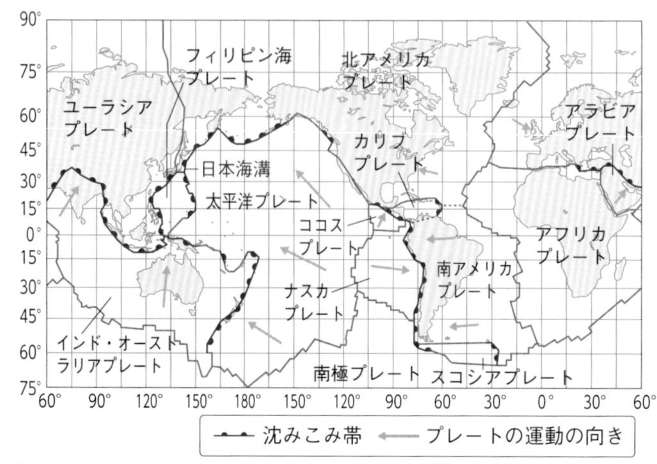

⬆地球の表面をおおうプレート

くわしく プレートの種類

大陸がのっているプレートを大陸プレート，海底をなしているプレートを海洋プレートという。

くわしく プレートの境界と地震・火山

左の地球の表面をおおうプレートの境界とp.208の火山の分布，p.218の世界の震央の分布を比較するとほぼ一致する。

プレートについては，「地震のしくみ」とあわせておさえておこう！

(2) プレートの動き

地球上の大規模な地形は，プレートの動きと関係があると考えられる。

❶**海嶺**…海底に見られる，大山脈（海底山脈）。
⇨地球内部の高温の物質の上昇で，プレートができる場所。

❷**海溝**…海底に見られる，せまく細長い溝状の地形。
⇨プレートが沈みこむ場所。

❸**弧状列島**…日本列島のように，弓のような形をした列島。プレートが沈みこむ場所でできる。

くわしく 海洋の海底をつくる岩石

海嶺付近から離れるほど，海底をつくる岩石は古くなっていく。

発展 ホットスポット

地下深くから熱い物質が上昇している場所。ハワイのようにプレート内でも火山ができることがある。

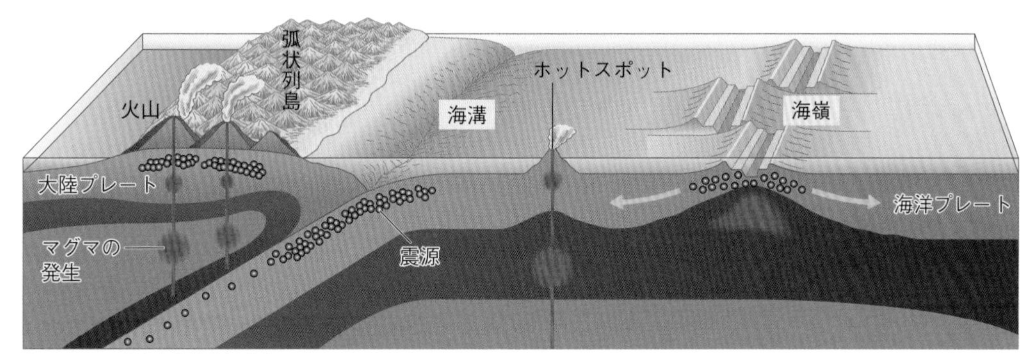

⬆プレートの動きと大規模な地形

Column プレートを動かす原動力

1912年にドイツの地球物理学者**ウェゲナー**は，「現在の大陸は，もとはひとかたまりの大陸が分かれて移動してきたものである」という大陸移動説を唱えた。当時は受け入れられなかったが，今では「大陸や海底がプレートとともに移動する」という**プレートテクトニクス**の考えによって認められている。では，何の力によってプレートは動いているのだろうか？

地球の中心には核があり，そのまわりにある，マントルとよばれる高温の物質の対流がプレートを動かす原動力だと考えられている（**プルームテクトニクス**）。海溝で沈みこんだプレートが核の近くまで落下する下降流や，核の近くからの高温の上昇流があると考えられている。

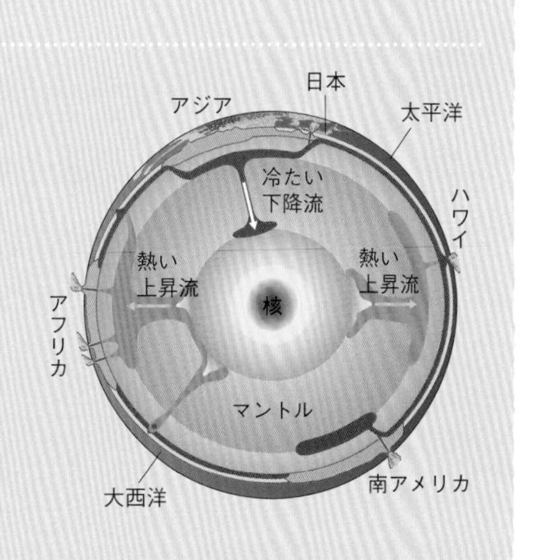

チェック 基礎用語 次の〔　　〕にあてはまるものを選ぶか，あてはまる言葉を答えましょう。

1 地層のできた方

□(1) 岩石が気温の変化や風雨でくずれる現象を〔　　　〕という。
□(2) 風や流水のはたらきで岩石がけずられることを〔　　　〕という。
□(3) 川のはたらきには，侵食・運搬・〔　　　〕作用があり，侵食作用は川の〔 上流　下流 〕でさかんである。
□(4) 川の流れがゆるやかなところでは，土砂が堆積して独特な地形ができる。このうち，山地から平野に出る部分には〔　　　〕ができ，河口付近には〔　　　〕ができる。

2 堆積岩

□(5) 堆積物が長い時間かかって押し固められ，かたい岩石になったものを〔　　　〕という。
□(6) 火山灰や軽石などが堆積してできた岩石を〔　　　〕という。
□(7) サンゴなどの生物の死がいなどが堆積してできた，うすい塩酸をかけると二酸化炭素を発生する岩石を〔　　　〕という。

3 化石

□(8) 地層が堆積した当時の環境がわかる化石を〔　　　〕という。
□(9) 地層が堆積した時代がわかる化石を〔　　　〕という。

4 地層からわかること・5 大地の大規模な変動

□(10) 地層が切れてずれてできたくいちがいを〔　　　〕といい，地層に力がはたらいて押し曲げられたものを〔　　　〕という。
□(11) 火山灰の層など，離れた地層を比べるときの目印となる層を〔　　　〕という。
□(12) 地球の表面をおおっているかたい岩盤を〔　　　〕という。
□(13) 海水面に対して土地が上がることを〔　　　〕という。

解答

(1) 風化
(2) 侵食
(3) 堆積
上流
(4) 扇状地
三角州
(5) 堆積岩
(6) 凝灰岩
(7) 石灰岩
(8) 示相化石
(9) 示準化石
(10) 断層
しゅう曲
(11) 鍵層
(12) プレート
(13) 隆起

1 自然の恵みと災害

教科書の要点

1 自然の恵みと火山災害

◎自然の恵み…火山の熱による温泉や**地熱発電**，農業への利用などの恩恵を人は自然から受けている。また，土地の隆起による**海岸段丘**や，平野・**盆地**など平らな土地を生活に利用している。

◎火山災害…火山の噴火にともなって噴出する**マグマ**や，**火山ガス**などによって大きな被害が生じる。

2 地震災害

◎地震災害…地震のゆれによって，建物の倒壊や，がけ崩れ，**津波**など，直接人命に深刻な影響をおよぼすこともある。

1 自然の恵みと火山災害

日本列島に多数分布している火山からの熱や，大地の変動でできた土地を利用することによって人は恩恵を受ける一方で，噴火による災害も発生している。

(1) 自然の恵み

❶**マグマの熱の利用**…地下のマグマの熱を利用した**地熱発電**や，**温泉**などの有効利用がされている。

❷**火山噴出物の利用**…**火成岩**や**凝灰岩**（**火山灰**）は，長い年月の間に**風化**され，ミネラルが豊富な土壌をつくり出し，果樹園などの農地として利用されている。

❸**土地の変化の利用**…大地の変動によって，土地が**隆起**してできる**海岸段丘**の平らな土地や，土地の**沈降**によってできる**平野**・**盆地**が生活の場として利用されている。

❹**川がつくる地形の利用**…流水の**堆積作用**によってできる**平野**や，水はけのよい**扇状地**の中央部は，畑などに利用されている。

❺火山のあるところでは，美しい景観が見られる。

生活 地熱発電のしくみ

地下のマグマだまりの熱によってあためられた地下水が水蒸気に変化し，この水蒸気の力を利用して，タービンを回して発電を行っている。この地下水は，雨水や川の水が地面からしみこんでたまったものである。

⬆地熱発電所（大分県九重町）

(2) **火山災害**…火山の地下にある**マグマ**の噴出や**火山ガス**によって，大きな被害を受けることがある。

❶**噴石による災害**…噴火のときに火口からの**噴石**によって，数km先までの建物が損壊したりする。また，小さな噴石でも登山者が死傷するような災害をもたらすこともある。

❷**溶岩流や火砕流による災害**…**溶岩流**や急速にふもとにせまる**火砕流**によって，家屋などの可燃物の焼失などの被害が発生する。特に火砕流は破壊力が大きく，被害は甚大になる。

❸**火山灰による災害**…**火山灰**は火口から遠く離れたところまで飛散するため，広範囲にわたって農作物や交通（とくに航空機の運航），建造物などに被害をおよぼす。

❹**火山ガスによる災害**…有毒な気体をふくむ火山ガスが周囲に拡散する。そのため，二酸化硫黄による気管支などの障害や硫化水素による中毒などの危険性が高い。特に火口の風下は注意が必要である。

❺**積雪と噴火による被害**…火山活動によって火口周辺の雪や氷がとかされると，火山噴出物と水が混ざり合って，時速数十kmの速さで流れ落ちることがある。これを**融雪型火山泥流**といい，山麓に大きな被害をもたらすことがある。

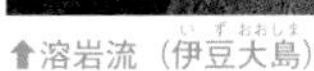

⬆溶岩流（伊豆大島）　©コーベット　⬆火山灰が降り積もる

(3) 災害対策

被害を未然に防いだり，最小限度におさえたりするためには，これまでのデータを分析し，今後の噴火の予測をまとめた**ハザードマップ**の活用や，気象庁が発表する「**噴火警報・予報**」の注視が必要である。

くわしく 溶岩流と火砕流

溶岩流は，マグマが地表に沿って比較的ゆっくりと流れ落ちる現象。速さが遅いために歩いて避難することも可能。一方，火砕流の速さは，時速100 km以上に達することもあり，破壊力も大きいため，噴火警報等による事前の避難準備が必要となる。

生活 おもな火山被害

（10名以上の犠牲者が出た火山活動）

発生年月日	火山名	犠牲者※1(人)
2014/ 9/27	御嶽山	63
1991/ 6/ 3	雲仙岳	43
1958/ 6/24	阿蘇山	12
1952/ 9/24	ベヨネース列岩※2	31
1940/ 7/12	三宅島	11
1926/ 5/24	十勝岳	144
1914/ 1/12	桜島	58～59

※1 行方不明者をふくむ　※2 伊豆諸島南部の岩礁群

生活 ハザードマップ

自然災害による被害を過去のデータをもとに予測し，今後予測される災害の発生場所や被害の大きさ，範囲などを地図上にまとめたもの。地図上には避難経路や避難場所も示されている。

また，国土交通省が運営する「ハザードマップポータルサイト」にアクセスして，事前に情報を収集するのもよい。

⬆富士山周辺のハザードマップ

2 地震災害

プレートの動きによって発生する地震によって，地震のゆれや津波などによる大きな災害が発生することがある。

(1) 地震による大地の変動

❶**断層**…地層に大きな力がはたらき，地層が上下または左右にずれたもの（➡p.231）。

❷**隆起**…土地が海水面に対して**上がること**（➡p.235）。

❸**沈降**…土地が海水面に対して**下がること**（➡p.235）。

(2) 地震による災害

❶**建物の倒壊**…家屋や橋が壊されたり，**火災**が発生したりすることがある。

❷**がけ崩れ（土砂崩れ）**…山の斜面が崩壊するなどして，がけ崩れが発生することがある。

❸**津波による被害**…大規模な地震が**海底**で起こると，**津波**が発生することがある。

❹**液状化現象**…海岸の埋め立て地や河川沿いなどの**砂地**では，地震によるゆれによって地面が**液体状**になり，急にやわらかくなったり，泥がふき出したりして，地盤沈下が起こる。

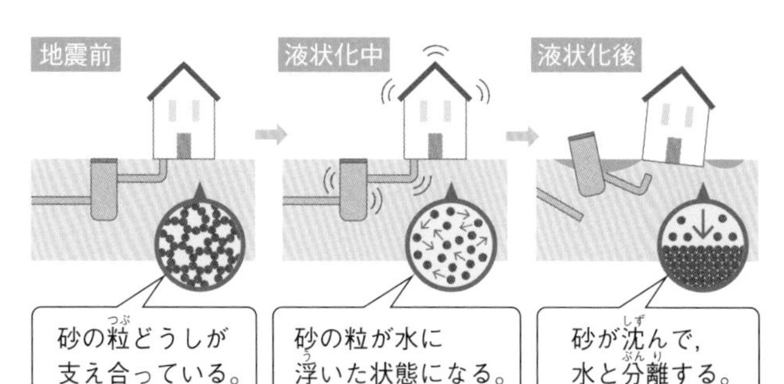

⬆山の斜面の崩壊

⬆液状化現象

⬆地割れ

復習 地震と災害

地震が起こると大地にずれ（断層）が生じ，がけ崩れや地割れなどの災害が生じることがあることを学習した。

くわしく 地震による津波の発生のしかた

地震の震源が海底の場合，海底の隆起や沈降にともなって海面が上下に変動し，大きな波となって四方八方に伝わる。

くわしく 震源の深さと災害

M7～8の大規模な地震でも，震源の深さが100 km以上の地震では大きな被害が出ないが，震源が浅い地震だと，M5～6程度でも大きな被害が生じる。

くわしく 近年発生したおもな地震

発生年月日	地震名	M
2020/ 6/25	千葉県東方沖	6.1
2019/ 6/18	山形県沖	6.7
2018/ 9/ 6	北海道胆振東部	6.7
2018/ 6/18	大阪府北部	6.1
2018/ 4/ 9	島根県西部	6.1
2017/10/ 6	福島県沖	5.9
2016/12/28	茨城県北部	6.3
2016/11/22	福島県沖	7.4
2016/10/21	鳥取県中部	6.6
2016/ 4/14～	熊本	7.3

緊急地震速報と津波警報

生活

緊急地震速報は，地震の波のP波とS波の速さの差を利用し，地震が発生したときに生じたP波を震源に近い地震計でとらえてコンピュータで分析し，S波の到達時刻や震度を予測してすばやく知らせる地震のゆれの予報・警報である。緊急地震速報は，テレビ，ラジオ，防災行政無線，携帯電話，施設の館内放送，受信端末などで受信できる。ただし，震源に近いところでは速報が間に合わないこともある。

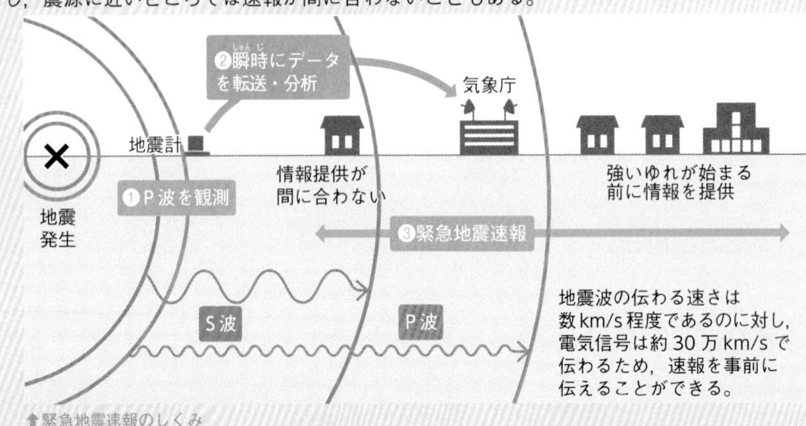

↑緊急地震速報のしくみ

また，地震発生時の震源が海底の場合，津波が発生する場合がある。実際には，地震計で観測したP波のデータの分析結果から，津波の発生が予想されるときは，地震発生から3分を目標に，沿岸地域への津波の到達予想時刻や津波の高さなどを，大津波警報，津波警報または津波注意報として発表している。ただし，地震の規模（マグニチュード）が8をこえるような巨大地震では，精度のよい地震の規模をすぐに求めることが難しい。そのため，その海域における最大の津波想定などをもとに，津波警報・注意報によって，津波の高さを巨大や高いという言葉を用いて非常事態であることを発表している。その後，地震の規模が精度よく求められた時点で津波警報・注意報を更新し，予想される津波の高さも数値で発表している。

チェック 基礎用語

次の〔　　〕にあてはまる言葉を答えましょう。

1 自然の恵みと災害

□(1) マグマの熱を利用した発電を〔　　　〕という。

□(2) 地震が発生した直後にゆれに備えるために発表される情報を〔　　　〕という。

□(3) 自然災害による被害を予測して避難経路などを示した地図を〔　　　〕という。

解答

(1) 地熱発電

(2) 緊急地震速報

(3) ハザードマップ

定期テスト予想問題 ①

時間 40分
解答 p.258
得点 /100

1節／火をふく大地

1 火山から噴出されるものについて，あてはまるものを，下のア～エから選びなさい。【4点×4】

① マグマが地表に流れ出した液体状のもの。また，それが冷え固まったもの。〔　　〕

② 溶岩の破片で，直径が2～64 mmのもの。〔　　〕

③ ふき飛ばされたマグマが，空中で冷え固まったもの。〔　　〕

④ 細かい溶岩の破片で，直径が2 mm以下のもの。〔　　〕

ア 火山灰　イ 火山弾　ウ 溶岩　エ 火山れき

1節／火をふく大地

2 右の図は，代表的な3つの火山の形を模式的に表している。これについて，次の問いに答えなさい。【4点×4】

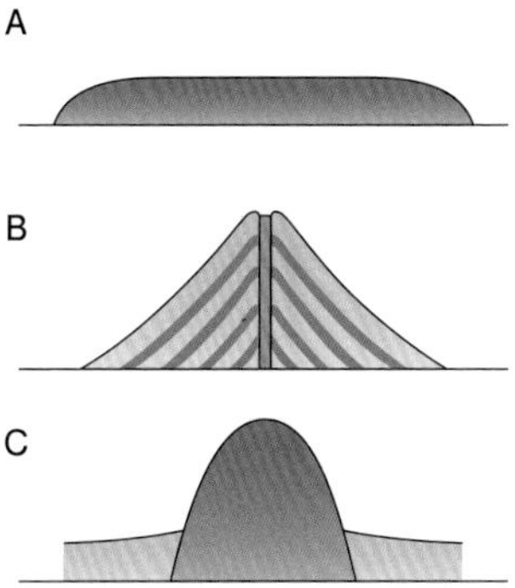

A

B

C

(1) Aのような形の火山にあてはまるものは，次のア～オのうちのどれか。記号で答えよ。また，このような形の火山をつくるマグマのねばりけは，強いか，弱いか。

ア 雲仙普賢岳　イ マウナロア　ウ 浅間山

エ 昭和新山　オ 桜島

火山〔　　〕　マグマのねばりけ〔　　〕

(2) 激しい噴火とおだやかな噴火を交互にくり返す火山はA～Cのどれか。〔　　〕

(3) マグマが固まったとき最も白っぽくなる火山はA～Cのどれか。〔　　〕

1節／火をふく大地

3 右の図は，2種類の火成岩をルーペで観察したスケッチである。これについて，次の問いに答えなさい。【4点×6】

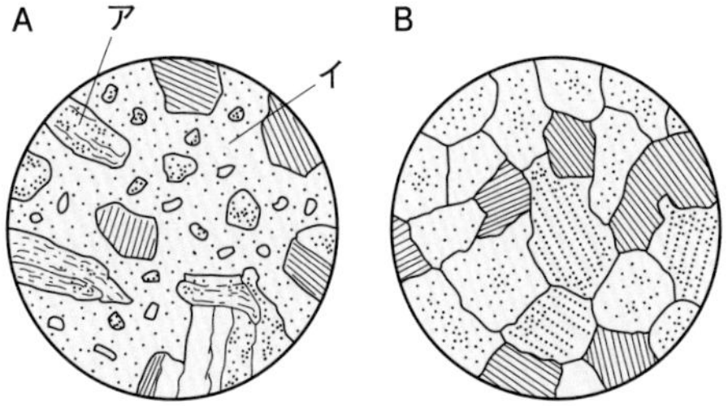

A　ア　イ　B

(1) マグマが急に冷えて固まったと考えられる岩石は，A，Bのどちらか。記号で答えよ。〔　　〕

(2) 図のア，イの部分をそれぞれ何というか。　ア〔　　〕　イ〔　　〕

(3) A，Bの岩石のつくりを何というか。　A〔　　〕組織　B〔　　〕組織

(4) 安山岩は，A，Bどちらの岩石のつくりをしているか。〔　　〕

思考 1節／火をふく大地

4 **右の図は，花こう岩を割って出てきた面を拡大して見たものである。これについて，次の問いに答えなさい。** 【4点×5】

(1) 岩石のつくりから，花こう岩はどのようにしてできたと考えられるか。簡単に書け。

〔　　　　　　　　　　〕

(2) 花こう岩は，火山岩，深成岩のどちらか。 〔　　　　　〕

(3) 図のA～Cは，鉱物を表している。

① Aは，黒色でうすくはがれやすい鉱物である。何という鉱物か。 〔　　　　　〕

② B，Cは，それぞれ白っぽい色の鉱物である。このような鉱物をまとめて何というか。

〔　　　　　〕

③ 次の鉱物のうち，②の鉱物にあてはまるものを2つ選び，記号で答えよ。 〔　　　　　〕

ア カクセン石　イ 輝石　ウ 長石　エ カンラン石　オ 石英

1節／火をふく大地

5 **右の図は，ある火山とその地下のようすを模式的に表したものである。これについて，次の問いに答えなさい。** 【4点×6】

(1) 図のAの部分には，火山噴出物などをつくるもとになる物質が，どろどろにとけた状態になっている。この物質を何というか。 〔　　　　　〕

(2) (1)から出てきた気体を何というか。 〔　　　　　〕

(3) (2)のおもな成分は何か。 〔　　　　　〕

(4) 図の㋐では，非常に小さな鉱物の集まりやガラス質の部分の中に大きな鉱物が散らばったつくりの岩石が見られた。このような火成岩を何というか。

〔　　　　　〕

(5) (4)の火成岩にあてはまる岩石を，次の中から2つ選び，記号で答えよ。 〔　　　　　〕

ア 流紋岩　イ 斑れい岩　ウ 玄武岩　エ せん緑岩

(6) 図の㋑にある火成岩について述べた次の文で，正しい方の記号を答えよ。 〔　　　　　〕

ア 地下深くにあるので，地表では決して見ることができない。

イ 流水のはたらきで土地がけずられるなどして，地表に現れることがある。

定期テスト予想問題 ②

時間 40分
解答 p.259

得点 ／100

2節／ゆれ動く大地

1 右のグラフは，初期微動と主要動の伝わった時刻と震源からの距離の関係を示したものである。これについて，次の問いに答えなさい。 【5点×5】

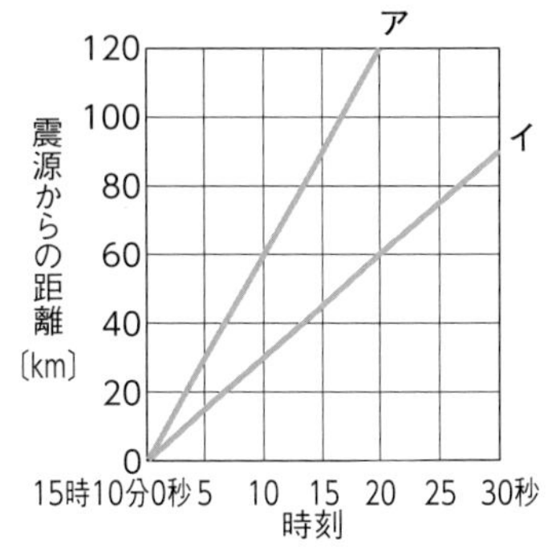

(1) 初期微動の伝わる速さを表しているのは，グラフのア，イのどちらか。 〔　　　〕

(2) 地震のゆれは，P波，S波という地震の波が届くことで起こる。主要動を起こすのは，P波，S波のどちらか。 〔　　　〕

(3) ある地点で，初期微動が続いた時間を何というか。 〔　　　〕

(4) この地震のとき，ある地点では初期微動が10秒間続いてから主要動が始まった。ある地点の震源からの距離を，グラフを見て答えよ。 〔　　　〕

(5) 初期微動が続いた時間と震源からの距離の間には，どのような関係があるか。 〔　　　〕

2節／ゆれ動く大地

2 地震について，次の問いに答えなさい。 【5点×4】

(1) 地震について述べた次の文から，正しいものを１つ選べ。 〔　　　〕

ア 震度は10段階に分けられていて，震度９が最も大きい。

イ 震源の場所に関係なく，大きな地震では津波が発生する危険性がある。

ウ 震央からの距離が同じ地点でも，地盤の性質などにより震度が異なることがある。

エ ある地震のマグニチュードの値は，震源と観測地点が近いほど大きくなる。

(2) 右の図は，日本列島付近で地震が発生するしくみを表したものである。次の文の(　　)にあてはまる言葉を書け。

地震は，(　①　)プレートの下に(　②　)プレートが沈みこみ，２つのプレートの境界で生じるひずみが原因で起こると考えられている。図のA付近で起きる地震を(　③　)型地震という。

日本列島
A
日本海
太平洋
大陸プレート
海洋プレート
●地震が起こる場所

①〔　　　〕 ②〔　　　〕 ③〔　　　〕

3節／変動する大地

3

右の図は，あるがけに見られた地層の柱状図である。地層はそれぞれ水平に堆積していた。これについて，次の問いに答えなさい。なお，この地域の地層には，上下の逆転は見られなかった。

A
B
C
D
E
アサリの化石
砂の層
泥の層
火山灰の層
泥の層
れきの層

【(5)は7点，ほかは4点×7】

(1)　A～E層の中で，最も古い層はどれか。　〔　　　〕

(2)　C層が堆積した当時，この付近ではどんなことがあったと考えられるか。　〔　　　〕

(3)　この地域は，過去に海岸に近い海底から，やがて遠い海底になった時代があったと考えられる。そのように考えられる根拠として適当なものを，次のア～エから1つ選び，記号で答えよ。　〔　　　〕

ア　大きな粒のE層の上に，小さな粒のD層が堆積している。

イ　小さな粒のD層の上に，火山灰のC層が堆積している。

ウ　火山灰のC層の上に，小さな粒のB層が堆積している。

エ　小さな粒のB層の上に，化石をふくんだA層が堆積している。

(4)　A層にふくまれるアサリの化石のように，その地層が堆積した当時の環境を示す化石のことを何というか。　〔　　　〕

思考 (5)　アサリの化石を，その化石をふくむ地層が堆積した時代を知る手がかりにすることは難しい。その理由を簡単に書け。　〔　　　〕

(6)　観察したがけのさらに地下深くの層からは，アンモナイトの化石が見つかった。アンモナイトが栄えていた地質年代を次のア～ウから1つ選び，記号で答えよ。　〔　　　〕

ア　古生代　　イ　中生代　　ウ　新生代

(7)　地層に大きな力がはたらいて，次の①，②のようになったものをそれぞれ何というか。

①　大きく波をうったように曲がったもの。　〔　　　〕

②　地層が切れてずれ，くいちがったようになったもの。　〔　　　〕

4節／自然の恵みと災害

4

自然の恵みと災害について，例としてあてはまることを，あとのア～エから選びなさい。

【5点×4】

(1)　マグマの熱の利用〔　　　〕　(2)　隆起や沈降によってできる土地の利用〔　　　〕

(3)　地震による災害　〔　　　〕　(4)　火山の噴火による災害　〔　　　〕

ア　火砕流による建物の焼失　イ　温泉や地熱発電　ウ　海岸段丘　エ　津波や建物の倒壊

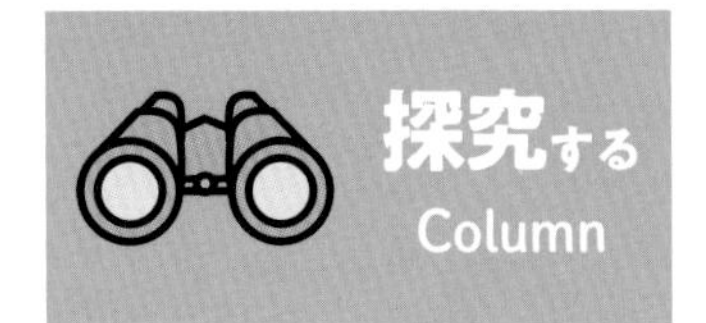

貝塚が関東地方の内陸に多くあるのはなぜ？

貝殻の捨て場である貝塚は，海岸沿いの貝が豊富にとれるところにつくられた。ところが縄文時代の貝塚は，関東地方の内陸部にたくさん発見されている。資料から関東地方の地形の変化を考えてみよう。

疑問 縄文時代の人々が捨てた貝殻は，なぜ内陸で見つかるのだろうか。
関東地方の地形の特徴や，縄文時代から現在までの環境の変化とあわせて考えると，何かわかることがあるだろうか。

資料1 関東地方の貝塚の分布と地形に関する資料

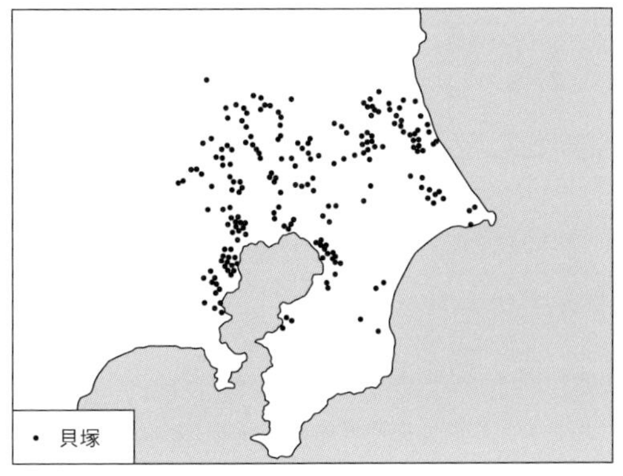

⬆関東地方に見られる貝塚の分布

■ 海水面が 15 m 上昇した場合に浸水が予想される地域

⬆海水面が上昇した場合に浸水が予想される地域
（産総研地質図Navi海面上昇シミュレーションより国土地理院色別標高図を使用して作成）

資料2 縄文時代の気温の変化

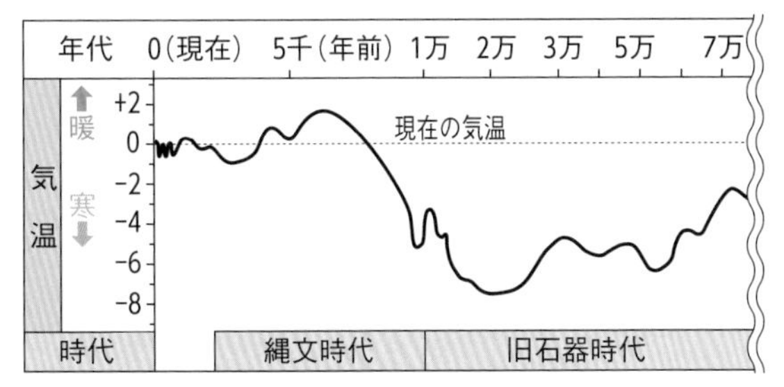

⬆旧石器時代から縄文時代にかけての気温の変化

東京湾周辺や千葉県，茨城県の沿岸部などで浸水が予想されているね。

考察1 貝塚の分布と浸水が予想される地域を比較する

資料１から，貝塚の分布は浸水が予想される地域と重なりがあるように見えるね。海水面の上昇による浸水が予想されるということは，まわりの土地に比べて標高が低いということかな？　資料２の気温の変化も合わせて考えると……？

資料１から，関東地方に見られる貝塚は比較的標高の低い地域に分布していることがわかる。また資料２から，およそ１万年前の縄文時代のはじめには気温が上昇し，６千年前ごろには，現在の気温より２℃ほど高かったとわかる。

これらのことから，縄文時代は現在よりも海水面が高く，現在の関東地方で貝塚が分布しているあたりに海岸線があったのではないかと予想できる。

解説　縄文時代には，右の図に示したあたりに海岸線があったと考えられている。

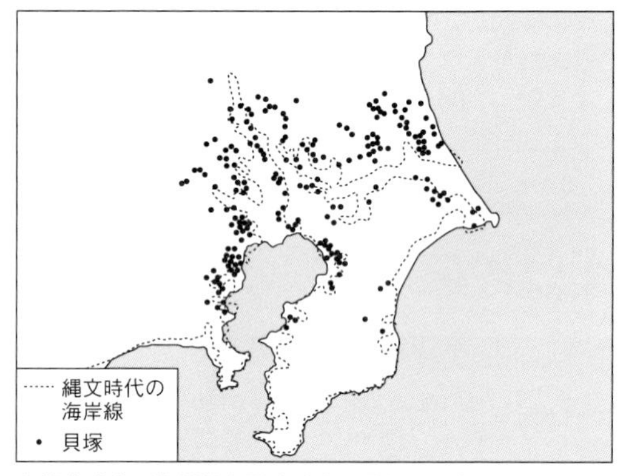

⬆縄文時代の海岸線と関東地方の貝塚の分布

考察2 今後の関東地方の地形を予測する

深刻化する地球温暖化をくい止めるために，世界中で二酸化炭素の排出量削減にとり組んでいるというニュースを見たよ。今後地球の平均気温が上昇を続けると，地形にはどんな変化がもたらされるのかな……？　ぼくたち自身の課題として考えてみよう。

解説　地球温暖化にともなって，海水面が上昇する直接的な原因としては，あたためられた海水の膨張やグリーンランドなどの氷河や氷床（広い範囲をおおう厚い氷）がとけることがあげられている。1902年～2010年の約100年間で海水面は16 cm上昇した。仮にこのスピードのまま進むとすると，21世紀中に最大84 cm上昇すると予測されている。その場合，現在海抜84 cm以下の地域は，海抜０m地帯となる。

⬆海抜を示す標識（東京都墨田区）

中学生のための
勉強・学校生活アドバイス

理科の攻略法(こうりゃく)

「秋山(あきやま)先生～～。理科って，なんかこう，もっとパーっと効率よくできるようになる方法ないんですかね？」

「どうしたんだい？　荻原(おぎはら)くんも今野(こんの)さんも，理科は得意な方だと思っていたけど。」

「わたしは植物は大好きなんですけど，光と音のところは苦手で……。」

「オレは岩石の名前がさっぱり覚えられないんですよね。」

「たしかに理科の内容は幅広(はばひろ)いから，得意不得意は出てくるよね。光や音は抽象的(ちゅうしょうてき)で実体をつかむのも難しいし。」

「オレは光と音はけっこう好きですけどね。“この光はこのあとどう進むんだろう”って，イメージするのも楽しいし。」

「イメージはとても大切だね。そういえば今野さんも，植物の葉脈(ようみゃく)や根のようすの図をノートにかいていたよね？」

「はい。」

「同じように，例えば凸(とつ)レンズを通る光も，**実際にいろいろな場合をイメージして作図してみる**と理解が深まるよ。」

「なるほど！　やってみます！」

「それから荻原くんのように暗記が大変なときは，**写真を見たりネットで調べたりする**のも有効だよ。」

「岩石をですか？」

「何かわからないまま名前だけを記憶(きおく)するより，見た目やでき方などもあわせて覚えた方が，記憶に残りやすいからね。」

「なるほど。」

「それから，理科の勉強で欠かせないのが，**実験をおさえる**ことだ。定期テストでも高校入試でも問われるから。」

「実験のどんなことが問われるんですか？」

「**実験結果はもちろん，その実験の目的やそれぞれの操作の意味，使う薬品や器具など，さまざまなことが問われる**よ。」

「それ全部暗記するんですか？」

「すべてを丸暗記するのではなく，その実験の目的を意識して，流れと理由をおさえておくことが大切だよ。」

入試レベル問題

入試レベル問題

解答 p.259

1 ワラビ，ソテツ，ユリ，ヒマワリを下の図のようにグループ分けした。次の問いに答えなさい。

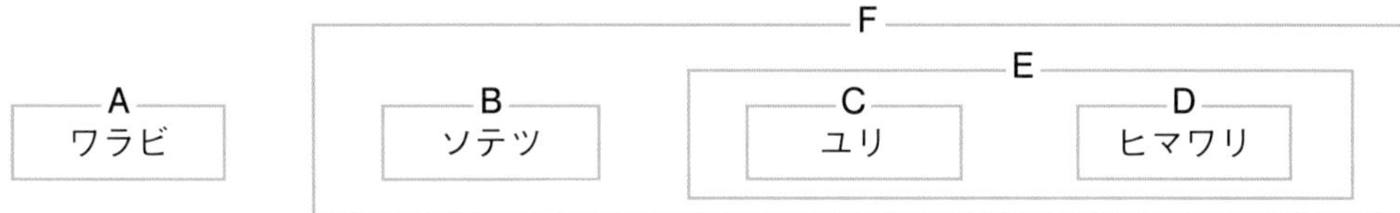

(1) Fのグループの植物だけに共通する特徴は何か。次のア～エから1つ選び，記号で答えよ。

〔　　　　　〕

ア 胚珠が子房の中にある。　イ 花がさく。

ウ 胞子でふえる。　エ 陸上で生活している。

(2) A～Fのグループのうち，右の図のような平行脈の葉をもつグループはどれか。1つ選び，記号で答えなさい。また，そのグループ名を答えなさい。

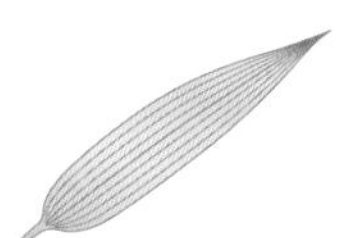

記号〔　　　　　〕　名称〔　　　　　〕

2 右の図は，イルカ，カメ，ペンギン，サンショウウオ，ウナギ，カブトムシを，ある特徴a～eをもとにして分けたものである。bとcは，それぞれどのような特徴でグループ分けしたものか。次のア～オからそれぞれ1つずつ選び，記号で答えなさい。

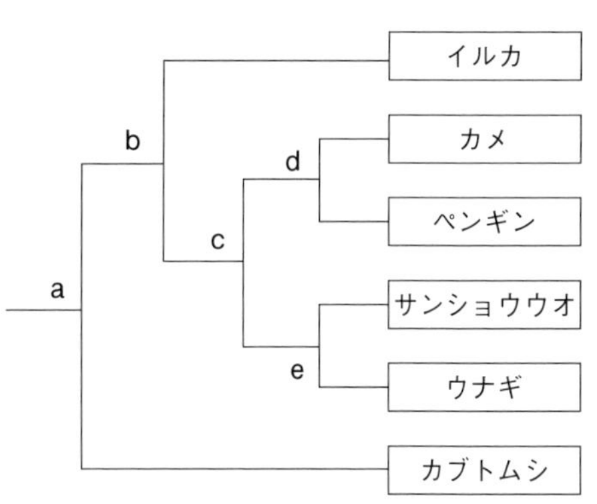

b〔　　　　　〕　c〔　　　　　〕

ア 卵は陸上で産むか，水中で産むか。

イ 卵生であるか，胎生であるか。

ウ からだの表面は羽毛でおおわれているか，そうでないか。

エ 一生えらで呼吸するか，ある時期だけえらで呼吸するか。

オ 背骨をもつかどうか

ヒント **1** (1) 花をさかせる植物は種子をつくる。

3 図のように，固体Xに液体Yを加えて気体を発生させ，試験管に集めた。次に試験管にゴム栓をして水の中からとり出し，火のついた線香を試験管の中に入れたところ，線香が炎を上げて燃えた。

(1) 固体Xと液体Yの組み合わせとして適切なものを次のア～エから1つ選べ。〔　　〕

ア　固体X：二酸化マンガン　液体Y：うすい過酸化水素水
イ　固体X：二酸化マンガン　液体Y：うすい塩酸
ウ　固体X：石灰石　液体Y：うすい過酸化水素水
エ　固体X：石灰石　液体Y：うすい塩酸

気体　試験管　水　固体X　液体Y　ゴム栓

(2) 発生した気体は何か。また，図のような気体の集め方を何というか。

気体名〔　　〕　集め方〔　　〕

(3) 発生した気体を集めるとき，はじめに出てくる気体は集めない。その理由を説明せよ。

〔　　〕

(4) 図のようにして集めることができるのは，発生した気体にどのような性質があるからか。

〔　　〕

4 右の図は，水の温度と100 gの水にとける塩化ナトリウムと硝酸カリウムの質量の関係をグラフに表したものである。

(1) 物質が水にとける最大量までとけている水溶液を何というか。〔　　〕

(2) 40 ℃の水100 gに硝酸カリウムを60 gとかした。この水溶液の質量パーセント濃度を求めよ。〔　　〕

(3) (2)の水溶液を20 ℃まで冷やしたとき，出てくる固体の質量を次のア～エから1つ選べ。〔　　〕

ア　63 g　イ　37 g　ウ　28 g　エ　15 g

100 gの水にとける物質の質量〔g〕
0 10 20 30 40 50 60 70 80 90
硝酸カリウム
塩化ナトリウム
0 10 20 30 40 50
水の温度〔℃〕

(4) (3)で出てきた固体と液体を分けてとり出す方法を何というか。〔　　〕

(5) 水溶液から塩化ナトリウムを結晶としてとり出す操作として，水の温度を下げる方法は適していない。その理由をグラフから判断して，「塩化ナトリウムは，」に続けて［　　］の文を完成させよ。

塩化ナトリウムは，［　　　　　　　　］から。

〔　　〕

ヒント　**3** (4) 気体の集め方はまず，集める気体が水にとけやすいか，とけにくいかで判断する。
4 (5) 塩化ナトリウムの溶解度と温度の関係をグラフから読みとる。

5 図のように，光学台の上に，電球，矢印の形の穴をあけた物体(ぶったい)，凸(とつ)レンズ，半透明(はんとうめい)のスクリーンを一直線に並べ，凸レンズを固定した。物体と凸レンズとの距離(きょり)(a)が40 cm，30 cm，20 cm，10 cmになるように物体を移動させ，スクリーンにはっきりとした像がうつるように，凸レンズとスクリーンとの距離(b)を調節した。表はその結果をまとめたものである。

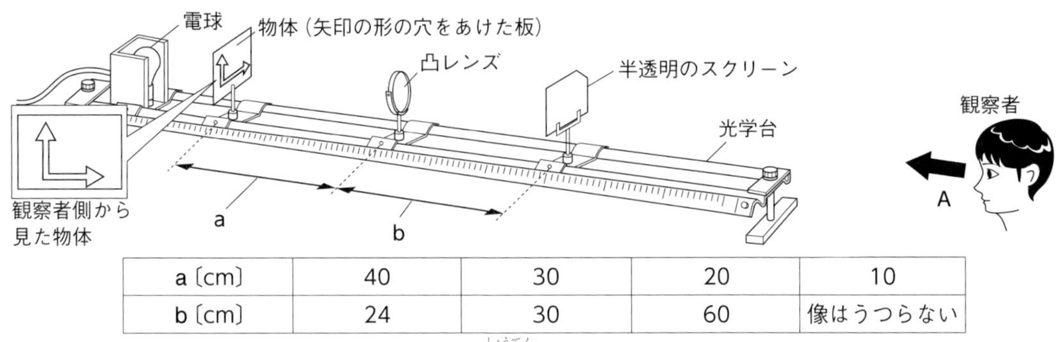

a〔cm〕	40	30	20	10
b〔cm〕	24	30	60	像はうつらない

(1) 表の結果から，実験に用いた凸レンズの焦点(しょうてん)距離は何cmか。〔　　　〕

(2) 実験において，観察者側から半透明のスクリーンを見たとき，半透明のスクリーンにうつった像の向きを表した図として，最も適切なものを次のア～エから1つ選べ。〔　　　〕

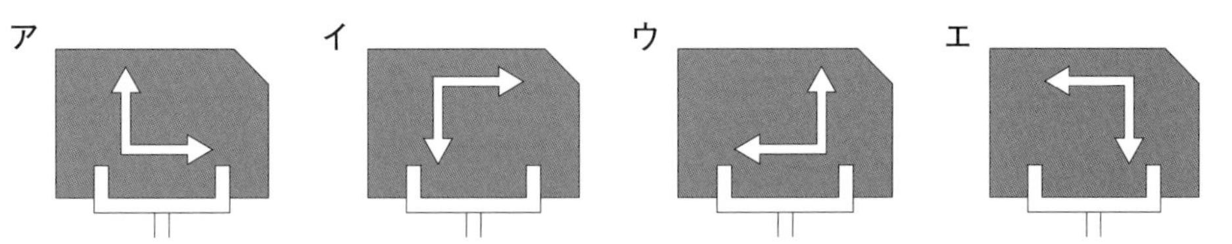

(3) 次の文章中のX，Yにあてはまる言葉の組み合わせとして，最も適切なものをあとのア～エから1つ選べ。〔　　　〕

> 物体と凸レンズとの距離が40 cmのとき，半透明のスクリーンにうつった像の大きさは，物体と比べて［ X ］。物体と凸レンズとの距離を30 cm，20 cmと近づけていくと像の大きさは［ Y ］。

ア　X：小さい　Y：だんだん小さくなる　　イ　X：小さい　Y：だんだん大きくなる
ウ　X：大きい　Y：だんだん小さくなる　　エ　X：大きい　Y：だんだん大きくなる

(4) 物体と凸レンズとの距離が10 cmのとき，半透明のスクリーンに像はうつらなかったが，矢印Aの方から凸レンズを通して物体を見ると，像が見えた。このとき見えた像を何というか。

〔　　　〕

ヒント **5** (1) a＝bのとき，焦点距離はその$\frac{1}{2}$で，スクリーンには物体と同じ大きさの像がうつる。
(4) 物体と同じ向きで，物体よりも大きな像を見ることができる。これは，実際に光が集まってできる像ではない。

6 火山の近くで白っぽい岩石を採取し，表面をよくみがいてルーペで観察した結果を下の図のようにまとめた。これについて，次の各問いに答えなさい。

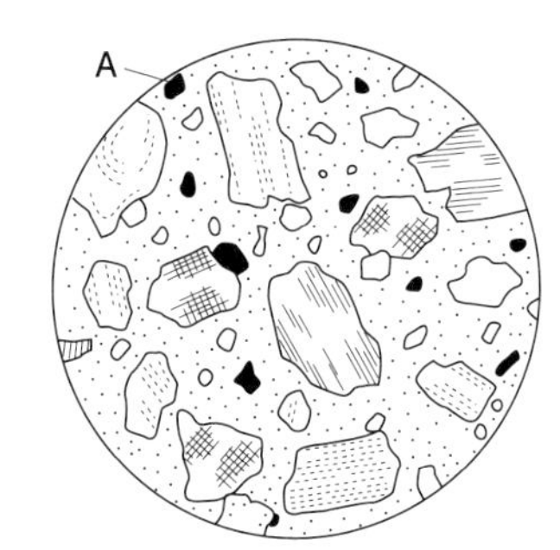

(1) 図のような岩石のつくりを何というか。 〔　　　　　〕

(2) 図の岩石にふくまれる鉱物のうち，Aは六角形の板状で，決まった方向にうすくはがれやすい性質をもつ黒色の鉱物であった。Aは何という鉱物か。 〔　　　　　〕

(3) 図の岩石は，マグマがどのように固まってできたものか。また，当時の火山の噴火のようすは，どのようであったと推測できるか。最も適切なものを次のア～エから１つ選べ。 〔　　　　　〕

ア　マグマは地下深くでゆっくりと冷やされて固まり，火山の噴火はおだやかであった。

イ　マグマは地下深くでゆっくりと冷やされて固まり，火山の噴火は激しく爆発的であった。

ウ　マグマは地表や地表付近で急速に冷やされて固まり，火山の噴火はおだやかであった。

エ　マグマは地表や地表付近で急速に冷やされて固まり，火山の噴火は激しく爆発的であった。

(4) 図のような特徴をもつ岩石として最も適切なものを次のア～エから１つ選べ。 〔　　　　　〕

ア　花こう岩　　イ　流紋岩　　ウ　斑れい岩　　エ　玄武岩

7 次の表はある地震をA～Cの３地点で記録したものである。この地震が発生したとき，緊急地震速報が発表されていた。

	震源からの距離	P波の到着時刻	S波の到着時刻
地点A	36 km	11時33分58秒	11時34分01秒
地点B	84 km	11時34分06秒	11時34分13秒
地点C	120 km	11時34分12秒	11時34分22秒

(1) 地震のゆれを伝える２種類の波のうち，S波によるゆれを何というか。 〔　　　　　〕

(2) この地震の発生時刻はいつか。 〔　　　　　〕

(3) 初期微動継続時間が５秒であった地点の震源距離は何kmか。 〔　　　　　〕

(4) この地震では，地点Aに設置した地震計でP波のゆれを感知してから５秒後に緊急地震速報が発表された。緊急地震速報の発表時にはS波は震源から何km離れたところまで到達しているか。 〔　　　　　〕

ヒント　**7** (2) 震源から地点A，地点Bまでの距離の差と，P波の到着時刻の差からP波の速さを計算する。
(3) P波とS波の到着時刻の差が５秒であることから求める。

解答と解説

第1章　生物の観察と分類

定期テスト予想問題 ①　p.78～79

1 (1) (ア)　(2) (校舎の) 北側　(3) B，C
(4) A…アオミドロ　B…ミジンコ
C…アメーバ　D…ミカヅキモ

解説
(1)　タンポポは日当たりのよいかわいたところで生育する。道ばたのふみつけの多い場所にも見られる。
(2)　ゼニゴケは，日当たりの悪いしめったところで生育している。
(3)　水中の小さな生物には，緑色をしているものと動くものがある。

2 (1) 下げながら合わせる。
(2) 100倍　(3) ウ
(4) (例) 直射日光の当たらない明るく平らな場所。

解説
(1)　最初に，横から見ながらできるだけ対物レンズとプレパラートを近づけ，ピントを合わせるときは，接眼レンズをのぞきながら対物レンズとプレパラートが離(はな)れるようにする。
(2)　接眼レンズの倍率×対物レンズの倍率で求める。
$10 \times 10 = 100$〔倍〕
(3)　上下左右が逆になっているので，視野の生物を動かしたい向き（イ）と反対の向きに動かす。

3 (1) a…カ　b…エ　c…ア　d…ウ　e…イ
f…オ　(2) ①a　②d　③e
(3) e

解説
(1)(2)　めしべの先端(せんたん)の部分を柱頭(ちゅうとう)という。
(3)　マツの雌花(めばな)のりん片(へん)には，胚珠(はいしゅ)がむき出しでついている。

4 (1) A…主根(しゅこん)　B…側根(そっこん)　(2) 双子葉類(そうしようるい)
(3) (例) 葉脈(ようみゃく)は網状脈(もうじょうみゃく)である。(葉脈が網目状(あみめじょう)に広がっている。)

解説
(1)～(3)　双子葉類の根は主根と側根からなり，葉脈は網目状に広がった網状脈である。

5 A…イ　B…ウ　C…ア　D…エ

解説
コケ植物のスギゴケ，シダ植物のイヌワラビはどちらも胞子(ほうし)でふえるが，シダ植物には根・茎(くき)・葉の区別がある。
種子植物(しゅししょくぶつ)は，Cで裸子植物(らししょくぶつ)と被子植物(ひししょくぶつ)に分類され，被子植物はさらにDで単子葉類(たんしようるい)と双子葉類に分類される。

定期テスト予想問題 ②　p.80～81

1 (1) (例) 背骨をもつ。　(2) は虫類(ちゅうるい)
(3) 幼生(ようせい)…えらと皮膚(ひふ)　成体(せいたい)…肺と皮膚
(4) ①…C，E　②…A　③…A，C，E
④…E　⑤…C

解説
(1)　背骨をもつ脊椎動物(せきついどうぶつ)である。
(2)　Aは哺乳類(ほにゅうるい)，Bは両生類(りょうせいるい)，Cは鳥類(ちょうるい)，Dは魚類(ぎょるい)，Eはは虫類である。
(3)　両生類の幼生は，水中で生活するため，えらと皮膚で呼吸する。成体になると陸上（水辺）で生活するため，肺と皮膚で呼吸する。
(4)　①魚類と両生類は殻(から)のない卵を水中に産む。②胎生(たいせい)は，母親の体内である程度育ってから生まれる生まれ方で，哺乳類があてはまる。③魚類は一生えらで呼吸する。④魚類のからだの表面もうろこでおおわれているが，乾燥に弱い。⑤鳥類は羽毛(うもう)でおおわれている。

2 (1) **肉食動物**　(2) **B**　(3) **イ**

解説

(1)(2)　ライオンのような肉食動物では，犬歯が大きくてするどいのが特徴である。

(3)　シマウマのような草食動物は，目が横向きについていて，広い範囲を見わたせる。

3 (1) **無脊椎動物**
(2) A…**軟体動物**　B…**節足動物**　(3) **エ**

解説

(1)〜(3)　背骨をもたない無脊椎動物は，節足動物や軟体動物などに分類できる。節足動物は，外骨格とよばれるかたい殻でからだがおおわれ，からだやあしに節がある。軟体動物は外骨格をもたず，外とう膜とよばれる筋肉の膜が内臓を包んでいる。

4 (1) **(例)ニシンは卵を産んだあとに世話をしないので，大部分の卵が親まで育たないため。**
(2) **(例)ニシンの卵には殻がないが，ニワトリの卵には殻がある。**
(3) ①A…**子房**　B…**裸子**　②**エ**

解説

(1)　ニワトリなどの鳥類は，親が卵や子の世話をする。親まで育つ割合の低い動物ほど，たくさんの卵を産む。

(2)　魚類や両生類は殻のない卵を水中に産み，は虫類や鳥類は殻のある卵を陸上に産む。

(3)　①イチョウは，種子植物のうち，子房がない裸子植物である。②イヌワラビはシダ植物，スギゴケはコケ植物，ススキは被子植物の単子葉類である。

第2章　身のまわりの物質

定期テスト予想問題 ①

p.138〜139

1 (1) **炭素**　(2) **有機物**　(3) **無機物**
(4) **二酸化炭素**　(5) **食塩**

解説

(1)(2)　砂糖や木，デンプンなどの有機物は炭素をふくみ，加熱すると黒くこげて炭ができる。

(3)　一般的に炭素をふくまない，有機物以外の物質を無機物という。

(4)　有機物を燃やすと，二酸化炭素が発生する。石灰水は二酸化炭素によって白くにごる。

(5)　食塩などの無機物は加熱しても二酸化炭素が発生しない。

2 (1) **2.7 g/cm^3**　(2) **0.9 g/cm^3**　(3) **物質B**
(4) **アルミニウム**　(5) **通しやすい。**

解説

(1)(2)　物質Aの体積は $2 \times 2 \times 2 = 8$〔cm^3〕，物質Bの体積は $4 \times 4 \times 4 = 64$〔cm^3〕となる。質量÷体積＝密度から密度を求める。

(3)　水の密度1.0 g/cm^{3}より密度が小さい物質は水に浮く。

(4)　(1)で求めた密度の値を表2と比較すると，アルミニウムの密度の値と一致している。

(5)　アルミニウムは金属なので，電気をよく通す。

3 (1) **ウ**　(2) **ア**　(3) A…**アンモニア**
B…**二酸化炭素**　C…**酸素**　D…**水素**

解説

(1)　4種類の気体の中で，気体そのものが燃えるのは水素だけである。よって，気体Dは水素である。亜鉛にうすい塩酸を加えると水素が発生する。

(2)　気体Aは刺激臭があるのでアンモニアである。アンモニアは空気より軽く，水に非常によくとけるので，上方置換法で集める。

(3)　二酸化炭素の水溶液である炭酸水は，弱い酸性を示し，ものを燃やすはたらきはないことから気体Bは二酸化炭素であることがわかる。また，火を近づけたときのようすから，気体Cは酸素である。

4 (1) **ホウ酸**　(2) **結晶**　(3) **硝酸カリウム**
(4) **(例)水溶液を加熱して水を蒸発させる。**

解説

(1)　各物質の60 ℃における溶解度を見ると，ホウ酸の溶解度だけが20 g以下であることから，一部がとけ残ることがわかる。

(2)(3)　60 ℃と20 ℃における溶解度の差が結晶として現れる。この差が最も大きい物質は，硝酸カリウムである。

(4)　塩化ナトリウムのように温度による溶解度の差が小さい物質は，水溶液を冷やしてもほとんど結晶が現れない。そのような物質は，水溶液を加熱して水を蒸発させることによって結晶をとり出すことができる。

定期テスト予想問題 ②

p.140～141

1 (1) **B，C，E**
(2) ①**体積…ア　質量…ウ**　②**体積…イ　質量…ウ**

解説

(1)　物質を加熱すると，固体→液体→気体と状態変化する。

(2)　物質が液体から固体に状態変化すると，ふつう体積は減少する。しかし，水は例外的に，液体の水から氷になるときに体積が増加する。なお，物質が状態変化してもその質量は変化しない。

2 (1) **沸点**　(2) **(例)液体と気体が混じっている。**
(3) **グラフ…A　理由…(例)沸点が100℃だから。**
(4) **変わらない。**　(5) **変わらない。**

解説

(1)　純物質（純粋な物質）を加熱したとき，沸騰中は温度が変わらずグラフは平らになる。

(2)　物質が沸騰している間は液体と気体が混じった状態である。

(3)　水の沸点は100℃，エタノールの沸点は約78℃。

(4)(5)　沸点は，液体の量や火の強さに関係なく，物質によって決まった値を示す。

3 (1) **沸点**　(2) **融点**　(3) **ア…b　イ…e**
(4) **物質…純物質**
理由…（例)融点や沸点が一定だから。

解説

(3)　アは融点と沸点の間なので，すべて液体の状態。イは沸騰中なので，液体と気体が混じっている。

(4)　純物質は融点や沸点が一定で，グラフが平らになる。

4 (1) **蒸留**　(2) **(例)液体が急に沸騰してふきこぼれるのを防ぐため。**　(3) **物質…エタノール**
理由…（例)エタノールの方が水より沸点が低いから。

解説

(1)　蒸留を利用すると，沸点のちがいにより，混合物から物質を分離することができる。

(2)　液体を加熱するときには，突沸を防ぐために沸騰石を入れる。

(3)　先に試験管にたまる液体には，沸点の低いエタノールが多くふくまれる。

第3章　身のまわりの現象

定期テスト予想問題 ①

p.188～189

1 ア…**反射**　イ…**屈折**　ウ…**a**　エ…**f**　オ…**全反射**

解説

光が，ある物質からちがう種類の物質へ進むとき，境界面で曲がることを屈折といい，空気中から水中へ進むときは，入射角＞屈折角となる。一方，水中から空気中へ進むときは，入射角＜屈折角となる。また，光が水中から空気中へ進むとき，入射角がある角度より大きくなると，光は全反射する。

2 (1) ①**虚像**　②**大きさ…大きい　向き…同じ向き（正立）**　(2) **25 cm**　(3) **50 cm**
(4) **大きさ…大きい　向き…逆向き（倒立）**

解説

(1)　虚像は光が集まってできた像ではないので，スクリーンにうつすことはできない。このようにして見える虚像は，実物と同じ向きで，実物よりも大きい。

(2)　aの長さとbの長さが同じところが，焦点距離の2倍の位置である。よって，焦点距離は50 cmの半分の25 cmである。

(3)　物体が焦点距離の２倍の位置にあるときに，実物と同じ大きさで上下・左右が逆向きの実像(じつぞう)がスクリーン上にうつる。

(4)　物体が焦点距離の２倍から焦点の間にあるときに，実物より大きい，上下・左右が逆向きの実像ができる。

3 (1) A　(2) ウ　(3) エ，オ　(4) 振幅(しんぷく)

解説

(1)　弦(げん)の太さが同じなので，振動(しんどう)する部分が短い方が高い音が出る。

(2)　高い音ほど，波の数（振動数(しんどうすう)）が多くなる。

(3)　弦の太さが細く，弦の張り方を強くした方が高い音が出る。

(4)　音の大小は，振動の振幅の大小による。

4 (1) だんだん小さくなる　(2) 空気　(3) 341 m/s

解説

(1)(2)　音は空気などの物質中(ぶっしつちゅう)を波として伝わっている。空気をぬいていくと音を伝える物質が少なくなるので，音はしだいに小さくなる。

(3)　トランシーバーによる電波(でんぱ)は，光と同じような速さで伝わる。音は300 mを0.88秒で伝わったので，音が伝わる速さは，300 ÷ 0.88 = 340.9… 〔m/s〕。

定期テスト予想問題 ②

p.190～191

1 (1) おもりにはたらく重力(じゅうりょく)　(2) 6 N
(3) 作用点(さようてん)…B　向き…上向き　長さ…1.5 cm

解説

(1)　重力は鉛直(えんちょく)方向下向きの力となる。

(2)　１目盛りが２Nなので，３目盛りは６Nを表す。

(3)　糸がおもりを引く力は，おもりに上向きにはたらく。したがって，作用点はBである。また，大きさは重力と同じ大きさである（つり合っている）。

2 (1) 右図
(2) 弾性力(だんせいりょく)（弾性の力）
(3) ① 0.9 N　② 9 cm
(4) 1.5 cm

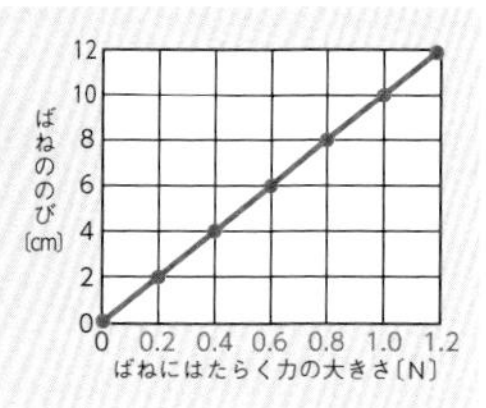

解説

(1)　横軸(よこじく)はばねにはたらく力の大きさであり，おもりの個数ではない。おもり１個20 gは0.2 Nである。

(2)　変形した物体がもとにもどろうとして生じる力を弾性力という。

(3)　合計で90 gなので0.9 Nのおもりをつるすことになる。このときのばねののびをxとすると，
0.9 N：1.2 N = x：12 cm　よって，x = 9 cm

(4)　月面上での重力は地球上の$\frac{1}{6}$なので，ばねののびは，$9 \times \frac{1}{6} = 1.5$〔cm〕となる。

3 (1) ２つの力の大きさが等しい。
(2) ① 重力　② 糸が物体を引く力　(3) 6 N

解説

(2)　物体には，地球が物体を引く力（重力）と糸が物体を引く力の２力がはたらき，つり合っている。

(3)　物体の質量は600 gなので，重力は６Nである。

4 (1) フックの法則　(2) エ　(3) 5 N

解説

(2)(3)　２力がつり合う３つの条件を満たしているとき，物体は動かずに静止している。

第４章　大地の変化

定期テスト予想問題 ①

p.243～244

1 ①…ウ　②…エ　③…イ　④…ア

解説

火山噴出物(かざんふんしゅつぶつ)は，マグマがもとになってできたものである。

2 (1) 火山…イ　マグマのねばりけ…弱い
(2) B　(3) C

解説
(1) マグマのねばりけが弱いと，マグマが流れやすいので，Aのような傾斜がゆるやかな火山ができる。
(2) ねばりけが中程度のマグマがつくる火山は，激しい噴火とおだやかな噴火をくり返して円すい形になる。
(3) ねばりけの強いマグマが固まると，白っぽい色の岩石となる。また，溶岩は流れにくいため，傾斜が急な盛り上がった形の火山になる。

3 (1) A　(2) ア…斑晶　イ…石基
(3) A…斑状　B…等粒状　(4) A

解説
(1)(2) マグマが地表や地表近くで急に冷やされて固まると，大きな鉱物（斑晶）と，その周囲に小さな鉱物やガラス質の部分（石基）ができる。
(4) 安山岩は，斑状組織をもつ火山岩である。

4 (1) (例)マグマが地下の深いところでゆっくり冷え固まった。　(2) 深成岩
(3) ①…黒雲母　②…無色鉱物　③…ウ，オ

解説
(1)(2) 花こう岩などの深成岩は，マグマが地下深くでゆっくりと冷え固まったので等粒状組織をもつ。
(3) 黒色の鉱物で，うすくはがれやすい性質をもつものは黒雲母である。また，無色鉱物の石英や長石を多くふくむ火成岩は，白っぽい色をしている。

5 (1) マグマ　(2) 火山ガス　(3) 水蒸気
(4) 火山岩　(5) ア，ウ　(6) イ

解説
(2)(3) 火山ガスのおもな成分は水蒸気であるが，ほかにも二酸化炭素や二酸化硫黄などがふくまれる。
(4) 斑状組織をもつ岩石なので，火山岩である。
(5) 花こう岩，斑れい岩，せん緑岩は深成岩である。
(6) 土地の隆起や長年の侵食作用などで，地下の岩石が地上で見られることもある。

定期テスト予想問題 ②

p.245～246

1 (1) ア　(2) S波　(3) 初期微動継続時間
(4) 60km　(5) 比例の関係

解説
(1)(2) 初期微動を起こすP波と主要動を起こすS波では，P波の方が速く伝わる。
(4) グラフの横軸の差が10秒であるところを読む。

2 (1) ウ　(2) ①…大陸　②…海洋　③…海溝

解説
(1) ア：震度は7が最も大きい。イ：津波が発生する可能性があるのは，震源が海底の場合。エ：マグニチュードは，地震の規模を表し，1つの地震には1つの値が定まる。
(2) ひずみにたえられなくなって，大陸プレートが反発するときに岩石がこわれて地震が発生する。

3 (1) E層　(2) 火山の噴火（火山活動）　(3) ア
(4) 示相化石　(5) (例) アサリのなかまは大昔から現在まで生きているから。　(6) イ
(7) ①…しゅう曲　②…断層

解説
(3) 海岸に近い海底の堆積物の粒は大きいが，海岸から遠い海底の堆積物の粒は小さい。
(5) 示準化石には，短期間に生息した生物が適する。

4 (1) イ　(2) ウ　(3) エ　(4) ア

解説
火山の恩恵はおもに熱の利用，土地の変化の恩恵は農業などへの土地利用などがあげられる。

入試レベル問題

p.251～254

1 (1) イ　(2) 記号…C　名称…単子葉類

解説

(1)　Aのワラビは胞子でふえるシダ植物，Fは種子植物，Bは裸子植物，Eは被子植物，Cは単子葉類，Dは双子葉類である。Fの種子植物は，花をさかせて種子をつくる。

(2)　葉脈が平行脈なのは，単子葉類である。

2　b…**イ**　c…**ア**

解説

イルカ，カメ，ペンギン，サンショウウオ，ウナギは脊椎動物，カブトムシは無脊椎動物なので，aは背骨をもつかどうかで分けている。bでは胎生のイルカと卵生の動物に，cでは卵を陸上で産むカメ・ペンギンと水中で産むサンショウウオ・ウナギに，dでは羽毛でおおわれるペンギンとかたいうろことこうらにおおわれるカメに，eでは一生えらで呼吸するウナギと幼生の時期にだけえらと皮膚で呼吸するサンショウウオに分けている。

3　(1) **ア**　(2) 気体名…**酸素**　集め方…**水上置換法**
(3) **(例)装置の中にあった空気を多くふくむから。**
(4) **(例)水にとけにくい性質があるから。**

解説

(1)(2)　試験管に集めた気体はほかの物質を燃やす性質があることより，酸素とわかる。酸素は過酸化水素が分解すると発生する。過酸化水素の分解を助けるために，二酸化マンガンを触媒として用いる。

(3)　最初に出てくる気体には，装置内にあった空気が多くふくまれている。そのため，試験管に出てきた気体のうち，試験管1本分は捨てるようにする。

(4)　酸素は水にとけにくいため，水上置換法を用いる。

4　(1) **飽和水溶液**　(2) **37.5 %**　(3) **ウ**　(4) **ろ過**
(5) **(例)水の温度によって，とける量があまり変わらない**

解説

(2)　溶質の質量は60 gであり，溶液の質量は，溶質の質量＋溶媒の質量より，160 gである。よって，質量パーセント濃度は，60 ÷ 160 × 100 = 37.5〔%〕

(3)　20 ℃における硝酸カリウムの溶解度は，約32 gなので，とけきれずに出てくる硝酸カリウムの量は，60 − 32 = 28〔g〕である。

5　(1) **15cm**　(2) **エ**　(3) **イ**　(4) **虚像**

解説

(1)　焦点距離の2倍の位置に物体があるとき，凸レンズをはさんで反対側の焦点距離が2倍の位置に，実像ができる。このときにできる実像は，上下・左右が反対で，物体と同じ大きさである。

(2)　実像は，物体と比べて，上下・左右が逆向きである。

(4)　物体が焦点の内側にあるとき，スクリーン上に実像はできない。このとき，スクリーン側から凸レンズを通して物体を見ると，物体よりも大きな虚像が見える。

6　(1) **斑状組織**　(2) **黒雲母**　(3) **エ**　(4) **イ**

解説

(1)　岩石の表面が，大きな鉱物（斑晶）とそれをとり囲む石基からできているので，火山岩の特徴の斑状組織である。

(3)(4)　全体的に白色の斑状組織であることから，火山の噴火は激しく爆発的であり，ねばりけの強いマグマが，地表や地表付近で急速に冷やされたと考えられる。このようにしてできた火山岩は流紋岩である。

7　(1) **主要動**　(2) **11時33分52秒**
(3) **60 km**　(4) **44 km**

解説

(2)　P波が震源から地点A，地点Bまで届く時間差は，8秒であり，距離の差は，48 kmである。したがって，P波の速さは，48 ÷ 8 = 6〔km/s〕である。したがって，震源から出たP波が地点Aに到着するまでの時間は，36 ÷ 6 = 6〔s〕なので，地震の発生時刻は，11時33分58秒の6秒前である。

(3)　地点Aの初期微動継続時間は3秒。よって求める震源距離をx kmとすると，
36〔km〕：3〔s〕= x〔km〕：5〔s〕　x = 60〔km〕

(4)　S波の速さを(2)と同様に求めると4〔km/s〕である。緊急地震速報が発表されたのは，地震が発生してから，6 + 5 = 11〔秒後〕である。よって，この間にS波の進む距離は，4 × 11 = 44〔km〕

さくいん

※太数字のページの語句には，くわしい解説があります。

カバーイラスト・マンガ	サコ
ブックデザイン	next door design（相京厚史，大岡喜直）
	株式会社エデュデザイン
本文イラスト	加納徳博
図版	株式会社アート工房，有限会社ケイデザイン，株式会社プラウ 21，株式会社日本グラフィックス，青木隆
写真	出典は写真そばに記載。　無印：shutterstock，PIXTA，photolibrary，編集部
編集協力	須郷和恵，株式会社プラウ 21
マンガシナリオ協力	株式会社シナリオテクノロジー ミカガミ
データ作成	株式会社明昌堂
	データ管理コード：24-2031-0732（2020）
製作	ニューコース製作委員会
	（伊藤なつみ，宮崎純，阿部武志，石河真由子，小出貴也，野中綾乃，大野康平，澤田未来，中村円佳，渡辺純秀，相原沙弥，佐藤史弥，田中丸由季，中西亮太，髙橋桃子，松田こずえ，山下順子，山本希海，遠藤愛，松田勝利，小野優美，近藤想，中山敏治）

学研ニューコース　中１理科

学研グループの書籍・雑誌についての新刊情報・詳細情報は，下記をご覧ください。
［学研出版サイト］ https://hon.gakken.jp/

この本は下記のように環境に配慮して製作しました。
●製版フィルムを使用しない CTP 方式で印刷しました。
●環境に配慮して作られた紙を使っています。